JN248407

Linux Command Line and System Management

impress top gear

ITプロへの第一歩
CUIの徹底攻略

Linux
サーバ入門［CentOS 8対応］

大津 真＝著

インプレス

- 本書の利用について

◆本書の内容に基づく実施・運用において発生したいかなる損害も、株式会社インプレスと著者は一切の責任を負いません。

◆本書の内容は、2020年3月の執筆時点のものです。本書で紹介した製品／サービスなどの名称や内容は変更される可能性があります。あらかじめご注意ください。

◆Webサイトの画面、URLなどは、予告なく変更される場合があります。あらかじめご了承ください。

◆本書に掲載した操作手順は、実行するハードウェア環境や事前のセットアップ状況によって、本書に掲載したとおりにならない場合もあります。あらかじめご了承ください。

- 商　標

◆Linuxは、Linus Torvaldsの米国およびその他の国における商標もしくは登録商標です。

◆Red HatおよびRed Hatをベースとしたすべての商標、CentOSマークは、米国およびその他の国におけるRed Hat, Inc.の商標または登録商標です。

◆UNIXは、Open Groupの米国およびその他の国での商標です。

◆その他、本書に登場する会社名、製品名、サービス名は、各社の登録商標または商標です。

◆本文中では、®、©、^{TM}は、表記しておりません。

はじめに

今やWindowsやmacOSと並ぶパソコン用OS（オペレーティングシステム）として、しっかり市民権を得たLinuxです。そのディストリビューション（配布形態）には商用のものとフリーのものがありますが、商用LinuxのデファクトスタンダードといえるのがRed Hat Enterprise Linux（RHEL）です。本書で解説するCentOSは、RHELから商標や商用パッケージを取り除いて再構築したフリーのLinuxディストリビューションです。カーネルを含めてすべてのソフトウエアがオープンソースとして公開され、だれもが無償で利用できます。サポート期間はRHELと同じ10年と長いことから、企業や学校などのサーバとして広く利用されています。さらに、現在ではRed Hat社が協力する支援プロジェクトとなっているため安心して利用できます。

本書は、Linuxの初心者を対象にしたCentOSバージョン8の入門書です。実際の手順に従いながら、CentOSのインストールから始めて、コマンドラインの使い方を学習します。そのあとで、システム管理の基礎知識やセキュリティ、ネットワークとリモートアクセス、ファイルサーバやWebサーバなどの構築方法を、実際にコマンドラインで操作しながら、ハンズオン形式で習得することを目指します。

なお、CentOSはRHELと互換性があります。そのため本書はCentOSだけでなく、RHELおよびFedoraといったRPM系のディストリビューションの利用者にも参考にしていただけるものと思います。

最後に、本書が、読者のみなさまがCentOSを日常的な使いこなして行く上での手助けとなれば幸いです。

2020年3月

大津 真

読者対象

本書は、これまでWindowsやmacOSなのデスクトップオペレーティングシステムの利用経験があり、これからLinuxの操作/管理方法、サーバ構築を学ぼうとする方を対象にした入門書です。通常は、ウィンドウ環境で操作していて、コマンドラインの操作には慣れていない前提で、Linuxのコマンドや操作方法などが解説されています。ただし、オペレーティングシステムやネットワークの基本的な知識は前提にしていますので、こうした情報が不足している方は、他の書籍やWebの情報で補ってください。

本書の構成

各Chapterでは、それぞれ、次のような内容を説明します。

- Chapter1ではLinuxおよびCentOSの概要とインストールについて説明します。
- Chapter2では、Linuxを使いこなす上での最初のハードルといえる、シェル（bash）の使い方や基本コマンドについて説明します。
- Chapter3では、リダイレクションやパイプといった標準入出力の取り扱いを中心にシェルの活用法について説明します。また、定番エディタvimの使用方法とシェルの環境設定についても説明します。

それ以降のChapterでは、より実践的な内容を解説します。

- Chapter4の「システム管理の基礎知識」では、ユーザ管理やパーミッション（アクセス権限）の設定、ディスクの管理、パッケージ管理、サービス管理について説明します。
- Chapter5では、ネットワークの基本設定や基本コマンド、およびファイアウォールとSELinuxというセキュリティ管理について解説します。
- Chapter6では、ファイルサーバの運用例として、WindowsとmacOS標準ファイルサーバであるSambaおよび、UNIX系OSで伝統的なNFSについて取り上げます。
- Chapter7では、Webサーバ「Apache」でWebページを公開する方法について説明します。またCGIやSSIを使用した動的ページの作成についても説明します。
- Chapter8では、安全なリモートログインやファイル転送に欠かせないSSHサーバの設定について解説します。

本書の表記

- 注目すべき要素は、太字で表記しています。
- コマンドラインのプロンプトは、“$”、“#”で示されます。
- 画面でクリック行う箇所は、矢印で示しています。
- 実行例およびコードに関する説明は、“←”のあとに付記しています。
- 実行結果の出力を省略している部分は、“...”あるいは～略～で表記します。
- 紙面の幅に収まらないコマンドラインでは、行末に“\”を入れ、改行していますが、実際の入力では、1行で入力してください。

例：

```
# systemctl get-default Enter ←操作および設定の説明
multi-user.target 太字で表記
... 省略
# dnf install -y https://repos.fedorapeople.org/repos/openstack/\ ←改行
openstack-mitaka/rdo-release-mitaka-5.noarch.rpm Enter
```

- 紙面の幅に収まらないコードは、“⇒”を入れ、改行していますが、実際の入力では、1行で入力してください。

例：

```
## 長いコードの記述
  - shell: git clone https://github.com/ansible/ansible.git --recursive; ⇒
cd ./ansible; make install
```

- コマンドの書式

　コマンドの機能と書式は、以下のように表記されます。1つのコマンドに対して、その機能に応じて複数の書式があります。

コマンド	echo	引数を画面に表示する
書　式	echo 引数1 引数2 引数3 ...	

コマンド　　コマンドの機能概要

書　式　　コマンドの書式（コマンドのすべての機能を網羅するものではありません）

[ ]（角型括弧）　この括弧の中身は省略可能であり、必要に応じて入力する項目を示します。

...（三点リーダ）必要に応じて繰り返すことができる項目を示します。

本書で使用した実行環境

◆ハードウェア

- CentOS 8 の稼働環境

  仮想環境（VMware Workstation）

  ・CPU：vCPU 2Core（2.4GHz x64 プロセッサ）

  ・メモリ：4GB

  ・ディスク：100GB

  物理ハードウェア

  ・CPU：Intel Core i3 3.3G

  ・メモリ：8GB

  ・ディスク：256GB

◆ソフトウェア

- OS：CentOS 8.1.1911
- Apache 2.4.x
- Samba 4.10.x
- nfs-utils 2.3.x

- クライアント OS

  ・CentOS 8.1.1911

  ・Windows 10 Pro/Home（バージョン 1909）

  ・macOS Catalina

※必要に応じて、インターネットのリポジトリからソフトウェアを入手していますので、本書の操作内容を実行するには、インターネットへの接続環境が必要です。

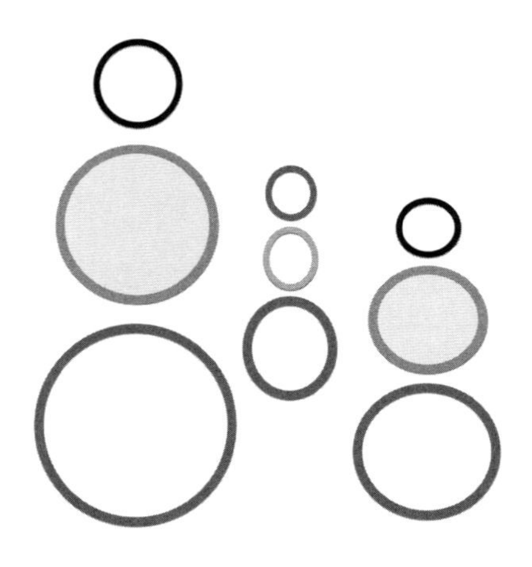

Chapter 1 Linux/CentOS の概要とインストール

Linux（リナックス）、そしてCentOS（セントオーエス）の世界へようこそ。本書で解説するCentOSはサーバ用のフリーのOSとして広く利用されているLinuxディストリビューションです。最初のChapterでは、LinuxおよびCentOSの概要とインストール方法について説明しましょう。

1-1　CentOSとはどんなOS

CentOSは、Linuxのディストリビューション（distribution）のひとつです。ディストリビューションは配布形態と訳されますが、OSとしてさまざまなソフトウェアを集めたパッケージのことだと考えてください。まずは、歴史的な流れを踏まえつつLinuxとはどんなOSなのかを解説し、そのあとでCentOSの概要について説明します。

1-1-1　Linuxとは

Linuxは、WindowsやmacOSと同じようにPC（Personal Computer）用のOSです。そのLinuxを語る上で、欠かすことのできないのがUNIX（ユニックス）というOSの存在です。まずは、UNIXからLinuxへの変遷と、Linuxの配布形態である「ディストリビューション」について簡単に説明しましょう。

1-1-2　UNIXからPC-UNIXへ

UNIXは、WindowsやmacOSなどといったパソコン用のOSが登場する遥か前の1970年代初頭にAT&T社のベル研究所で誕生したOS（オペレーティングシステム）です。当時としては斬新な複数のユーザが同時に使用可能な**マルチユーザ/マルチタスク**機能を特徴としていました。その後は、System VとBSD UNIXという2つの大きな流れに分かれて進化を続けましたが、その過程でさまざまな亜流も生まれました。

かつてはUNIXというと、ミニコンピュータやワークステーションと呼ばれていた高価なシステム上で動作するものと相場が決まっていました。それが、90年代のコンピュータ処理能力のめざましい向上により、しだいにPCで動作させる環境が整ってきました。ただし、商用のUNIXシステムは、WindowsやMacと比べて高価なことから、用途がサーバOSや技術計算用のシステムなど専門分野に限られ、一般にはそれほど普及はしませんでした。

そんな中、注目を集めたのがUNIXと同じ機能を無償で実現するPC-UNIXなどと呼ばれるフリーのOSです。その代表と言えるのがLinuxです。

1-1-3　Linuxとディストリビューション

今やフリーのOSとして圧倒的な知名度を誇っているLinuxですが、その最初のバージョンは、フィンランドのヘルシンキ大学の学生だったリーナス・トーバルズ（Linux Torvalds）氏によって、1990年代初頭にゼロから作り上げられたものです。その後、インターネット上のボランティアを中心に活発に開発が続けられ、今では、IBMやHPE（Hewlett-Packard Enterprise）など、大手ベンダーも強力にサポートするOSへと急成長してきています。

なお、狭義のLinuxは、厳密にはOSの中核部分である「**カーネル**」のことを指します。ただし、LinuxカーネルだけではOSとして使用できないため、ユーティリティやアプリケーション、それらが使用するライブラリ、さらにインストーラなどをパッケージ化した「**ディストリビューション**」として配布されます（図1-1）。

現在、Linuxディストリビューションには、商用のものからフリーのものまでさまざまな種類があり、互いにしのぎを削りながら進化を続けています。

なお、ディストリビューションには主にソフトウェアのパッケージ形式の相違からRed Hat系とDebian系という分類方法があります（表1-1）。

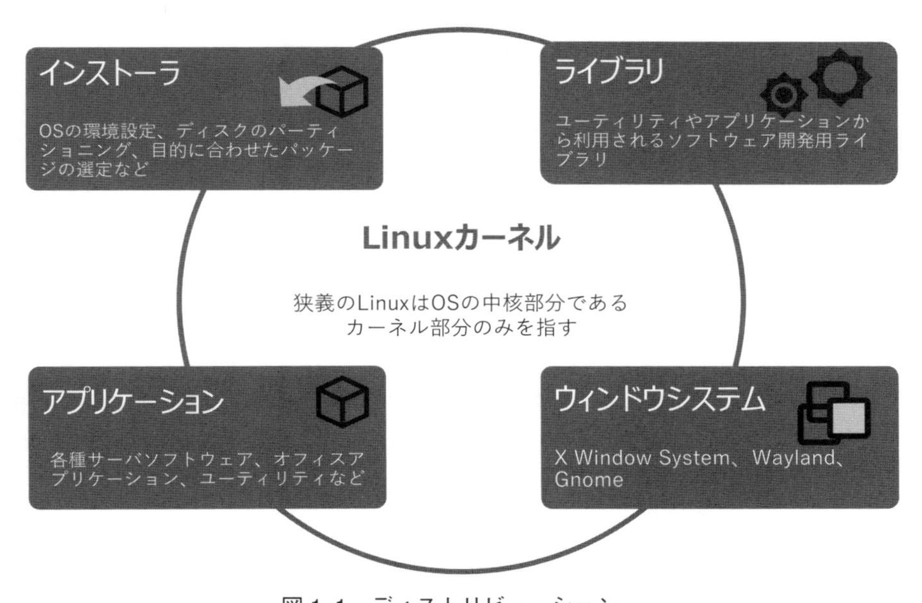

図 1-1　ディストリビューション

表 1-1　RedHat 系と Debian 系

Red Hat 系	Debian 系
Red Hat Enterprise Linux	Debian GNU/Linux
CentOS	Ubuntu
Fedora	KNOPPIX
Vine Linux	Raspbian

1-1-4　Red Hat Enterprise Linux と CentOS の関係は？

現在もっとも普及している商用 Linux と言えるのが Red Hat 社によって開発、販売されている Red Hat Enterprise Linux（RHEL）です。サポート期間が 10 年と長く安定した運用が可能なことから、企業向けのサーバとして高いシェアを誇っています。

本書で解説する CentOS（Community Enterprise Operating System）は、RHEL から商標や商用パッケージを取り除いて再構築したフリーの Linux ディストリビューションです。RHEL と高い互換性を持つことから「RHEL クローン」などと呼ばれています。サポート期間も RHEL と同じ 10 年と長く、安定性にも優れているため主にサーバ OS として積極的に利用されています。

なお、当初 Red Hat 社は CentOS を承認していませんでしたが、2014 年 1 月に CentOS プロジェクトを支援していくことを発表し、現在では Red Hat 社公認のプロジェクトとなっています。

1-1-5 CentOS 8

本書では、2019 年 9 月にリリースされた CentOS 8 を使用していますが、これは 2019 年 5 月に登場した RHEL 8 をベースにしています。

実は、RHEL の上流には、Red Hat が支援する Fedora Project が開発するディストリビューションに「Fedora（フェドラ）」があります。Fedora は、RHEL のための先進機能の実験場的な役割があり、リリースサイクルも半年と早く、その成果物が RHEL に取り込まれています。Fedora、RHEL、CentOS の関係を図にすると次のようなイメージになります（図 1-2）。

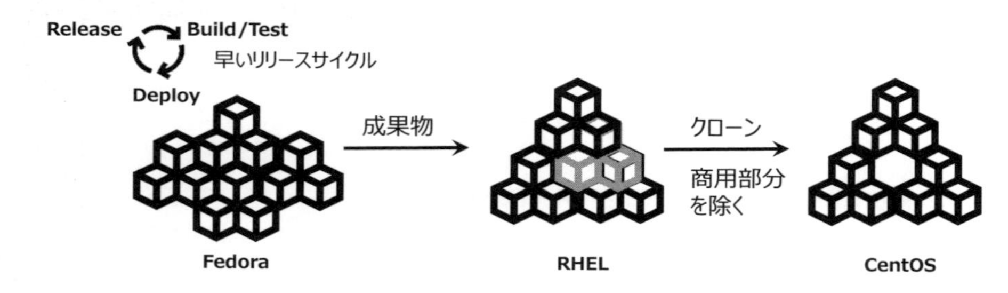

図 1-2 Fedora/RHEL/CentOS の関係

CentOS 8 では、RHEL 8 をベースにした通常のエディションのほかに、Fedora での先進の機能を一部取り入れた「CentOS Stream」というエディションもリリースされています。CentOS.org のリリースノートによれば、CentOS Stream は、Fedora と RHEL 8 の中間に位置するディストリビューションということです。これにより RHEL 開発チームと CentOS 開発チームの連携が深まり、より完成度の高いディストリビューションとなることが期待されます。なお、本書では、通常版をベースに解説します。

■ 動作環境について

CentOS 8 が、対応している CPU のアーキテクチャは次の通りです。

- x86-64（インテル、AMD の 64 ビットプロセッサ）
- POWER ppc64le（IBM Power Architecture ベースの 64 ビットプロセッサ）
- ARM AArch64（ARM の 64 ビットモードアーキテクチャに対応したプロセッサ）

必要なメモリは、実行環境によって異なります。本書で解説する GUI によるインストールの場合、最低限 2GB 必要で、4GB 以上推奨となっています。また、ディスク容量は標準インストールを行うと最低 10GB 程度必要です。

■ デスクトップ環境も充実

Linux は、サーバ向け OS というイメージがあるかと思いますが、最近の Linux ではデスクトップ OS としても魅力的です。デスクトップ環境には使い勝手の良い統合デスクトップ環境「GNOME」が搭載され、メニューバー画面左上の「アクティビティ」から起動するアプリを選択できます（図 1-3）。Office ソフトやグラフィックソフトなどのアプリも充実しています。

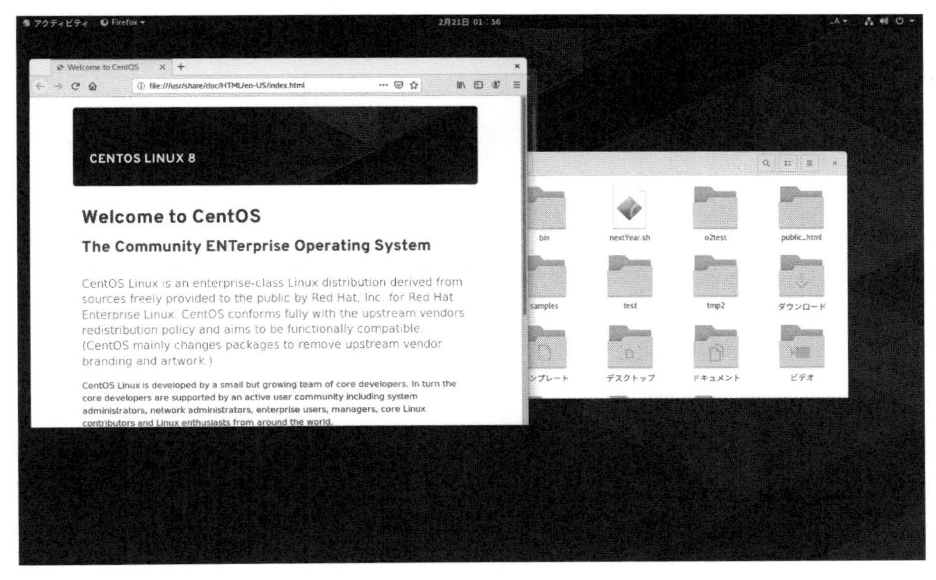

図 1-3　GNOME によるデスクトップ

■ ソフトウェアパッケージは RPM 形式

かつての Linux では、ユーザがソフトウェアを追加する場合、ソースコードをダウンロードして自分でコンパイルするという方法が一般的でした。しかし最近では、Windows や macOS などと同じく、ソフトウェアはバイナリ形式のパッケージとして用意され、初心者でも簡単にインストール/削除が行えるようになっています。

Linux 用ソフトウェアのパッケージ形式としては RPM 形式と deb 形式の 2 つが主流です。Red Hat 系のディストリビューションでは Red Hat 社が開発した RPM 形式のパッケージを、Debian 系のディストリビューションでは、Debian GNU/Linux で開発された deb 形式のパッケージを採用しています。

RHEL クローンである CentOS でも RPM 形式を採用しています。パッケージ管理ツール「dnf」を使用することにより、インターネット上のリポジトリ（ソフトウェアの貯蔵庫）からパッケージのインストール、アップグレードなどの管理が行えます。

1-1-6　スーパーユーザについて

本節の最後に、UNIX 系の OS を操作する上で、必ず知っておく必要がある「**スーパーユーザ**」について簡単に説明しましょう。

UXIX 系 OS はマルチユーザシステムですので、システムに複数のユーザを登録しておくことができます。ユーザは「**スーパーユーザ**」とその他の「**一般ユーザ**」に大別できます。

「**スーパーユーザ**」は、システムにおいてすべての権限が与えられた特権ユーザです。スーパーユーザはそのシステムにとって神のような存在で、あらゆる操作が可能です。たとえば、システムファイルを消去したり、他の実行中のプログラムを停止させたりといったことも可能です。そのため、スーパーユーザのパスワードは外部に漏れることがあってはなりません。

なお、スーパーユーザのユーザ名は「root（ルート）」に決められています。そのため、スーパーユーザのことを root ユーザと呼ぶことがあります。

それに対して、一般ユーザの場合、基本的にファイルを作成、変更できるのは自分専用のディスク領域である「**ホームディレクトリ**」のみです。また、実行可能なシステム管理コマンドも限られます。

1-2　CentOS のインストール

この節では、CentOS 8 をパソコンにインストールする方法について説明します。インストールメディアとしては DVD-R や USB メモリが利用可能です。

1-2-1　インストールメディアを用意する

CentOS のインストールは、ISO イメージをダウンロードしてインストールメディアを作成し、それからインストーラを起動して行うというのがオーソドックスな方法です。

CentOS 8 の ISO イメージは、次に示す URL からダウンロードすることができます。

```
https://www.centos.org/download/
```

通常版CentOSのISOイメージをダウンロードするには、「CentOS Linux DVD ISO」をクリックしてください（図1-4（1））。すると、ダウンロードサイトの一覧が表示されるので（図1-4（2））、所在地の近いと思われるサイトをクリックするとダウンロードが開始します。

図1-4（1） CentOSのダウンロードページ

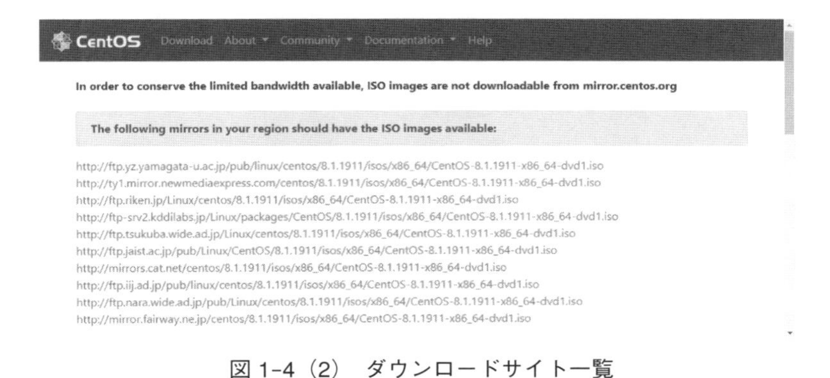

図1-4（2） ダウンロードサイト一覧

1-2-2　DVD や USB メモリにインストールディスクを作成する

ISO イメージをダウンロードしたら、DVD や USB メモリに起動ディスクを作成します。なお、ISO イメージの容量は約 7.14G なので DVD-R を使用する場合、片面 2 層（8.5GB）のものが必要です。

■ インストール DVD を作成する

Windows でインストール DVD を作成するには、ISO イメージを右クリックし、表示されるメニューから「ディスクイメージの書き込み」を選択します。すると「Windows ディスク イメージ書き込みツール」ダイアログボックスが表示されるので、「書き込み」ボタンをクリックします（図 1-5)。

図 1-5　Windows ディスクイメージ書き込みツール」

Mac の場合には、ISO イメージを右クリックし表示されるメニューから「ディスクイメージ"ファイル名"をディスクに書き込む」を選択します。

■ インストール USB を作成する

USB インストールメディアを作成する場合には、フリーのアプリケーションを使用すると簡単に作成できます。Windows の場合 Rufus というフリーソフトを利用するとよいでしょう（図 1-6）。

```
https://rufus.ie
```

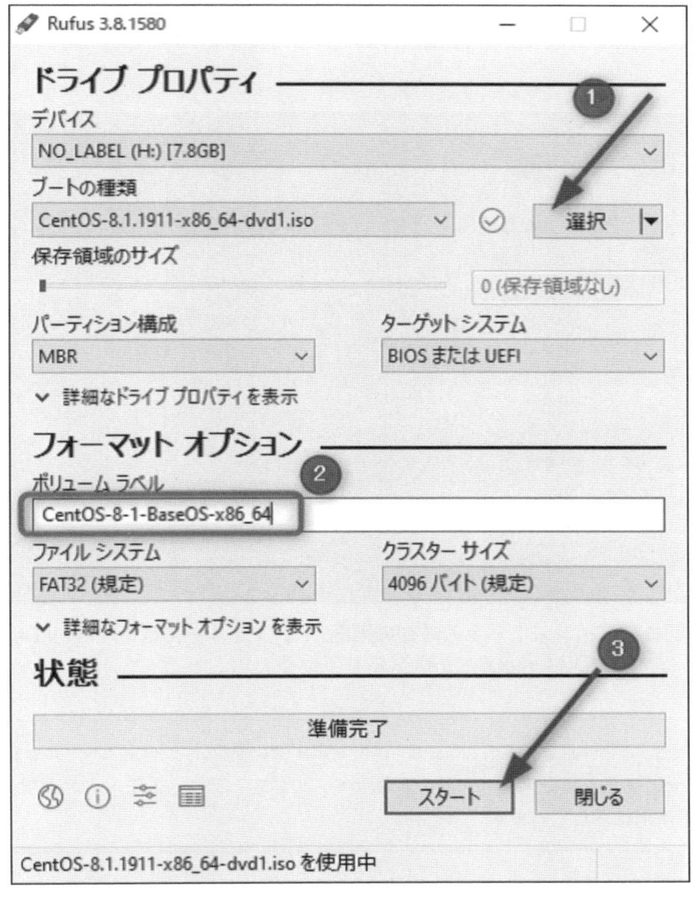

図 1-6　Rufus の実行画面

Mac の場合には balenaEtche(https://www.balena.io/etcher/) を使用すると簡単に作成できます。

1-2-3 インストーラを起動する

それでは、CentOS のインストールを行いましょう。インストールメディアを PC にセットして、システムを再起動します。インストーラの最初の画面が表示されます（図 1-7）。

上下の矢印キーで一番上の「Install CentOS Linux 8」を選択して、Enter キーを押すとインストーラが起動します。

> USB メモリから起動する場合には、BIOS の設定が必要な場合があります。

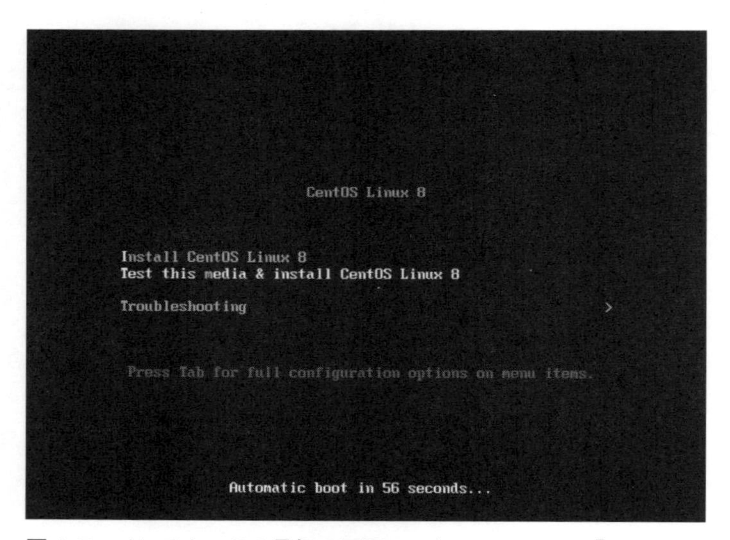

図 1-7　インストーラの最初の画面 ー デフォルトでは、「Install CentOS Linux 8」が選択されている。

> 「Test this media & install CentOS Linux 8」は、メディアのテストとインストールが行えます。また、「Troubleshooting」では、インストール時の画面サイズの設定、テキストモードの選択、VNC の接続レスキューモードが用意されています。

インストーラが起動されると、まず、インストーラで使用する言語を選択する画面が表示されるので、「日本語」を選択し「続行」をクリックします（図 1-8）。

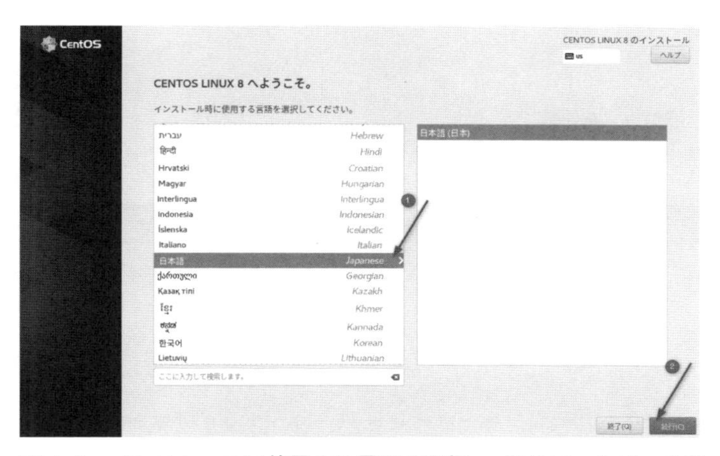

図 1-8　インストーラで使用する言語の選択 ― スクロールバーを動かして、目的の言語を表示する。あるいは、検索ボックスにJキーを入力すると、頭文字がJの言語に絞り込める。

1-2-4　「インストールの概要」画面

言語を選択すると「インストールの概要」画面となります。ここで必要な項目を選択して設定を行っていきます（図 1-9）。

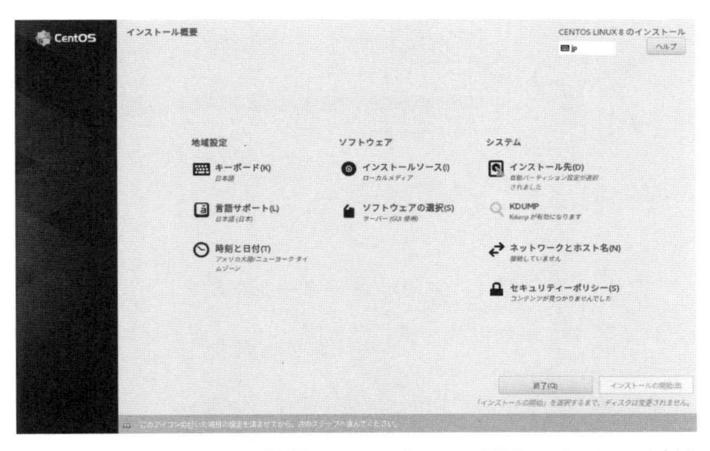

図 1-9　インストールの概要 ― キーボード、言語サポート、時刻と日付、ソフトウェアの選択、インストール先、ネットワークとホスト名などの項目を選択する画面。ここでは、KDUMP とセキュリティポリシーの設定は行わない。

■「キーボード」

「キーボード」では、使用するキーボードのレイアウトを選択します。前述の言語選択画面で「日本語」を選択している場合には「日本語」レイアウトが選択されているはずです（図 1-10（1））。

図 1-10（1） キーボード ー キーボードレイアウトの選択

他のキーボード・レイアウトを追加したい場合には「＋」ボタンをクリックし、表示されるダイアログボックスでキーボードを選択し、「追加」ボタンをクリックます（図 1-10（2））。

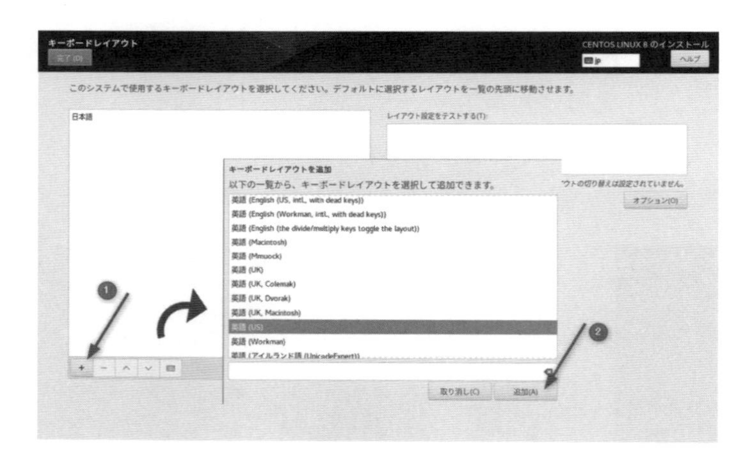

図 1-10（2） キーボードの追加

2 種類のキーボードレイアウトが選択されました（図 1-11）。「インストールの概要」画面に戻るには、画面左上の「完了」ボタンをクリックします。

図 1-11 キーボードレイアウトが追加された結果

■「言語サポート」

「言語サポート」では、追加したい言語を選択します。インストーラで使用する言語を選択する画面で「日本語」を選択している場合には、デフォルトで「日本語」が選択されています（図 1-12）。

図 1-12　言語サポート

この状態で英語環境と日本語環境のフォントやドキュメント類がインストールされるので、必要に応じて他の言語を選択します。設定がすんだら、「完了」ボタンをクリックします。

■「日付と時刻」

「日付と時刻」では、地域と時刻を設定します（図 1-13）。日本列島をクリックすると、地域「アジア」都市、「東京」が選択されます。

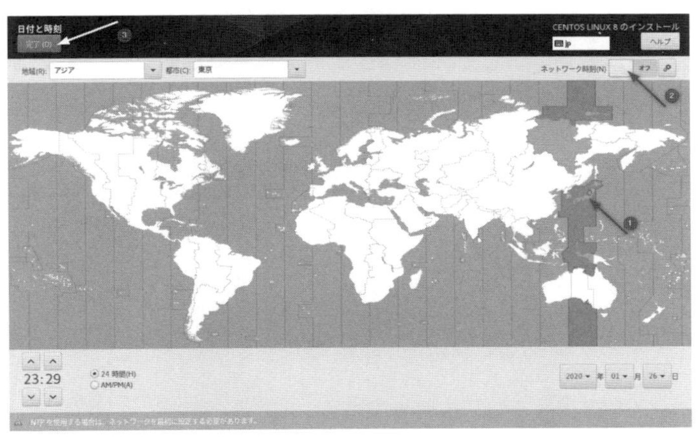

図 1-13　日付と時刻 ― 地域と都市、時刻の表記（24 時間か AM/PM）と時刻調整、日付の変更が行える。

「ネットワークの時刻」のスライドスイッチを「オン」にすると、NTP が有効になります。ただし、ネットワーク接続が有効で、NTP サーバにアクセス可能な状態でなければ「オン」にできません。

■「ソフトウェアの選択」

「**ソフトウェアの選択**」では使用するとソフトウェアのグループを選択します。本書ではデフォルトで選択されている「**サーバ (GUI 使用)**」を選択したものとして解説します。「**サーバ (GUI 使用)**」は、デスクトップに操作性のよい GNOME を使用したもので、GUI 画面で操作可能なサーバ用途に適した環境です（**図 1-14**）。なお、必要なソフトウェアはあとからインストールできるので、「**選択した環境のアドオン**」のソフトウェアを選択する必要はありません。

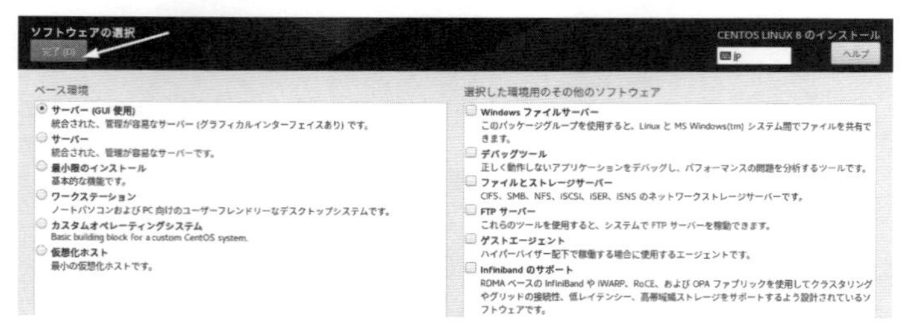

図 1-14　ソフトウェアの選択 ― サーバの利用目的に応じたベース環境を選択する。

■「インストール先」

「**インストール先**」ではインストールするディスク、およびパーティションを設定します。自分で細かくパーティションを設定することもできますが、初めての方は、「**ストレージの設定**」で「**自動構成**」を選択して自動構成に任せることをお勧めします。そうするとディスク全体が Linux の領域として使用されます（**図 1-15（1）**）。

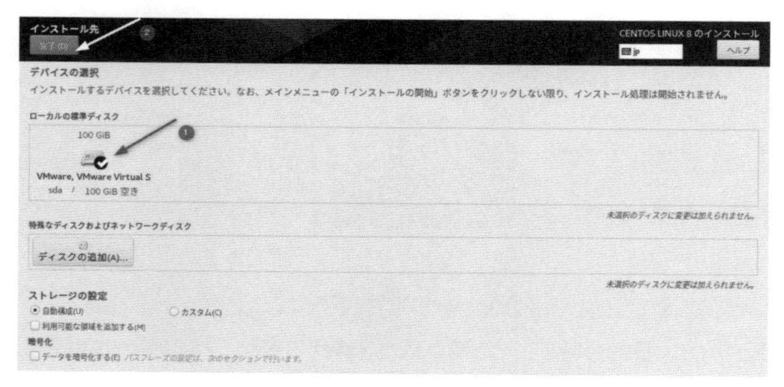

図 1-15（1）　インストール先 ― 画面では、仮想マシンのディスクが表示されている。実際の物理マシンにインストールする場合には、sda、sdb といったデバイス名が表示される。

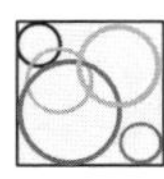

Column　既存のパーティションの削除

既存のパーティションを削除する場合は、「ストレージの設定」「利用可能な領域を追加する」チェックボックスをクリックして、「完了」ボタンをクリックします（図 1-15（2））。「ディスク領域の再利用」画面が表示されるので、「すべて削除」ボタンをクリックし、その下の「再利用」ボタンをクリックします（図 1-15（3））。

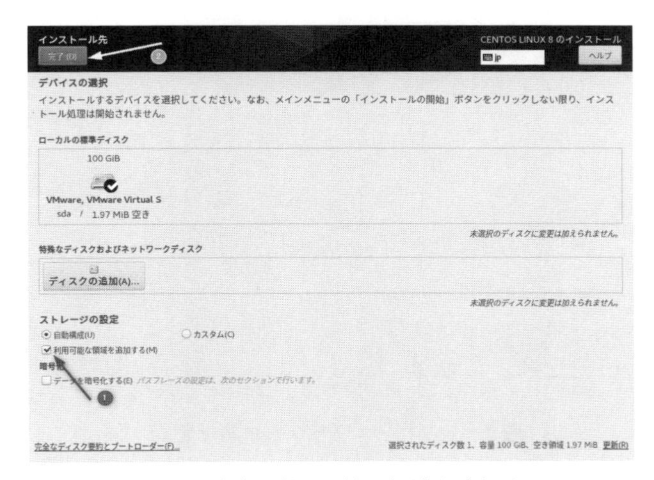

図 1-15（2）　利用可能な領域を追加する

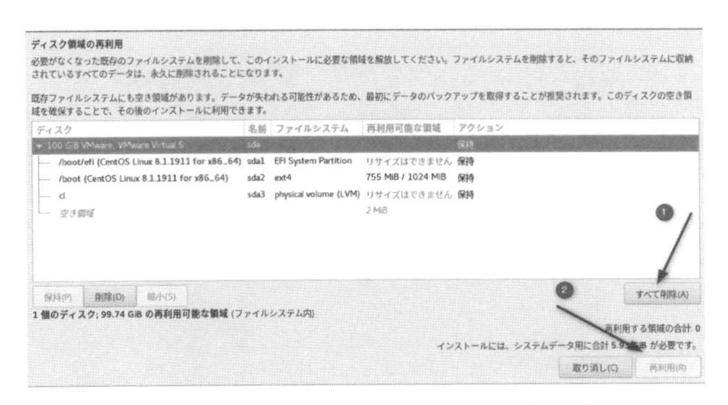

図 1-15（3）　ディスク領域の再利用

■「ネットワークとホスト名」

「ネットワークとホスト名」ではネットワークインターフェースとホスト名を設定します。左のリストでネットワークインターフェースを選択し、右のスライドスイッチを「**オン**」にすると有効になります。ブロードバンドルータを使用している場合、DHCP 機能により IP アドレスやデフォルトルートが自動設定されます。「**ホスト名**」では適当なホスト名を設定します（図 1-16）。

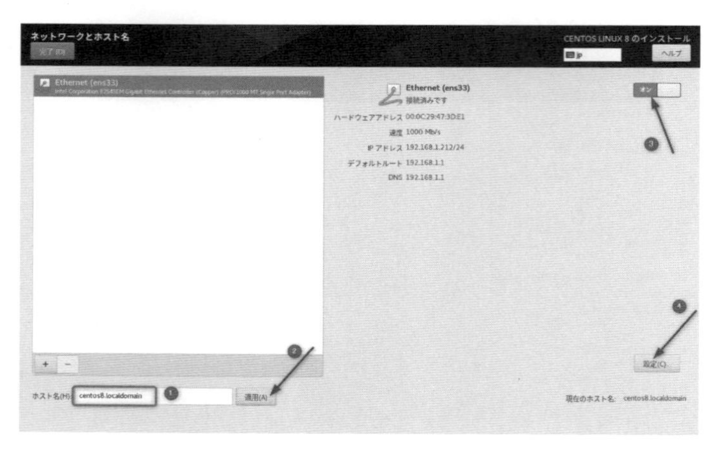

図 1-16　ネットワークとホスト名 (1)

IP アドレスや DNS サーバなどのアドレスを自分で入力した場合には、「**設定**」をクリックし表示されるダイアログボックスで設定を行います（図 1-17）。

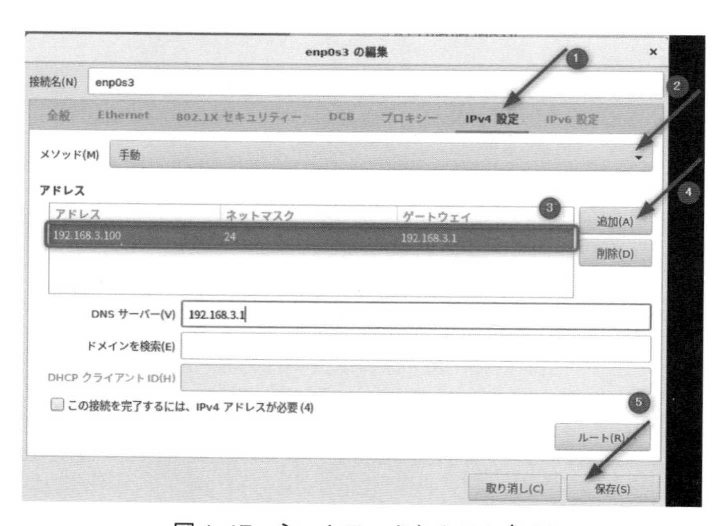

図 1-17　ネットワークとホスト名 (2)

1-2-5 ユーザを設定する

「インストール概要」画面の設定が完了したら、「インストールの開始」をクリックします（図 1-18）。

図 1-18　インストールの開始

インストールが開始され、画面下部に進行状況が表示されます（図 1-19）。この間、「ユーザ設定」画面が表示され、スーパーユーザのパスワードの設定と、一般ユーザの登録を行います。

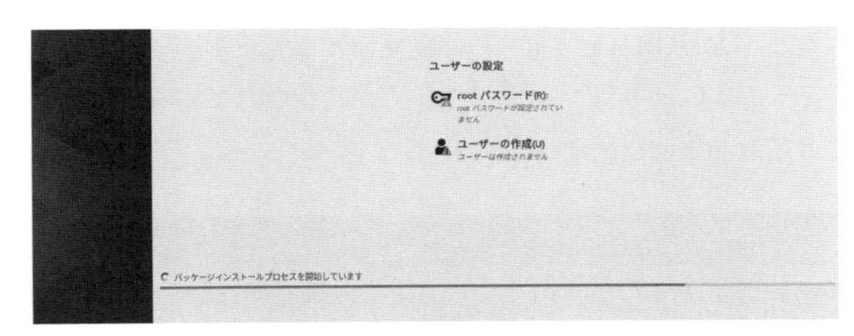

図 1-19　進行状況の表示

■ 「root パスワード」

「root パスワード」では root（スーパーユーザ）のパスワードを設定します（図 1-20）。

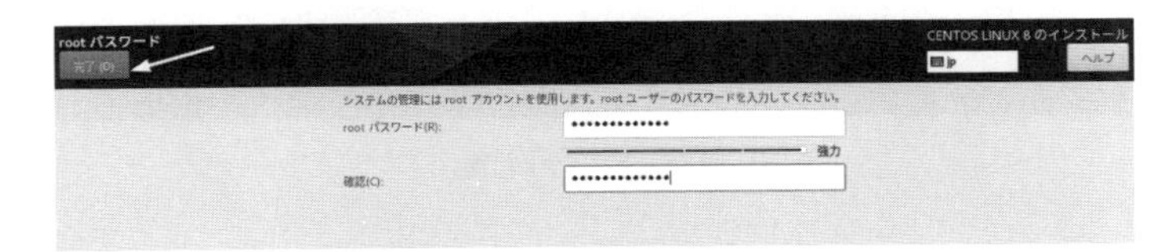

図 1-20　パスワードの設定

■「ユーザーの作成」

「ユーザーの作成」画面で少なくとも1人のユーザを登録します（図 1-21）。

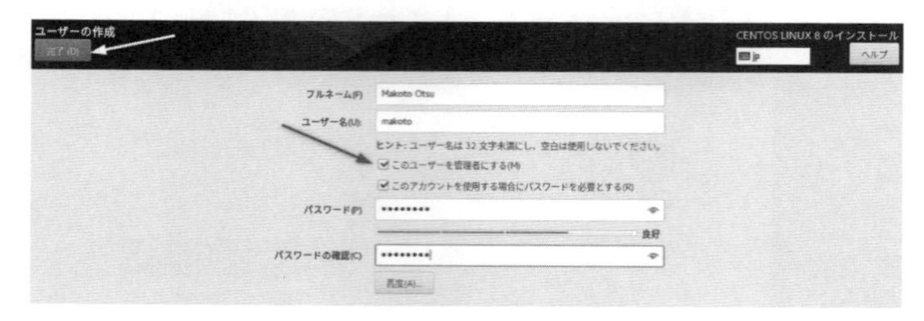

図 1-21　ユーザーの作成

「このユーザーを管理者にする」をチェックしてください。

1-2-6　インストール完了

インストールが完了すると画面下部に「完了しました！」と表示されます。「再起動」ボタンをクリックします。再起動すると「CentOS」を選択する起動画面となります。一番上が通常モードの CentOS、2 番目がレスキューモードの CentOS です。通常モードが選択されていることを確認し、Enter キーを押すかしばらくすると起動します（図 1-22）。

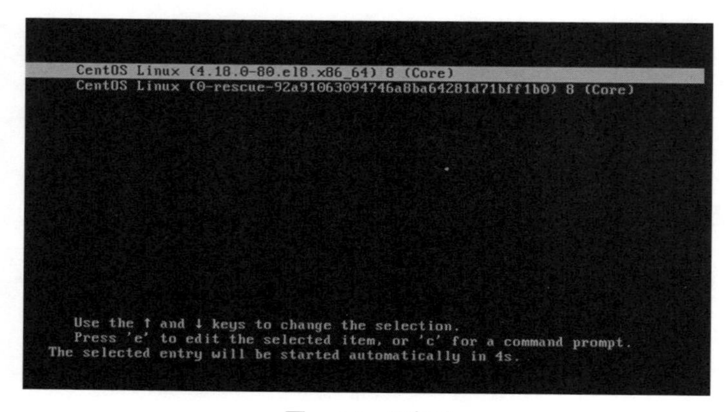

図 1-22　再起動

1-2-7 「初期セットアップ」

初回起動時には「初期セットアップ」画面が表示されます（図 1-23）。

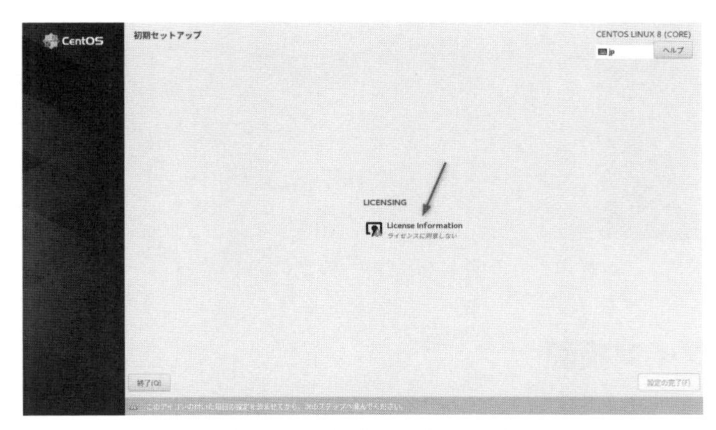

図 1-23　初期セットアップ

「License Information」ボタンをクリックすると「ライセンス情報」画面が表示されるので「ライセンス契約に同意します」をチェックし「完了」ボタンをクリックします（図 1-24（1））。

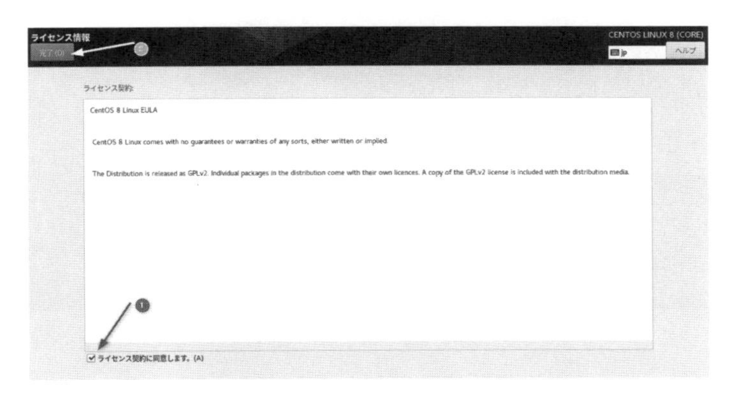

図 1-24（1）　ライセンス情報

LICENSING の画面に戻ったら、「設定の完了」ボタンをクリックします（図 1-24（2））。

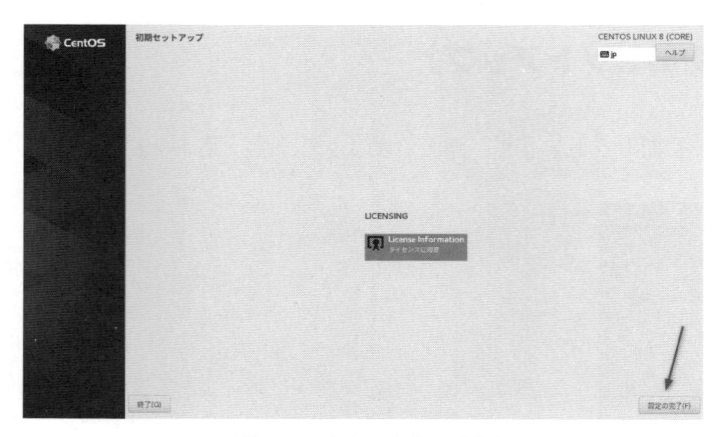

図 1-24（2） 設定の完了

1-2-8 ログイン画面

「設定の完了」ボタンをクリックするとログイン画面が表示されます（図 1-25）。

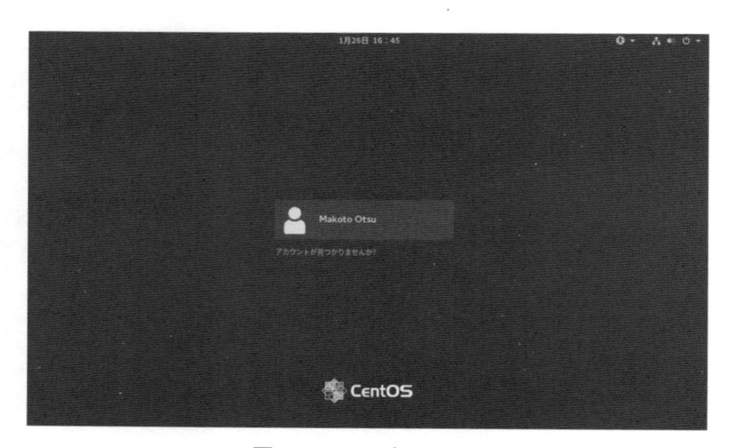

図 1-25 ログイン画面

ユーザを選択し Enter キーを押すとパスワードを入力する画面になります。パスワードを入力し「サインイン」ボタンをクリックします（図 1-26）。

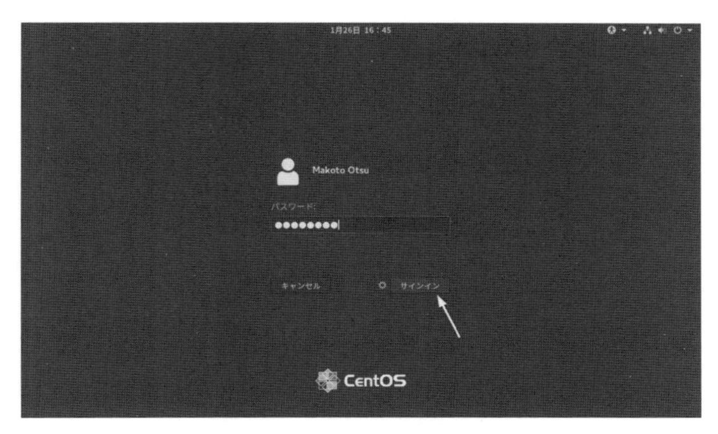

図 1-26　パスワードの入力

1-2-9　統合デスクトップ環境「GNOME」のセットアップ

初回起動時には、統合デスクトップ環境「GNOME(グノーム)」のセットアップが実行されます。「ようこそ」画面で「日本語」が選択されていることを確認し「次へ」をクリックします（図 1-27）。

図 1-27　GNOME セットアップ「ようこそ」

GNOME のセットアップには、「ようこそ」の画面のあと、「入力」「プライバシー」「オンラインアカウント」「準備完了」の 4 つの設定項目があります（図 1-28）

GNOMEのセットアップ

① 入力

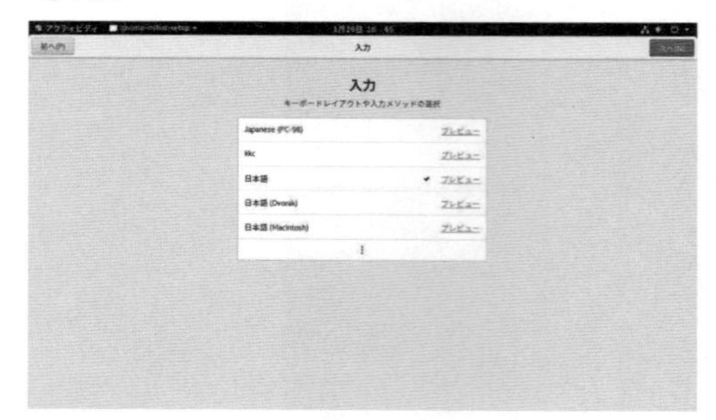

② プライバシー

③ オンラインアカウント

④ 準備完了

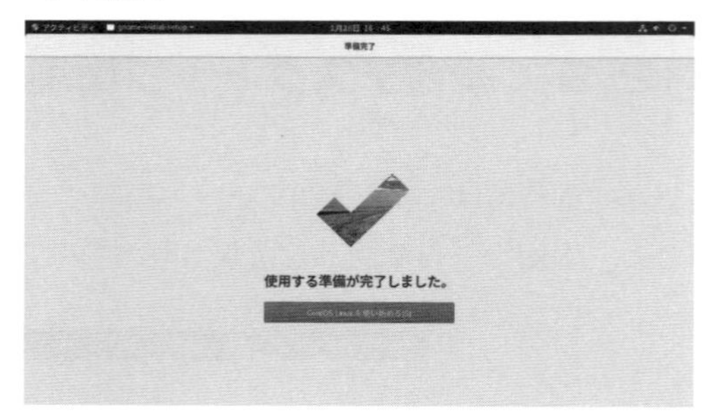

図 1-28　GNOME セットアップ「入力」「プライバシー」「オンラインアカウント」「準備完了」

- 「**入力**」画面では「**日本語**」が選択されていることを確認し「**次へ**」をクリックします（図 1-28 ①）。
- 「**プライバシー**」画面では必要に応じて「**位置情報サービス**」を「**オン**」にします（②）。
- 「**オンラインアカウント**」画面ではオンラインアカウントの設定を行えます。不要なら「**スキップ**」ボタンをクリックします（③）。
- 「**準備完了**」画面では「**CentOS Linux を使い始める**」をクリックします（④）。

セットアップが完了するとGNOMEのデスクトップ画面が表示されます。画面左上の「**アクティビティ**」をクリックすると「**ダッシュボード**」が表示され、起動するアプリケーションを選択できます（図1-29）。

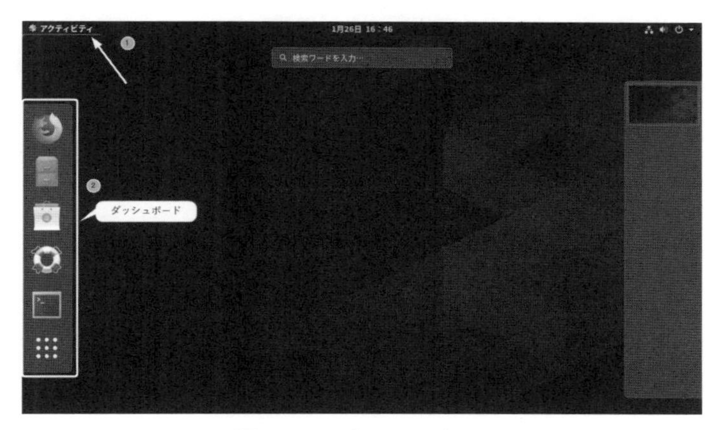

図1-29　ダッシュボード

1-2-10　システムを終了する

システムを終了するにはメニューバー右の「**電源**」ボタンをクリックします。表示される画面で「**電源**」ボタンをクリックします（図1-30）。

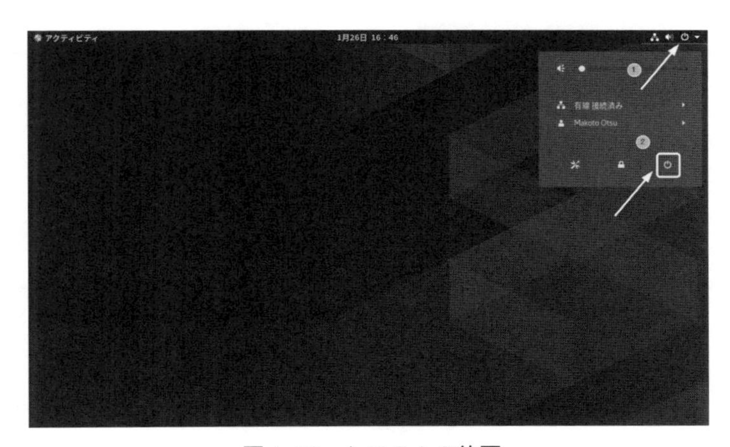

図1-30　システムの終了

すると、「**電源オフ**」ダイアログボックスが表示されるので「**電源オフ**」をクリックします（図1-31）

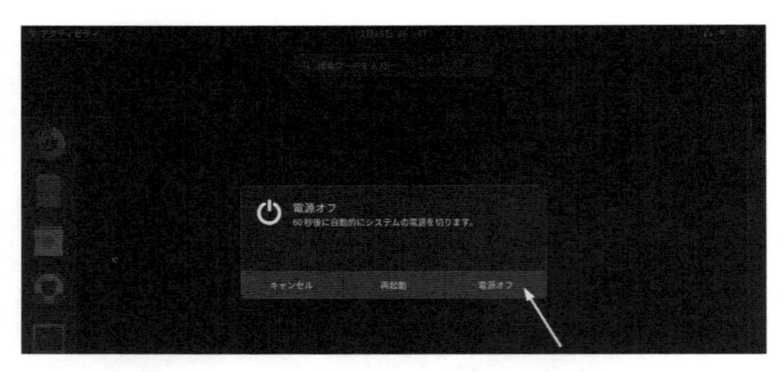

図 1-31　電源オフ

「再起動」をクリックすると再起動できます。

1-2-11　かな漢字変換を有効にする

インストール時に「**日本語**」を選択した場合でも、日本語入力システムがインストールされていないため、かな漢字変換が行えません。続いて、日本語入力システムをインストールして、かな漢字変換を有効にしましょう。まずは、デスクトップの「**ソフトウェア**」アプリから日本語入力システム「ibus-kkc」をインストールします。

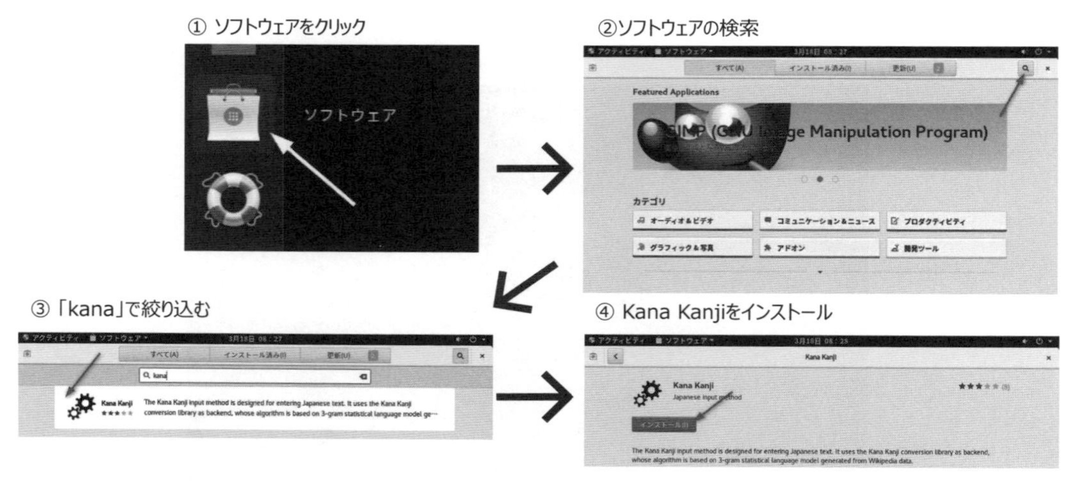

図 1-32　「ソフトウェア」アプリ ― Kana Kanji の検索 ⇒ インストール

- 「アクティビティ」から「ソフトウェア」を選択します（図 1-32①）。

アプリケーションをインストールする「**ソフトウェア**」アプリが起動します（②）。

- 画面右上の「**検索**」ボタンをクリックし、「**kana**」を入力し、アプリケーションを絞り込みます（③）。
- 「**Kana Kanji**」をクリックし「**インストール**」ボタンをクリックします（④）。
- いったん**ログアウト**して、**再ログイン**します。

続いて、「**入力ソース**」で「**日本語（かな漢字）**」を選択します。

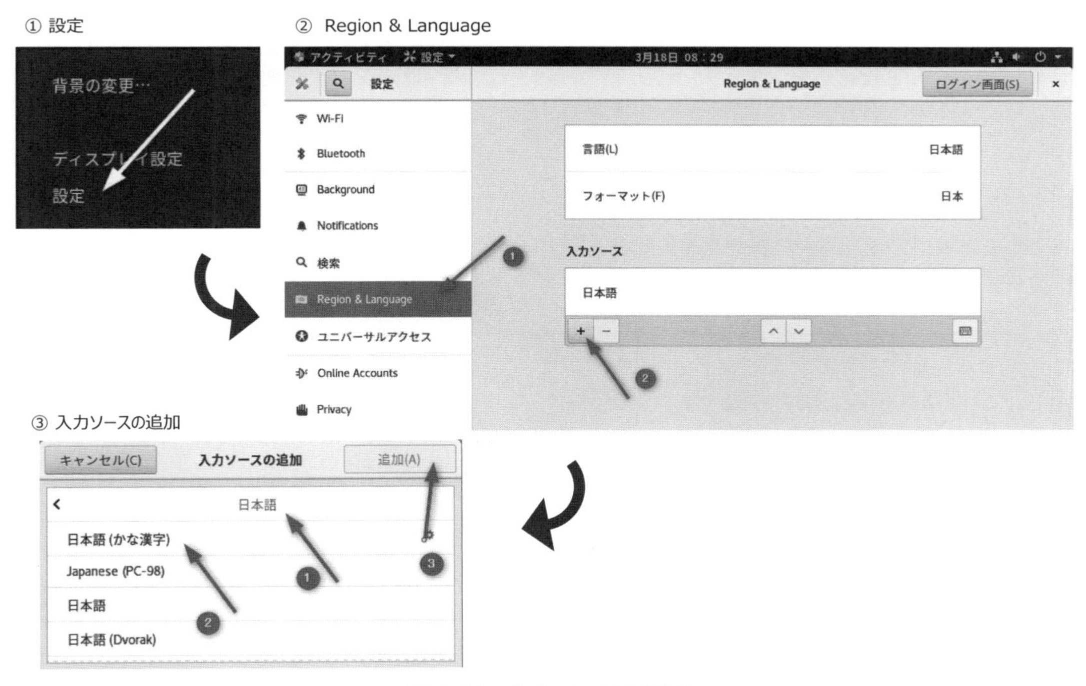

図 1-33　入力ソースの設定

- デスクトップ上の任意の場所で右クリックし、メニューから「**設定**」を選択して「**設定**」アプリを起動します（図 1-33①）。
- 左のリストから「**Region & Language**」を選択し、「**入力ソース**」 の項目の下の [+] ボタンをクリックします（②）。
- 「日本語」をクリック、「**日本語（かな漢字）**」を選択して「**追加**」ボタンをクリックします（③）。

以上で、⊞ + Space キーで英語入力、日本語入力の切り替えが行えるようになります。

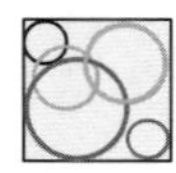

Column パッケージのアップデート

Chapter 1 では、CentOS 8.1.1911 をインストールしました。このリリースは、2020 年 1 月中旬ですが、リリース後のバグフィックスなどもありますので、最新のパッケージを入手しておいたほうが、セキュリティ面でも安心できます。パッケージのアップデートを行うには、以下のコマンドを実行します。

```
[o2@co8 ~]$ sudo dnf update Enter
CentOS-8 - AppStream                          7.4 kB/s | 4.3 kB     00:00
CentOS-8 - AppStream                          5.5 MB/s | 6.5 MB     00:01
CentOS-8 - Base                               6.6 kB/s | 3.8 kB     00:00
...

ダウンロードサイズの合計: 317 M
これでよろしいですか? [y/N]: y Enter
...
```

dnf コマンドについては、Chapter 4 で取り上げます。

Chapter 2 コマンドラインを操作しよう

最近のLinuxは、デスクトップ環境が整備され、WindowsやMacと同様にGUIによる操作が可能です。ただし、システムを詳細に設定したい、サーバを安全に立ち上げたいといった場合には、コマンドラインの操作が不可欠です。このChapter以降では、コマンドラインの操作を中心に解説していきます。

2-1 ターミナルでコマンドを入力する

本節では、コマンドラインの操作は初めてという方を対象に、ターミナルを使用したCUI（Command line User Interface）コマンドの入力の基本について説明します。GUIの操作に比べて面倒というイメージがあるかと思いますが、慣れてくるとより効率的に操作が行えるケースも少なくありません。

2-1-1 ターミナルについて

CUIコマンドの入力には「**ターミナルエミュレータ**」（端末エミュレータ）と呼ばれる種類のソフトウェアを使用します。

UNIXシステムが登場した当時のコンピュータは、1台のマシンに複数台の「**キャラクタ端末**」（文字しか表示できない端末）を接続し、同時に何人かのユーザで利用するといった使い方が主流でした。ターミナルエミュレータは、そのキャラクタ端末をデスクトップ上のアプリケーションとして再現したものです。

ターミナルエミュレータにはさまざまな種類がありますが、CentOSではデフォルトのターミナルエミュレータとしてGNOME標準の「ターミナル」（GNOME端末）を採用しています。

■ ターミナルを起動する

「ターミナル」を起動するには画面左上の「アクティビティ」をクリックします。すると「ダッシュボード」に登録されているアプリケーションの一覧が表示されるので「端末」をクリックします（図2-1）。

図2-1　ターミナルの起動画面

■ プロンプトはコマンド受け付けOKを示す

ターミナルの先頭部分には、初期状態では次のような形式の行が表示されています。

```
[ユーザ名@ホスト名 ディレクトリ名]$
```

これは「プロンプト」（正確には「コマンドプロンプト」）と呼ばれるもので、ターミナルが現在コマンドを受け付けられる状態になっていることを示しています。

たとえばユーザ名が「o2」で、ホスト名が「co8」の場合、ターミナルを立ち上げると次のようなプロンプトが表示されています。

```
[o2@co8 ~]$
```

■ 「~」はホームディレクトリを示す

プロンプトの最後の「**ディレクトリ名**」部分には、現在自分がいるディレクトリが表示されます。これを「**カレントディレクトリ**」と言います。カレントディレクトリはターミナルのウィンドウを開いた状態では、ユーザの「**ホームディレクトリ**」(ユーザが自由に使ってよいディレクトリ)です。

初期状態ではディレクトリ名にチルダ「~」が表示されていますが、これはユーザのホームディレクトリを表す特殊記号です。

なお、プロンプトの「$」より前の部分は環境によって異なるため、本書ではこれ以降、一般ユーザのプロンプトを単に「$」で表記します。

```
[o2@co8 ~]$
↓      プロンプトの先頭部分を省略して表記
$
```

2-1-2　コマンドを入力してみよう

それでは実際に、プロンプトに続いて簡単なコマンドを入力してみましょう。「date」とタイプして Enter キーを押してください。date は現在の日付時刻を表示するコマンドです。

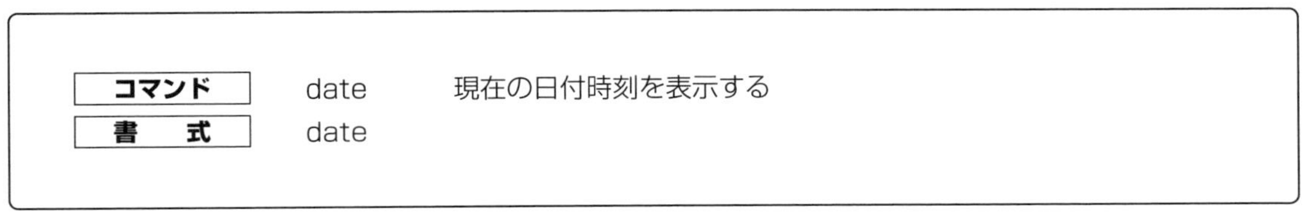

次のように、date コマンドを実行すると、現在の日付時刻が表示され、再びプロンプトが表示されます。

```
$ date Enter
2020年  3月 14日 土曜日 23:33:13 JST
$  ←再びプロンプトが表示される
```

日付時刻の最後の「JST」は日本時間を示します。言語や地域、地域を管理する値を「**ロケール**」と言います。date コマンドを実行すると、現在のロケールに応じた形式で日付時刻が表示されます。日本の場合には日本語で日本時間が表示されます。

■ コマンドには引数を渡せる

コマンドによっては、なんらかの値を受け取るものがあります。それをコマンドの「**引数**」（ひきすう）と呼びます。どのような引数を受け取るか、引数の数はコマンドによって異なります。コマンドと引数、引数同士は、1つ以上のスペースで区切ります。

```
コマンド 引数1 引数2 引数3 ...
```

たとえば、受け取った引数を、そのまま画面に表示するコマンドに echo があります。

コマンド	echo	引数を画面に表示する
書　式	echo 引数 1 引数 2 引数 3 ...	

echo は任意の数の引数を受け取ります。

```
$ echo Hello Enter      ←引数を 1 つ指定
Hello
$ echo Hello Linux Enter      ←引数を 2 つ指定
Hello Linux
```

■ コマンドの動作を設定するオプション

引数の中で、必要に応じて指定することでコマンドの動作を設定するようなものを「**オプション**」と呼びます。オプションの指定方法はコマンドによって異なります。伝統的なオプションはハイフン「-」に続けてアルファベット1文字で指定するタイプです。

たとえば、システム情報を表示するコマンドに uname があります。引数なしで実行すると「Linux」と表示されます。

```
$ uname Enter
Linux
```

「-p」オプションを指定して実行すると CPU の種類が表示されます。

```
$ uname -p Enter
x86_64
```

オプションは、複数指定することができます。「-p」オプションに加えて、ネットワーク内のホスト名を表示するには「-n」オプションを指定します。

```
$ uname -p -n Enter
co8.example.com x86_64
```

「-」とアルファベット1文字の形式のオプションを複数指定する場合、「-」に続いて複数のアルファベットをつなげて記述してもかまいません。「uname -p -n」は次のようにしても同じです。

```
$ uname -pn Enter
co8.example.com x86_64
```

なお、コマンドによっては「--英単語」の形式のオプションをサポートしています。たとえばunameの「-p」オプションは「--processor」と指定することもできます。

```
$ uname --processor Enter
x86_64
```

2-1-3　シェルについて

Linux OSの中核部分を「**カーネル**」と呼びますが、ユーザが入力したコマンドをカーネルに伝える役割を担っているのが「**シェル**」です。ターミナルを起動すると、シェルがバックグラウンドで動き出してプロンプトを表示し、ユーザが入力したコマンドを解釈してカーネルに伝えます（図2-2）。

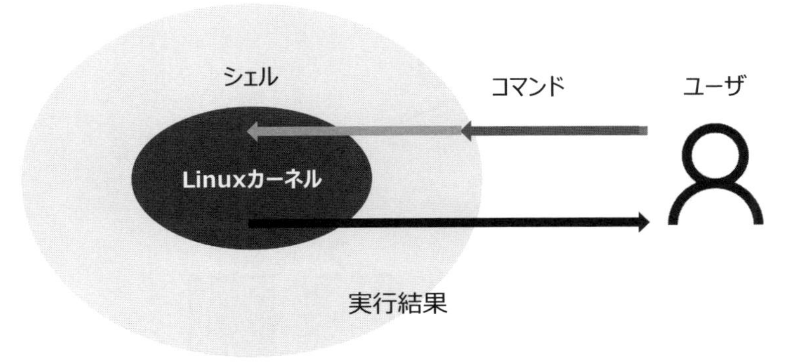

図2-2　シェル（shell）の概念

シェル（shell）とは日本語にすれば「**貝殻**」というような意味ですが、カーネルを包み込んで、ユーザとカーネルの橋渡しをするソフトウェアといったイメージで捉えるとよいでしょう。

シェルは、Windowsの「コマンドプロンプト」や「PowerShell」などと同じように、「コマンドインタプリタ」などと呼ばれる種類のプログラムです。シェルにはさまざまな種類がありますが、CentOSなどほとんどのLinuxディストリビューションでは「bash」という高機能シェルが標準シェルとして採用されています。

GUIによる操作と異なり、コマンドラインでコマンドをタイプするCUIの操作は面倒では？　と考える方もいるでしょう。ただし、UNIXの黎明期のシェルと異なり、bashのような高機能シェルでは、コマンドラインの編集機能、Tabキーによるコマンドやディレクトリの補完機能、履歴機能などを備えているため、慣れるとキーボードを使用したコマンドの入力もそれほど苦になりません。

2-2　基本コマンドを実行してみよう

この節では、Linuxのファイルシステムにおけるディレクトリ構造と、パスについて説明します。そのあとで、ディレクトリの一覧表示や移動といった基本コマンドを入力しながらコマンドラインの基本操作を説明していきましょう。

2-2-1　Linuxのファイルシステムは「/」を頂点とするツリー構造

LinuxなどのUNIX系OSのファイルシステムは、ルート「/」を頂点とする階層構造になっています（図2-3）。

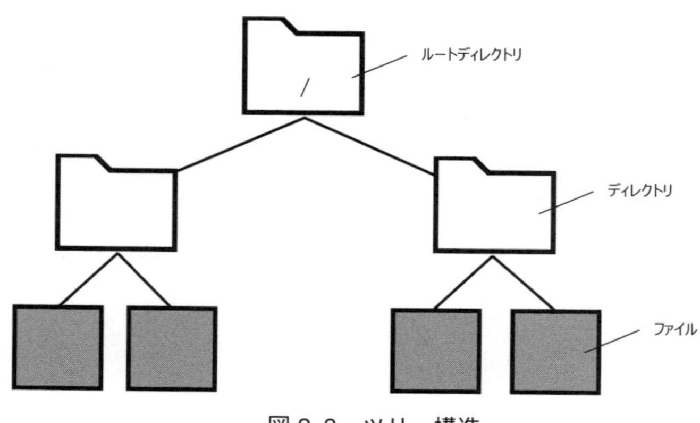

図2-3　ツリー構造

「ルート」（root）とは日本語で「木の根っこ」の意味です。ファイルシステムの階層構造を逆にすると木のように見えるため「ツリー構造」と呼ばれます。木の枝の分岐点に当たる部分が「ディレクトリ」、葉っぱに当たる部分が「ファイル」になります。

2-2-2　絶対パスと相対パス

あるファイルもしくはディレクトリまでの道筋のことを「**パス**」と呼びます。ファイルやディレクトリを操作するコマンドの多くはパスを引数にとります。パスには「**絶対パス**」と「**相対パス**」の2種類の指定方法があります。

■ 絶対パスによる指定

絶対パスは、ルート「/」を起点に目的のファイルやディレクトリまでツリー構造をたどっていく指定方式です。このとき、ディレクトリの区切り文字にも「/」を使用します。

「2-1-1　ターミナルについて」で説明した、ホームディレクトリ（各ユーザが自由に使用できる専用のディレクト）は、ルート「/」ディレクトリの下の home ディレクトリの下に、ユーザ名ごとに用意されています（図 2-4）。

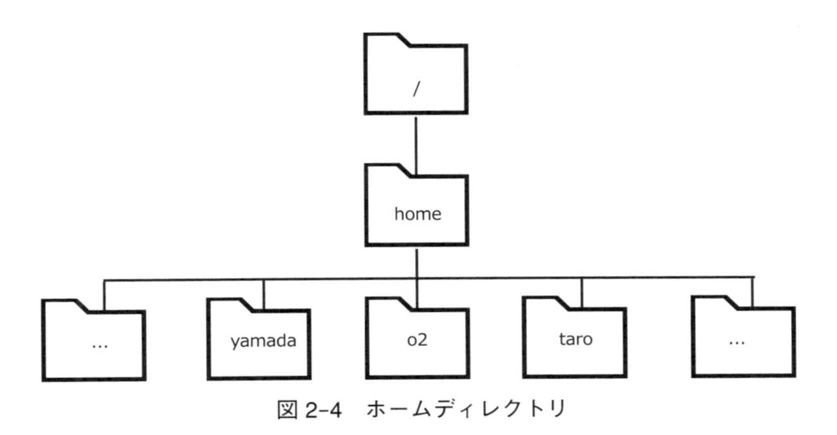

図 2-4　ホームディレクトリ

たとえば、ユーザ「o2」のホームディレクトリまでの絶対パスは、次のように表記できます。

```
/home/o2
```

ファイルを絶対パスで指定したい場合、最後にファイル名を記述します。たとえば、ユーザ「o2」のホームディレクトリ「/home/o2」の下の「sample.txt」というファイルは、絶対パスでは次のように表記します。

```
/home/o2/sample.txt
```

■ 相対パスによる指定

先述したように、現在自分がいるディレクトリのことを「**カレントディレクトリ**」と言います。相対パスはカレントディレクトリを基点としてパスを指定する方法です。たとえば、ターミナルを開いた状態では、ホームディレクトリがカレントディレクトリです。このとき、カレントディレクトリに置かれた sample.txt ファイルは、相対パスでは次のように表記します。

```
sample.txt
```

また、ホームディレクトリの下の「**画像**」ディレクトリのファイル「tree.jpg」は、相対パスでは次のように表記します。

```
画像/tree.jpg
```

2-2-3　CentOS のディレクトリ構造

次に CentOS のルートディレクトリ以下のディレクトリ構造の概略を示します。

```
/
|--- bin -> usr/bin      コマンド
|--- boot                カーネルや起動ファイルの保存場所
|--- dev                 デバイスファイル
|--- etc                 設定ファイルなど
|--- home                一般ユーザのホームディレクトリの保存場所
  |--- ユーザ名          ホームディレクトリ
|--- lib -> usr/lib      ライブラリ
|--- root                rootユーザのホームディレクトリ
|--- sbin -> usr/sbin    管理コマンド
|--- tmp                 一時ファイル（システムの起動時に削除される）
|--- usr                 その他のコマンドやライブラリの保存場所
  |--- bin               コマンド
  |--- lib               ライブラリ
  |--- local             ユーザが個別にインストールしたコマンドなど
|--- var                 内容が変化するファイルの保存場所
  |---log                ログファイル
```

† -> はシンボリックリンクを表しています。参照「2-4-6　リンクを設定する」

これらのディレクトリの中で、「一般ユーザが自由にファイルやディレクトリを作成、変更できるホームディレクトリ」以外は、パーミッションと呼ばれるアクセス制御の仕組みにより、ホームディレクトリ以外のほとんどのディレクトリは、書き換えできないようになっています（パーミッションについては後述します）。

2-2-4　ディレクトリの一覧を表示する ls コマンド

Linux のコマンドにはパスを引数に取るものが少なくありません。たとえば、ls コマンドは引数で指定したディレクトリ内のファイルの一覧を表示します。

コマンド	ls	ディレクトリの一覧を表示する
書　式	ls [オプション] [ディレクトリ]	

ls コマンドを引数なしで実行するとカレントディレクトリの一覧が表示されます。ターミナルを開いた状態ではホームディレクトリがカレントディレクトリになるため、ターミナルを開いた状態で ls コマンドを実行するとホームディレクトリの一覧が表示されます。

```
$ ls Enter
sample.txt     テンプレート  ドキュメント  音楽  公開
ダウンロード  デスクトップ  ビデオ        画像
```

次にホームディレクトリの下の「画像」ディレクトリの一覧を表示する例を示します。

```
$ ls 画像 Enter
dog.png  myPhotos  samples  summer.png
```

前述の例は相対パスで「画像」ディレクトリを指定していますが、絶対パスで指定することもできます。たとえば、ユーザ「o2」でログインしている場合に、絶対パスで「画像」ディレクトリの一覧を表示するには次のようにします。

```
$ ls /home/o2/画像 Enter
dog.png  myPhotos  samples  summer.png
```

■ 「-l」オプションで詳細情報を表示する

ls コマンドに「-l」オプションを付けて実行すると、ファイルやディレクトリの更新日時やサイズなどの詳細情報を表示します（図 2-5）。

```
$ ls -l 画像 Enter
合計 16968
-rwxr--r--. 1 o2 o2 17077689 10月 11 14:29 dog.png
drwxr-xr-x. 2 o2 o2      140  8月 24 23:57 myPhotos
drwxr-xr-x. 2 o2 o2        6 10月  5 22:44 samples
-rwxr--r--. 1 o2 o2   294732  8月 13 21:18 summer.png
```

```
-rwxr--r--. 1 o2 o2 17077689 10月 11 14:29 dog.png
drwxr-xr-x. 2 o2 o2      140  8月 24 23:57 myPhotos
drwxr-xr-x. 2 o2 o2        6 10月  5 22:44 samples
-rwxr--r--. 1 o2 o2   294732  8月 13 21:18 summer.png
①    ②        ③  ④     ⑤           ⑥            ⑦
```

① 「-」は通常のファイル、「d」はディレクトリ
② ファイル（ディレクトリ）のパーミッション（アクセス権限）
③ 所有者
④ 所有グループ
⑤ サイズ
⑥ 変更日時
⑦ ファイル名（ディレクトリ名）

図 2-5　ディレクトリの詳細情報

デフォルトではファイルのサイズはバイト単位になります。K（キロバイト）やM（メガバイト）といったサイズの単位付きで表示させたい場合には、「-h」オプションをあわせて指定します。「画像」ディレクトリの一覧を単位付きで表示するには次のようにします。

```
$ ls -hl 画像 Enter
合計 17M
-rwxr--r--. 1 o2 o2  17M 10月 11 14:29 dog.png
drwxr-xr-x. 2 o2 o2  140  8月 24 23:57 myPhotos
drwxr-xr-x. 2 o2 o2    6 10月  5 22:44 samples
-rwxr--r--. 1 o2 o2 288K  8月 13 21:18 summer.png
```

■ 「-a」オプションを指定してすべてのファイルを表示する

「.bashrc」のようにピリオド「.」で始まる名前のファイルは「**隠しファイル**」（もしくは「**ドットファイル**」）と呼ばれ、デフォルトでは表示されません。通常表示する必要のない設定ファイルなどは隠しファイルになっています。それらを含めてすべてのファイルを表示するには「-a」オプションを指定します。

```
$ ls -a Enter
.                 ._.DS_Store     .config     .pcsc11    .xsession-errors  ビデオ
..                .bash_history   .dbus       .pcsc12    sample.txt        音楽
.DS_Store         .bash_logout    .esd_auth   .pki       ダウンロード      画像
.ICEauthority     .bash_profile   .lesshst    .var       テンプレート      公開
.Xauthority       .bashrc         .local      .viminfo   デスクトップ
.Xclients-old     .cache          .mozilla    .vnc       ドキュメント
```

> 「.」と「..」は実際のファイルではありません。「.」はカレントディレクトリ、「..」は1つ上のディレクトリを表す特別な記号です。

2-2-5　カレントディレクトリを確認するpwdコマンド

現在のカレントディレクトリは、pwdコマンドを実行すると確認できます。

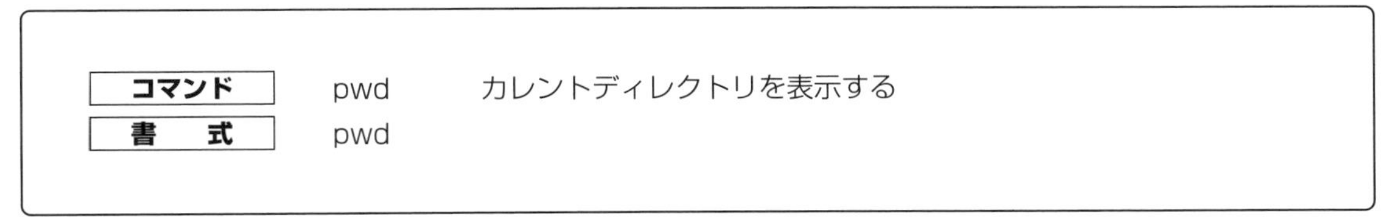

コマンド	pwd	カレントディレクトリを表示する
書　式	pwd	

次にユーザ「o2」としてログインした状態での実行結果を示します。

```
$ pwd Enter
/home/o2
```

2-2-6 cd コマンドでカレントディレクトリを移動する

cd コマンドを使用すると、カレントディレクトリを必要に応じて移動できます。

コマンド	cd	カレントディレクトリを移動する
書　式	cd 移動先のディレクトリのパス	

たとえば、カレントディレクトリの下の「**画像**」ディレクトリに移動するには次のようにします。

```
$ cd 画像 Enter
$ pwd Enter    ←pwd コマンドで確認
/home/o2/画像
```

ファイルシステムの頂点である「/」（ルート）ディレクトリに移動するには次のようにします。

```
$ cd / Enter
$ pwd Enter    ←pwd コマンドで確認
/
```

cd コマンドを引数なしで実行するとホームディレクトリに戻ります。

```
$ cd Enter    ←ホームディレクトリに戻る
$ pwd Enter    ←pwd コマンドで確認
/home/o2/
```

2-2-7 引数にスペースや特殊文字を含めるには

シェルにとって特別な意味を持つ記号があります。それらをシェルの特殊文字（メタキャラクタ）と言います。たとえば、スペースは引数の区切りを表す特殊文字です。特殊文字を引数に含めるには、引数全体をダブルクォーテーション「"」もしくはシングルクォーテーション「'」で囲みます。これを「クォーティング」と呼びます。

40ページで紹介した echo は引数をそのまま画面に表示するコマンドです。echo コマンドを使用して、Hello と Linux の 2 つの引数を画面に表示するには次のようにします。

```
$ echo Hello Linux Enter
```

```
Hello Linux
```

「Hello Linux」という1つの引数として表示するには、全体をダブルクォーテーション「"」で囲って次のようにします。

```
$ echo "Hello Linux" Enter
Hello Linux
```

見た目は同じですが、前者は引数を2つ表示しているのに対して、後者は1つの引数を表示しています。

なお、ダブルクォーテーション「"」もしくはシングルクォーテーション「'」を引数に含めたい場合にはもう一方のクォーテーションで囲みます。

```
$ echo "What's going on" Enter
What's going on
```

2-2-8 テキストファイルの中身を表示するcatコマンド

テキストファイルの内容を表示するコマンドはいくつかありますが、まずはもっとも基本的なcatコマンドを覚えましょう。

コマンド	cat　テキストファイルを表示する
書　式	cat [オプション] テキストファイルのパス

次に、カレントディレクトリの下の「.bash_profile」を表示する例を示します。

```
$ cat .bash_profile Enter
# .bash_profile

# Get the aliases and functions
if [ -f ~/.bashrc ]; then
    .     ~/.bashrc
fi
# User specific environment and startup programs
```

catコマンドに「-n」オプションを指定して実行すると、先頭に行番号を表示します。

```
$ cat -n .bash_profile Enter
     1 # .bash_profile
     2
     3 # Get the aliases and functions
     4 if [ -f ~/.bashrc ]; then
     5   .       ~/.bashrc
     6 fi
     7
     8 # User specific environment and startup programs
```

2-2-9 よく使うディレクトリを表す記号を覚えよう

続いて、よく使うディレクトリを簡単に指定するためのシェルの特殊文字を紹介しましょう（**表2-1**）。

表2-1 ディレクトリを表す記号

記号	説明
~	ホームディレクトリ
~-	直前にいたディレクトリ
..	1つ上のディレクトリ
.	カレントディレクトリ（現在のディレクトリ）

■ ホームディレクトリ「~」

チルダ「~」は、ユーザのホームディレクトリ（**/home/ユーザ名**）を表します。たとえば、任意のディレクトリにいて、ホームディレクトリに戻るには次のようにします。

```
$ cd ~ Enter
```

ただし、cdコマンドを引数なしで実行するとホームディレクトリに戻ります。つまり上記の例は単に次のようにしたのと同じです。

```
$ cd Enter
```

「~」はパスの先頭に使用して、他のディレクトリと組み合わせて使うと便利です。任意のディレクトリにいるときに、ホームディレクトリの下の「**画像**」ディレクトリに移動するには次のようにします。

```
$ cd ~/画像 Enter
```

また、ホームディレクトリの下の「**ドキュメント**」ディレクトリの下の samples ディレクトリの下の一覧を表示するには次のようにします。

```
$ ls ~/ドキュメント/samples Enter
linux   person.txt
```

■ 1つ上のディレクトリ「..」

「..」（ドット記号2つ）はカレントディレクトリの1つ上のディレクトリを表します。たとえば、現在「**/home/o2/画像/myPhotos**」ディレクトリにいるときに、1つ上のディレクトリに移動するには次のようにします。

```
$ pwd Enter
/home/o2/画像/myPhotos   ←現在のカレントディレクトリ
$ cd .. Enter   ←1つ上のディレクトリに移動
$ pwd Enter
/home/o2/画像
```

「..」をパスの先頭に使用して、他のディレクトリと組み合わせて使用することもできます。

```
$ ls ../ドキュメント Enter   ←1つ上のディレクトリの下のドキュメントディレクトリの一覧を表示
JavaScript  Python2018  Samples  VueJs  Work  t4.png
```

「..」は複数つなげることで、ディレクトリを順にさかのぼることもできます。

```
$ cd ../../ Enter   ←2つ上のディレクトリに移動
```

■ カレントディレクトリ「.」

「.」はカレントディレクトリを表します。これはファイルをコピーする cp コマンド（60ページ参照）を、カレントディレクトリにファイルをコピーするといった場合に便利です。

```
$ cp /etc/hosts . Enter   ←/etc/hosts をカレントディレクトリにコピー
```

■ 直前にいたディレクトリ 「~-」

「~-」は1つ前のカレントディレクトリを表します。これは2つのディレクトリを交互に移動したいといった場合に便利です。たとえば、次のようにすることで、ホームディレクトリの下の「**画像**」ディレクトリと、同じホームディレクトリの下の「**ドキュメント**」ディレクトリを行ったり来たりできます。

```
$ cd ~/画像 Enter
$ cd ~/ドキュメント Enter
$ pwd Enter
/home/o2/ドキュメント
$ cd ~- Enter   ←「画像」ディレクトリに移動
$ pwd Enter
/home/o2/画像
$ cd ~- Enter   ←「ドキュメント」ディレクトリに移動
$ pwd Enter
/home/o2/ドキュメント
```

2-3 シェルの便利機能を活用しよう

CentOSなどのLinuxでは、高機能シェルとして人気のbashが標準シェルとして採用されています。この節ではbashに用意されているさまざまな便利機能の中から、最初に覚えておくべき機能を紹介しましょう。

2-3-1 コマンド名やファイル名の補完機能

bashには、ファイル名/ディレクトリ名の最初の数文字をタイプして Tab キーを押すと残りの文字を補完してくれる補完機能が用意されています。これを活用すると、長いディレクトリ名やファイル名の入力が格段に楽に行えます。

たとえば、ホスト名が記述された「`/etc/hostname`」というファイルがあります。これを`cat`コマンドで表示するには「`cat /etc/hostname` Enter」と入力しますが、補完機能を使用してこれを入力する例を示します。

```
$ cat /e Tab   ←「cat /e」とタイプして Tab キーを押す
    ↓
$ cat /etc/   ←「cat /etc」まで補完される
```

```
     ↓
$ cat /etc/hostn[Tab]   ←「hostn」までタイプして[Tab]キーを押す
     ↓
$ cat /etc/hostname
```

■ 候補が複数ある場合は？

[Tab]キーを押した時点で候補が複数ある場合は何も起こりません。もう一度、再度[Tab]キーを押すと、候補の一覧が表示されます。候補が絞り込まれるまで続けて数文字をタイプし、[Tab]キーを押すと補完されます。

```
$ cat /etc/h[Tab][Tab]
host.conf  hostname   hosts      hp/
          ↓
$ cat /etc/ho[Tab]   ←さらに「o」をタイプして[Tab]キーを押す
          ↓
$ cat /etc/host   ←「cat /etc/host」まで補完

$ cat /etc/hostn   ←さらに「n」をタイプして[Tab]キーを押す
          ↓
$ cat /etc/hostname
```

■ コマンドも補完できる

補完機能はコマンド名に対しても働きます。たとえば、「echo」コマンドを入力する場合「ec」までタイプして[Tab]キーを押すと「echo 」まで補完されます。

```
$ ec[Tab]
     ↓
$ echo
```

さらに、CentOSではbash-completionというソフトウェアパッケージによって補完機能が強化されています。コマンドによっては、コマンド名だけでなく、コマンドの引数やオプションに対しても補完機能が働きます。

```
$ sudo systemctl po[Tab]
     ↓
$ sudo systemctl poweroff
```

2-3-2 過去に実行したコマンドを呼び出す

シェルは前に実行したコマンドをコマンド履歴として覚えています。コマンドを1つずつさかのぼってコマンドラインに表示するには Ctrl + P キー（または ↑ キー）を押します。行き過ぎてしまった場合には Ctrl + N キー（または ↓ キー）を押すことで1つずつ戻ることができます。

■ コマンド履歴の一覧を表示する

過去に実行したコマンドコマンドの一覧を表示したい場合には history コマンドを使います。

コマンド	history	コマンド履歴の一覧を表示する
書　式	history [表示したいコマンドの数]	

次に、最近実行したコマンドを5つ表示する例を示します。

```
$ history 5 Enter
  294  pwd
  295  echo "Hello"
  296  ls ドキュメント
  297  cd
  298  history 5
```

左に表示されているのがコマンドを識別する「**ヒストリ番号**」です。次のようにすることで指定したヒストリ番号のコマンドを実行できます。

```
!番号 Enter
```

ヒストリ番号「295」のコマンドを実行するには次のようにします。

```
$ !295 Enter
echo "Hello"  ←ヒストリ番号「295」のコマンド
Hello  ←実行結果
```

なお、「!! Enter」で直近に実行したコマンドを再実行できます。

```
$ !! Enter
ls  ←最後に実行したコマンド
sample.txt    テンプレート  ドキュメント  音楽  公開
```

```
ダウンロード  デスクトップ  ビデオ      画像
```

■ コマンド履歴を検索して実行する

コマンド履歴のコマンドを検索することもできます。

「Ctrl + R」キーを押すと、コマンドラインが検索モードに入りプロンプトが次のようになります。

```
(reverse-i-search)`':
```

文字をタイプすると、その文字列を含む直近のコマンドが検索されます。タイプするごとにコマンドが絞り込まれていきます。

```
(reverse-i-search)`ls': ls /etc
```

再度「Ctrl + R」キーを押すごとに、同じ文字列を含むコマンドをコマンド履歴の若いほうに向かって検索します。

目的のコマンドが見つかったら Enter キーを押して実行します。

また、 Esc キーを押すと検索モードを抜けコマンドラインを編集できるようになります。

2-3-3 コマンドラインの編集機能

タイプしたコマンドは、 Enter キーを押す前であれば自由に編集が可能です。一般的なエディタと同じように、左右の矢印キー（← →）でカーソルを移動して、カーソル位置に文字を挿入できます。また、 Backspace キーでカーソルの前の文字、 Delete キーでカーソル位置の文字を削除できます。

そのほかに以下のキー操作を覚えておくと便利でしょう（表 2-2）。

表 2-2 コマンドラインでの主なキー操作

キー	説明
Ctrl + F、→	カーソルを 1 文字右に移動
Ctrl + B、←	カーソルを 1 文字左に移動
Ctrl + D	カーソル位置の文字を削除
Ctrl + A	カーソルを行頭へ
Ctrl + E	カーソルを行末へ
Ctrl + K	カーソル位置から行の終わりまでを削除する

Ctrl + U	行頭からカーソル位置の直前までを削除する
Esc F、Alt + F	カーソルを 1 単語右に移動
Esc B、Alt + B	カーソルを 1 単語左に移動
Esc D、Alt + D	カーソル位置から単語の終わりまでを削除

「Ctrl + F」は、Ctrl キーを押しながら F キーを押すことを表します。「Alt + F」は Alt キーを押しながら F キーを押すことを表します。また、「Esc F」は Esc キーを押して放してから、F キーを押すことを表します。

2-3-4　ワイルドカードで柔軟なファイル指定

「ワイルドカード」と呼ばれる種類のシェルの特殊文字を使用すると、柔軟なファイルやディレクトリの指定が可能になります。ワイルドカードは、トランプのジョーカーのようなイメージで、ファイル名の中のいろいろな文字と一致する魔法の記号です（表 2-3）。

表 2-3　ワイルドカード

ワイルドカード	説明
*	0 文字以上の任意の文字列
?	任意の 1 文字
[文字の並び]	かっこ内で指定したいずれかの 1 文字。例)[abc]

■「*」- 任意の文字列とマッチ

「*」（アスタリスク）は、0 個以上の任意の文字列とマッチします。たとえば、カレントディレクトリの下の拡張子が「.png」のファイルの一覧を表示するには、次のようにします。

```
$ ls *.png Enter
dog.png  fish4.png  undiu4.png
```

■「?」- 任意の 1 文字とマッチ

「?」はファイル名の任意の 1 文字とマッチします。カレントディレクトリ以下で、ファイル名が 3 文字で、拡張子が「.jpg」のファイルの一覧を ls コマンドで表示するには次のようにします。

```
$ ls ???.jpg Enter
cat.jpg  tv1.jpg
```

「?」と「*」を組み合わせて使用することもできます。ファイル名の先頭が「l」で始まり、拡張子が3文字のファイルの一覧を表示するには次のようにします。

```
$ ls l*.??? Enter
life.png  live.jpg
```

■ [文字の並び] - いずれかの文字にマッチ

「[」と「]」の間に任意の個数の文字を並べて記述すると、その中のいずれかの文字とマッチします。たとえば、カレントディレクトリの下で、ファイル名の最後が「1」「2」「3」「4」のいずれか、拡張子が3文字のファイルの一覧を表示するには、次のようにします。

```
$ ls *[1234].??? Enter
fish4.png  nez2.jpg  nez3.jpg  tv1.jpg  undiu4.png
```

なお、文字の間に「-」ハイフンを記述すると、その間の文字をすべて指定したことになります。たとえば、「[a-d]」は「 [abcd] 」と同じです。次の表によく使うハイフン「-」と文字の組み合わせを示します（表2-4）。

表2-4　アルファベット、数字の指定

式	説明
[a-z]	小文字のアルファベット
[A-Z]	大文字のアルファベット
[A-Za-z]	すべてのアルファベット
[0-9]	0～9のいずれかの数字

たとえばカレントディレクトリの下で、ファイル名の最後が「**-数字**」で、拡張子が「.txt」のファイルの一覧を表示させるには次のようにします。

```
$ ls *-[0-9].txt Enter
3Today-4.txt  New-2.txt  Sample-1.txt  Sample-3.txt
```

「 [ ] 」で指定した文字の並び以外の文字とマッチさせるには、否定を表す「!」を先頭に記述します。前述の例を変更し、先頭が数字で始まらないファイルだけを表示するには次のようにします。

```
$ ls [!0-9]*-[0-9].txt Enter
New-2.txt  Sample-1.txt  Sample-3.txt
```

2-3-5 ブレース展開 - { 文字列 1, 文字列 2, ... }

ワイルドカードと似た機能に「ブレース展開」があります。これは、「{」と「}」の間にカンマ「,」で区切って文字列を並べておくことによって、シェルがその文字列を展開して、コマンドに渡す機能です。

次に、カレントディレクトリ以下で拡張子が「.png」「.png」「.pdf」のいずれかのファイルの一覧を表示するには次のようにします。

```
$ ls *.{jpg,png,pdf} Enter
A-flat.pdf  dog.png    life.png  nez2.jpg  tv1.jpg
cat.jpg     fish4.png  live.jpg  nez3.jpg  undiu4.png
```

{} と文字列、カンマ「,」の間にスペースを入れることはできないので注意してください。

2-3-6 オンラインマニュアルを表示する

コマンドラインで実行可能なほとんどのコマンドには、man 形式という UNIX の世界で伝統的なオンラインマニュアルが用意されています。man 形式のオンラインマニュアルを表示するには man コマンドを使用します。

コマンド	man	オンラインマニュアルを表示する
書　式	man コマンド名	

次に、「man ls Enter」を実行して ls コマンドのマニュアルを表示した結果を示します（図 2-6）。

次のページに進むにはスペースキーを、前のページに戻るには B キーを押します。終了するには Q キーを押します。

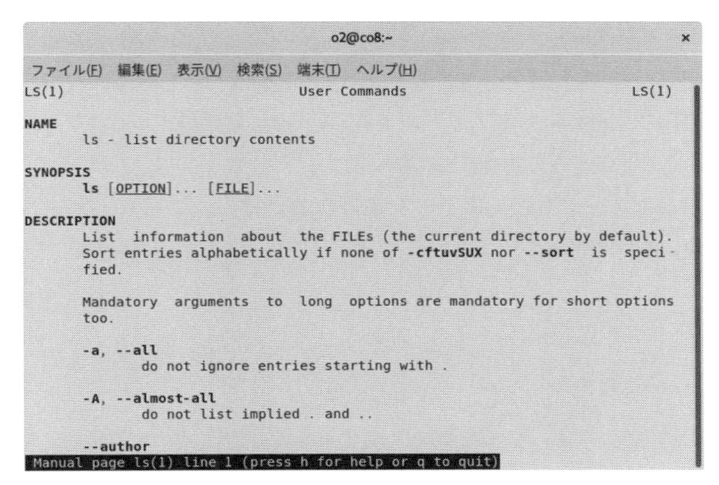

図 2-6　ls コマンドのオンラインマニュアル

■ オンラインマニュアルのセクション

マニュアルは 9 つのセクションに分類されています。「man ls Enter 」を実行すると一番上の行に「LS(1)」と表示されますが、() 内に表示される数字がセクション番号になります。

次の表にセクションの概要を示します（表 2-5）。

表 2-5　オンラインマニュアルのセクション

セクション	説明
1	一般コマンド
2	システムコール
3	C 言語の関数
4	周辺装置
5	ファイル形式
6	ゲームなど
7	そのほか
8	システム管理用コマンド
9	カーネル開発

セクション番号を指定してマニュアルを表示するには次のようにします。

```
man セクション番号 コマンド名
```

同じ名前のコマンドが複数のセクションに存在する場合がありますが、セクション番号を省略すると若い番号のセクションのマニュアルが表示されます。

たとえば、「info」のマニュアルは、セクション1とセクション5の2つのセクションにあります。セクション1にあるのは、infoフォーマットのドキュメントを表示するinfoコマンドのマニュアル、セクション5にあるのはinfoフォーマットの説明です。

単に「man info Enter」とするとセクション番号の若いほう、つまりinfoコマンドのマニュアルが表示されます。info形式に関するマニュアルを表示したい場合には、次のようにセクション番号を指定します。

```
$ man 5 info Enter
```

2-4 ファイルの基本操作コマンドを覚えよう

この節でも引き続きLinuxの基本コマンドを紹介していきます。まずは、日常の操作に欠かすことのできない、ファイルのコピー、移動を行うコマンドを説明し、そのあとで、ディレクトリの作成や削除、リンクの作成などについて説明します。

2-4-1 ファイルをコピーするcpコマンド

ファイルをコピーするにはcpコマンドを使います。

コマンド	cp	ファイルをコピーする
書　式	cp [オプション] コピー元のパス コピー先のパス	

コピーするファイルを最初の引数に、コピー先を2番目の引数に指定します。たとえば、カレントディレクトリの下のsample.txtをbackup.txtにコピーするには次のようにします。

```
$ cp sample.txt backup.txt Enter
```

別のディレクトリに同じ名前でコピーする場合には、コピー先にディレクトリを指定するだけでかまいません。たとえばSamplesディレクトリの下のfile1.txtを同じ名前で、Workディレクトリにコピーするには次のようにします。

```
$ cp Samples/file1.txt Work/ Enter
```

> コピー先のディレクトリの最後の「/」は付けても付けなくてもかまいません。Tab キーによるテキスト補完を使用した場合には自動的に付きます。

■ カレントディレクトリに同じ名前でコピーする

なお、別のディレクトリのファイルを同じ名前でカレントディレクトリにコピーする場合、コピー先にはカレントディレクトリを示す特殊記号であるピリオド「.」を指定します。「/etc/hostname」を同じ名前でカレントディレクトリにコピーするには次のようにします。

```
$ cp /etc/hostname . Enter
```

■ ワイルドカードを使用してコピーする

コピー元のファイルを「*」や「?」といったワイルドカードを使用して指定することで、ファイルをまとめてコピーできます。たとえば、カレントディレクトリの下の拡張子が「.txt」のファイルをすべてsamplesディレクトリにコピーするには次のようにします。

```
$ cp *.txt samples/ Enter
```

■ 「-i」オプションで上書きするかを確認する

コピー先に同じファイルがあった場合、デフォルトでは確認なしで上書きされてしまいます。上書きするかを確認したい場合には「-i」オプションを指定して実行します。

```
$ cp -i Samples/file1.txt Work/ Enter
cp: 'Work/file1.txt' を上書きしますか?
```

ここで、「y」(もしくは「y」で始まる任意の文字列)をタイプして Enter キーを押すと上書きされます。それ以外の文字をタイプして Enter キーを押した場合にはコピーは行われません。

■「-r」オプションでディレクトリを丸ごとコピーする

ディレクトリを丸ごとコピーするには「-r」オプションを指定して実行します。たとえば、「~/画像/myPhotos」ディレクトリ（ホームディレクトリ「~」の下の「画像」ディレクトリの下の「myPhotos」ディレクトリ）を丸ごと「~/ドキュメント」ディレクトリの下にコピーするには、次のようにします。

```
$ cp -r ~/画像/myPhotos ~/ドキュメント/ Enter
```

なお、「-r」オプションではファイルの更新日時などの情報がコピーを実行した日時に更新されます。元の情報を保持したままコピーするには「-a」オプションを指定します。

```
$ cp -a ~/画像/myPhotos ~/ドキュメント/ Enter
```

2-4-2　ファイルやディレクトリを移動するmvコマンド

ファイルやディレクトリを移動するにはmvコマンドを使います。

コマンド	mv　　ファイルやディレクトリを移動する
書　式	mv [オプション] 移動元のファイルのパス 移動先のファイルのパス

次の例は、カレントディレクトリのファイル「sample.txt」を「~/ドキュメント」ディレクトリに移動します。

```
$ mv sample.txt ~/ドキュメント/ Enter
```

cpコマンドと同じ、異動先に同名のファイルがある場合には警告なく上書きされます。上書きしてよいかを確認するには「-i」オプションを指定します。

```
$ mv -i sample.txt ~/ドキュメント/ Enter
mv: '/home/o2/ドキュメント/sample.txt' を上書きしますか?
```

mvコマンドは通常のファイルだけでなく、ディレクトリの移動にも使えます。この場合、cpコマンドと異なり「-r」オプションは不要です。

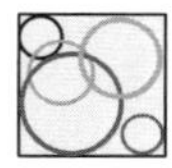

Column　tree コマンド

ディレクトリの下の階層構造をツリー状にわかりやすく表示してくれるコマンドに tree があります。

tree コマンドで「画像」ディレクトリを表示した例を示します。

```
$ tree 画像 Enter
画像
├── 19Cool.txt
├── 2020
│   ├── newfile.txt
│   ├── news
│   │   └── good.txt
│   └── readme.md
└── zipfile.txt
```

tree コマンドには、表示対象、表示内容、並び順、表示形式（HTML/XML）などを制御するさまざまなオプションがあります。よく利用するのは、ディレクトリのみを表示する-d オプション、ディレクトリ階層レベルを指定する-L などがあります。

2-4-3　ディレクトリを作成する mkdir コマンド

ディレクトリを作成するには mkdir コマンドを使用します。

コマンド	mkdir	ディレクトリを作成する
書　式	mkdir [オプション] ディレクトリのパス	

たとえば、ホームディレクトリ「~」の下に Work ディレクトリを作成するには、次のようにします。

```
$ mkdir ~/Work Enter
```

■ 深いディレクトリを一気に作成する「-p」オプション

mkdir コマンドでディレクトリを作成する場合、引数で指定したパスの途中のディレクトリはあらかじめ存在している必要があります。たとえば、「mkdir ~/ドキュメント/samples/linux」というコマンドを実行するには、その時点で「~/ドキュメント/samples」ディレクトリまで存在していないとエラーになります。

```
$ mkdir ~/ドキュメント/samples/linux Enter
mkdir: ディレクトリ '/home/o2/ドキュメント/samples/linux' を作成できません: そのような
ファイルやディレクトリはありません
```

そのような場合、「-p」オプションを指定して実行すると、途中のディレクトリも含めて作成することができます。

```
$ mkdir -p ~/ドキュメント/samples/linux Enter
```

2-4-4 ディレクトリを削除する rmdir コマンド

ディレクトリの削除には、rmdir コマンドを使います。

コマンド	rmdir　　ディレクトリを削除する
書　式	rmdir [オプション] ディレクトリのパス

たとえば、test ディレクトリを削除するには次のようにします。

```
$ rmdir test Enter
```

rmdir コマンドは、空のディレクトリのみ削除できます。空でないディレクトリを削除しようとすると、次のエラーメッセージが表示されます。

```
$ rmdir samples/ Enter  ←空でないディレクトリを削除できない
rmdir: 'samples/' を削除できません: ディレクトリは空ではありません
```

空でないディレクトリを強制的に削除するには次に説明する rm コマンドを使用します。

2-4-5 ファイルやディレクトリを削除するrmコマンド

ファイルを削除するにはrmコマンドを使用します。

コマンド	rm　　　ファイルを削除する
書　式	rm [オプション] 削除するファイルのパス

オプションなしで実行すると確認なしで削除されます。削除するかを確認するには「-i」オプションを指定して実行します。

```
$ rm tmp.txt Enter  ←確認なしで削除
$ rm -i backup.txt Enter  ←確認しながら削除
rm: 通常ファイル 'backup.txt' を削除しますか? y Enter ←「y Enter」で削除
```

なお、書き換え権限のないファイルを削除しようとして場合には、削除してよいかを訊ねてきます。

```
$ rm sample.txt Enter
rm: 書き込み保護されたファイル 通常ファイル 'sample.txt' を削除しますか?
```

このとき、「-f」オプション指定すると、書き換え権限のないファイルでも確認を行わずに削除します。

```
$ rm -f sample.txt Enter
```

削除したファイルを復旧することはできませんので、実行には十分注意してください。

■ ディレクトリを丸ごと削除する

下位の階層を含めてディレクトリを丸ごと削除するには、rmコマンドを「-r」オプションを指定して実行します。

```
$ rm -r Samples/ Enter
```

2-4-6 リンクを設定する

ファイルやディレクトリを別名でアクセスするには「**リンク**」を設定します。Linuxのリンクには「**シンボリックリンク**」と「**ハードリンク**」の2種類があります。どちらを作成する場合でもコマンドとしてはlnコマンドを使います。

コマンド	ln	リンクを作成する
書　式	ln [オプション] 元のファイルのパス リンクのパス	

引数の順番はcpコマンドと同じ、元のファイルのパスを先に記述します。

■ シンボリックリンクを作成する

シンボリックリンクは、単にリンク先のファイルのパスをファイルに記憶することで、ファイルを別名でアクセスできるようにした仕組みです。後述するハードリンクと異なりディレクトリのリンクも作成できます。

シンボリックリンクを作成するには、lnコマンドに「-s」オプションを付けて実行します。たとえば、カレントディレクトリのfile1.txtのシンボリックリンクを、file2.txtとして作成するには、次のようにします。

```
$ ln -s file1.txt file2.txt Enter
```

「ls -l」コマンドを使用すると、シンボリックリンクであることが確認できます。

```
$ ls -l Enter
合計 4
-rw-r--r--. 1 o2 o2 158 10月 18 18:02 file1.txt
lrwxrwxrwx. 1 o2 o2   9 10月 18 21:04 file2.txt -> file1.txt
```

シンボリックリンクの場合、先頭が「l」になります。またファイル名の後ろに「->」に続いてリンク先のパスが表示されます。

cpコマンドと同じように、同じ名前でシンボリックリンクを作成する場合には、リンクのパスにディレクトリを指定するだけでかまいません。次に、/etc/hostsのシンボリックをカレントディレクトリに同じ名前で作成する例を示します。

```
$ ln -s /etc/hosts . Enter
$ ls -l hosts Enter
lrwxrwxrwx. 1 o2 o2 10 10月 18 18:20 hosts -> /etc/hosts
```

■ ハードリンクを作成する

シンボリックリンクは単にリンク先のパスを記憶しておく機能でした。それに対して、ハードリンクは、同じ名前でハードディスク内のファイルの実体を参照する仕組みです。Linux のファイルシステムでは、それぞれのファイルやディレクトリの実体を「**i ノード番号**」という重複のない番号で管理しています。i ノード番号は、`ls` コマンドを「`-i`」オプションを付けて実行すると確認できます。

```
$ ls -il Work Enter
合計 8
   561863 -rw-r--r--. 1 o2 o2 158 10月  17 17:16 file1.txt
201559053 drwxr-xr-x. 6 o2 o2 179  9月  16  2018 jQuery
   672717 -rw-rw-r--. 1 o2 o2 166 12月   1 16:09 person.txt
```

先頭に表示されるのが i ノード番号です。ハードリンクは、別の名前で同じ i ノード番号持つファイルの実体を指し示します（図 2-7）。したがって、シンボリックリンクと異なりリンク元とリンク先といった区別はありません。

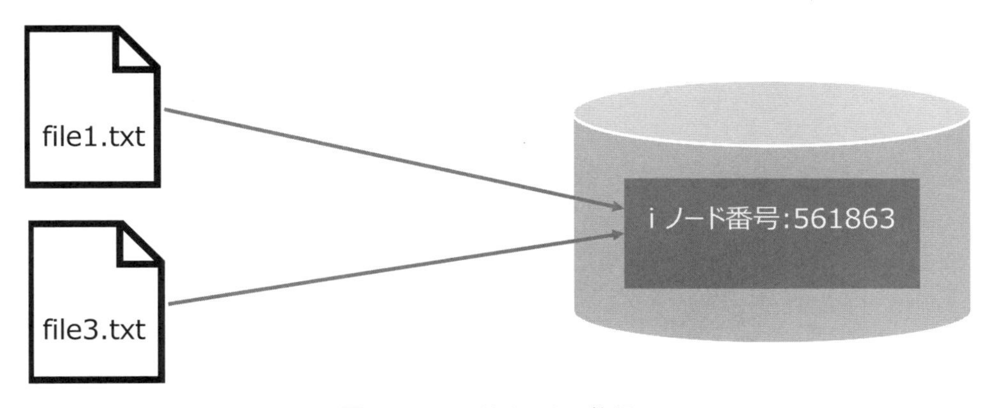

図 2-7　ハードリンクの仕組み

ハードリンクを作成するには、`ln` コマンドを「`-s`」オプションなしで実行します。たとえば、カレントディレクトリのファイル「`file1.txt`」のハードリンクを file3.txt という名前で作成するには、次のようにします。

```
$ ln file1.txt file3.txt (Enter)
$ ls -il (Enter)
合計 8
135134273 -rw-r--r--. 2 o2 o2 158 10月 18 18:02 file1.txt
135134280 lrwxrwxrwx. 1 o2 o2   9 10月 18 21:04 file2.txt -> file1.txt
135134273 -rw-r--r--. 2 o2 o2 158 10月 18 18:02 file3.txt
                       ↑
                ハードリンクの数
```

上記の例では、file2.txt がシンボリックリンク、file3.txt がハードリンクです。ハードリンクのほうはiノード番号が同じである点に注目してください。file1.txt と file3.txt のハードリンクの数はどちらも「2」になります。

ハードリンクが設定されていないファイルの場合、ハードリンク数は「1」で、ハードリンクの数が増えるごとに1つずつ増えていきます。また、ハードリンクが設定されているファイルを削除すると、ハードリンクの数が1つずつ減ります。その数が「0」になった時点でファイルの実体が削除されるというわけです。

ハードディスクのパーティションをまたいでのハードリンクは作成できません。

■ ディレクトリのハードリンクは作成できない。

Linux ではユーザがディレクトリのハードリンクを作成することはできません。これは誤って、ディレクトリ同士を参照し合うという、いわゆる無限ループができないようにするためです。

ただし、システム的にはディレクトリのハードリンクは多用されています。実は、カレントディレクトリを示す「.」、1つ上のディレクトリを示す「..」は、実際にはハードリンクです。

試しに適当なディレクトリを作成するとハードリンクの数が2となります。新規のディレクトリを作成し、「ls -ild」コマンドでハードリンク数とiノード番号を表示してみましょう（「-d」はディレクトリそのものの情報を表示するオプション）。

```
$ mkdir samples (Enter)
drwxrwxr-x. 2 o2 o2 6 10月 18 21:10 samples/
$ ls -ild samples/ (Enter)
135134294 drwxrwxr-x. 2 o2 o2 6 10月 18 21:10 samples/
                       ↑
                ハードリンクの数は「2」
```

作成した時点で、ハードリングの数が2になっています。これは、samples ディレクトリの下のカレントディレクトリを示す「.」がハードリンクとして設定されているからです。

```
$ ls -ila samples/ Enter
合計 0
135134294 drwxrwxr-x. 2 o2 o2  6 10月 18 21:10 .    ←samples ディレクトリのハードリンク
135134272 drwxrwxr-x. 3 o2 o2 72 10月 18 21:10 ..
```

「.」のｉノード番号が、前述の samples ディレクトリのｉノード番号と同じなっている点に注意してください。

samples ディレクトリの下にさらにディレクトリを作成すると、ハードリンクの数がまた 1 つ増えます。

```
$ mkdir samples/test Enter
$ ls -ild samples/ Enter
135134294 drwxrwxr-x. 3 o2 o2 18 10月 18 21:13 samples/
                      ↑
                      ハードリンク数が 3 に増える
```

samples/test ディレクトリの下の「..」（1 つ上のディレクトリ）が、samples ディレクトリへのハードリンクになるからです。

```
$ ls -ial samples/test/ Enter
合計 0
206432163 drwxrwxr-x. 2 o2 o2  6 10月 18 21:13 .
135134294 drwxrwxr-x. 3 o2 o2 18 10月 18 21:13 ..  ←1 つ上の samples へのハードリンク。i ノード番号が同じ
```

2-4-7 テキストファイルをページ単位で表示する less コマンド

本節の最後にテキストファイルをページ単位で表示する「ページャ」と呼ばれるコマンドを紹介しましょう。

Linux で使用できるページャにはいくつかありますが、CentOS ではデフォルトで less というページャが使用されます。

コマンド	less　　テキストファイルをページ単位で表示する
書　式	less [オプション] テキストファイルのパス

たとえば、/etc/services（サービス名とポート番号の対応が記述されたシステムファイル）を less コ

マンドで表示するには次のようにします。

```
$ less /etc/services Enter
```

上の less コマンドを実行すると、図 2-8 の画面が表示されます。

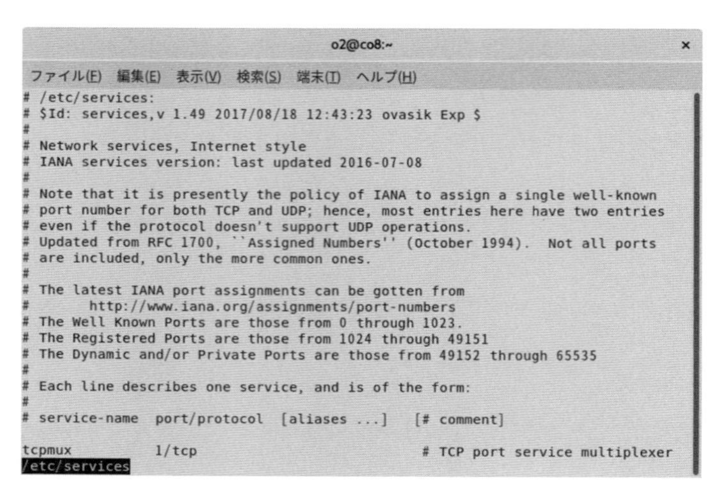

図 2-8 less コマンドの実行

次のページに進むには Space キーを、前のページに戻るには B キーを押します。終了するには Q キーを押します（表 2-6）。

表 2-6 less コマンドの主なキー操作

キー操作	説明
Space キー	次のページに進む
B キー	1 つ前のページに戻る
Enter キー	1 行進む
D キー	半画面進む
W キー	半画面戻る
R キー	画面を再描画
G キー	最初の行に移動
数字 G キー	指定した行に移動
Shift + G キー	最後の行に移動
H キー	ヘルプを表示する
Q	終了する

■ 文字列を検索する

less コマンドでファイルを表示中に、文字列の検索を行うことができます。文字列をファイルの後方に向かって検索するには、「/」に続いて文字列をタイプし Enter キーを押します（図 2-9）。

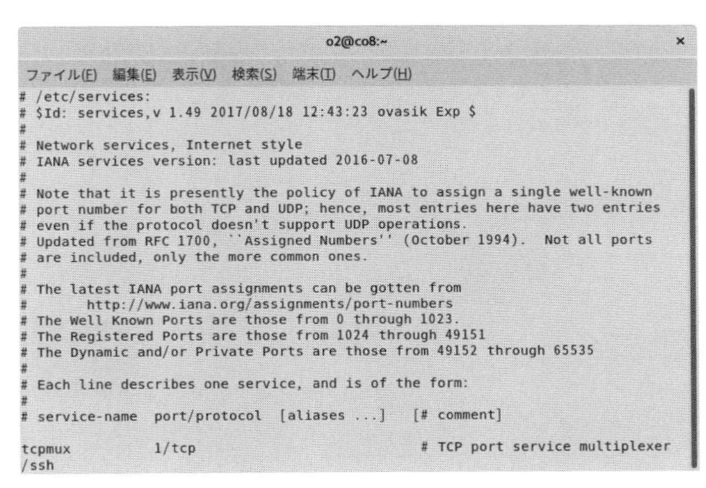

図 2-9　「ssh」とタイプ

すると、見つかった文字列が反転表示され、最初に見つかった文字列が 1 行目に表示されます（図 2-10）。続けて同じ文字を同じ方向に検索したい場合には「n」を、逆方向に検索したい場合には「N」をタイプします。

```
o2@co8:~
ファイル(F) 編集(E) 表示(V) 検索(S) 端末(T) ヘルプ(H)
ssh             22/tcp                          # The Secure Shell (SSH) Protoco
l
ssh             22/udp                          # The Secure Shell (SSH) Protoco
l
telnet          23/tcp
telnet          23/udp
# 24 - private mail system
lmtp            24/tcp                          # LMTP Mail Delivery
lmtp            24/udp                          # LMTP Mail Delivery
smtp            25/tcp          mail
smtp            25/udp          mail
time            37/tcp          timserver
time            37/udp          timserver
rlp             39/tcp          resource        # resource location
rlp             39/udp          resource        # resource location
nameserver      42/tcp          name            # IEN 116
nameserver      42/udp          name            # IEN 116
nicname         43/tcp          whois
nicname         43/udp          whois
tacacs          49/tcp                          # Login Host Protocol (TACACS)
tacacs          49/udp                          # Login Host Protocol (TACACS)
re-mail-ck      50/tcp                          # Remote Mail Checking Protocol
re-mail-ck      50/udp                          # Remote Mail Checking Protocol
:
```

図 2-10　Enter キーを押すと見つかった文字列が反転表示される

Column　CentOS を Windows や Mac で起動する

CentOS 用に専用の PC を用意できない場合には、Windows や Mac 上に CentOS の仮想環境を構築する方法もあります。

代表的な仮想化ソフトウエアに VirtualBox があります。VirtualBox は現在、米国オラクルが開発保守を行っているオープンソースソフトウエアです。

次の URL より、無償でダウンロードできます。

```
https://www.virtualbox.org
```

図 2-11　VirtualBox の設定画面

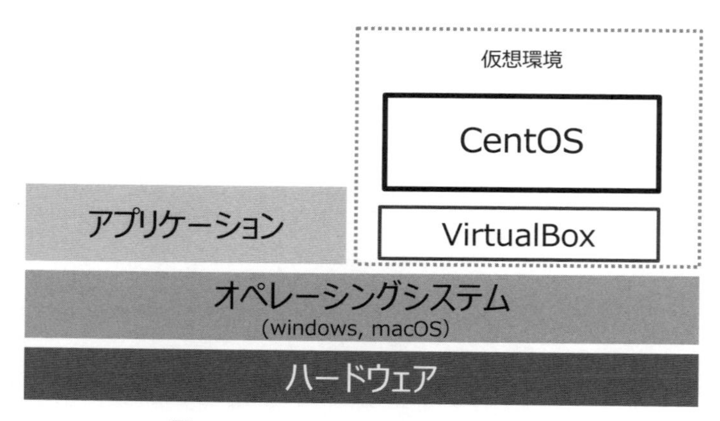

図 2-12　VirtualBox における仮想環境

本書では、VirtualBox のインストール方法については触れません。「virtualbox windows10」などの語句でインターネットを検索して、ブログ記事などを参考にしてください。

Chapter 3 シェルを活用する

ターミナル上で動作し、ユーザからの入力を解釈してカーネルに伝えるのがシェルの役割です。このChapterではシェル（bash）を使いこなすためのいろいろなテクニックについて解説します。最後に、シェルの環境をカスタマイズする方法について説明します。

3-1　標準入出力を使いこなそう

この節では、まずコマンドに用意されている標準入出力という入出力先について説明します。続いて、標準入出力を活用した機能として、「**リダイレクション**」や「**パイプ**」といった、コマンドラインを操作する上で欠かせない機能を説明します。

3-1-1　標準入力、標準出力、標準エラー出力

まずは、標準入力（stdin）、標準出力（stdout）、標準エラー出力（stderr）という、コマンドに標準で用意されている入出力について説明しましょう。

Linuxに用意されているコマンドは、その実行結果を標準出力に、エラーが発生した場合にそのメッセージを標準エラー出力に書き出すように作られています。また、コマンドによっては必要なデータを標準入力から読み込みます。

デフォルトでは標準入力はキーボード、標準出力と標準エラー出力は画面に割り当てられています。

後述するリダイレクションという機能を使用するとファイルに切り替えることができます（図 3-1）。

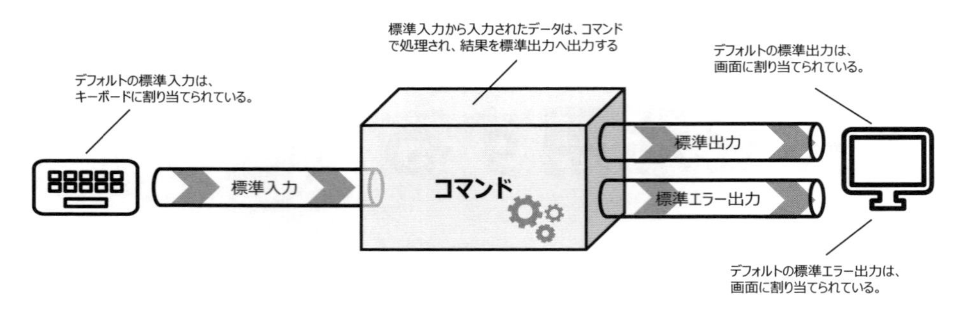

図 3-1　標準入出力

■ 標準出力と標準エラー出力を使用する

テキストファイルの内容を画面に表示する cat コマンドについては49ページ「**テキストファイルの中身を表示する cat コマンド**」で紹介しました。cat コマンドは、引数で指定したテキストファイルを読み込んで標準出力に出力するコマンドです。デフォルトでは標準出力は画面に割り当てられているため、ファイルの内容が画面に表示されるわけです。sample.txt の内容を表示してみましょう。

```
$ cat sample.txt Enter  ←sample.txt を画面に表示
Linux
Mac
Windows
iOS
```

cat コマンドに引数に存在しないファイルを指定するとエラーメッセージが表示されます。

```
$ cat nofile.txt Enter  ←存在しないファイルを引数に実行
cat: nofile.txt: そのようなファイルやディレクトリはありません  ←エラーメッセージ
```

この場合、cat コマンドはメッセージを標準エラー出力に出力しています。デフォルトでは標準エラー出力は画面に割り当てられているため、エラーメッセージが表示されるわけです。

■ 標準入力を使用する

コマンドによってはデータを標準入力から受け取ります。同じ cat コマンドを例に説明しましょう。

cat コマンドの引数にテキストファイルを指定した場合、入力はそのファイルから行われます。それに対して、引数を指定しないで実行した場合には、入力は標準入力から行われます。

実際に試してみましょう。引数なしで cat コマンドを実行すると入力待ちとなります。文字列をタイプして Enter キーを押すとその内容がそのまま表示されます。終了するには「Ctrl + D」キーを押します。

```
$ cat Enter
こんにちは Enter ←文字列を入力
こんにちは       ←文字列が表示される
さようなら Enter ←文字列を入力
さようなら       ←文字列が表示される
←「Ctrl + D」で終了
```

「Ctrl + D」キーを押すと、入力の終わりを示す「EOF:End Of File」という特別な信号が送られます。

3-1-2 リダイレクションで標準入出力をファイルに切り替える

標準入出力の基本が理解できたところで、その活用方法として、標準入出力をファイルに切り替える「**リダイレクション**」について説明しましょう。標準出力をファイルに切り替えれば、実行結果をファイルに書き出すことができます。また、標準入力をファイルに切り替えればデータをファイルから読み込むことができます。

次の表（**表 3-1**）にリダイレクションに使用する記号をまとめておきます。

表 3-1　リダイレクションで使用する主な記号

記号	説明
>	標準出力をファイルにする（ファイルは上書きされる）
>>	標準出力をファイルにする（ファイルの最後に追加される）
<	標準入力をファイルにする
2>	標準エラー出力をファイルにする（ファイルは上書きされる）
2>>	標準エラー出力をファイルにする（ファイルの最後に追加される）
>&	標準出力と標準エラー出力をファイルにする

■ 標準出力のリダイレクション

まずは、標準出力をファイルに切り替える、出力リダイレクションから説明しましょう（図 3-2）。

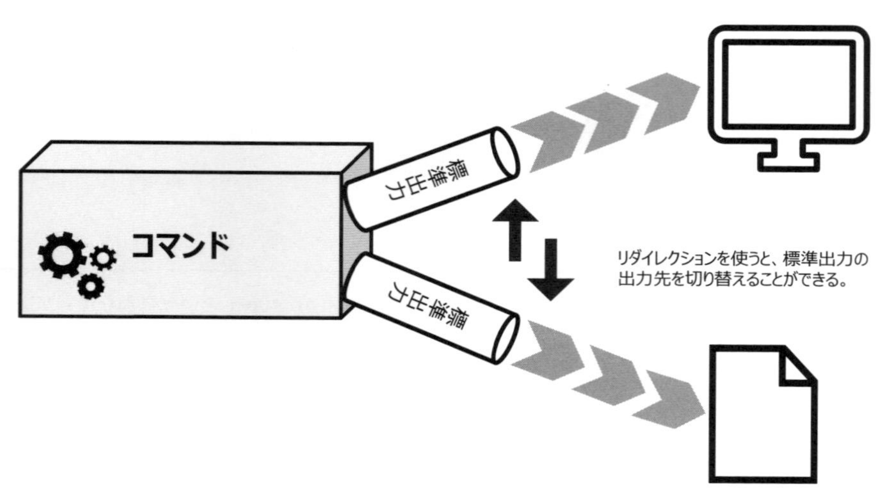

図 3-2 標準出力のリダイレクション

出力リダイレクションの記号には「>」を使用します。

```
コマンド > ファイルのパス
```

たとえば、cat コマンドは「-n」オプションを付けて実行すると各行の左に行番号を表示します。

```
$ cat -n sample.txt Enter
     1	Linux
     2	Mac
     3	Windows
     4	iOS
```

上記の結果をファイル「new.txt」に書き出すには、「> ファイルのパス」を指定して次のようにします。

```
$ cat -n sample.txt > new.txt Enter   ←出力のリダイレクションを実行
$ cat new.txt Enter   ←書き込まれたファイルを確認
     1	Linux
     2	Mac
     3	Windows
     4	iOS
```

■ cat コマンドで簡単にテキストファイルを作成する

標準出力のリダイレクションの活用法としてぜひ覚えておきたいのが、cat コマンドを使用して簡単にテキストファイルを作成する方法です。cat コマンドは引数のファイルを指定しないと結果を標準入力から読み込みます。その結果をファイルにリダイレクトすれば、キーボードからタイプした行をファイルに書き出せるわけです。

次に、new.file を作成する例を示します。

```
$ cat > newfile.txt Enter ←リダイレクションでファイル「newfile.txt」を作成
こんにちは Enter ←行を入力
さようなら Enter ←行を入力
$ cat newfile.txt Enter ←作成されたファイルを確認
こんにちは
さようなら
```

なお、1 行だけのテキストファイルは echo コマンドの標準出力をファイルにリダイレクトしても作成できます。次のようにすると echo コマンドの引数（下記の例では「これはテスト」）がファイル「new.txt」に書き込まれます。

```
$ echo これはテスト > sample.txt Enter ←リダイレクションで「new.txt」を作成
$ cat sample.txt Enter ←cat コマンドで確認
これはテスト
```

■ 結果を追記する

出力リダイレクションの注意点としては、「> ファイル」を使用するとリダイレクト先のファイルが存在していた場合に、上書きされてしまいます。そうではなくて、結果をファイルに追加するには「>」の代わりに「>>」を使用します。

たとえば、まず cat コマンドでファイル「text.txt」を作成し、次に現在の日付時刻を表示する date コマンドの結果を追加するには次のようにします。

```
$ cat > test.txt Enter ←まず test.txt を作成
こんにちはLinux Enter
        ←Ctrl + D キーを押す
$ date >> test.txt Enter ←date コマンドの結果を追記する
$ cat test.txt Enter ←cat コマンドで確認
こんにちはLinux
2019年 12月  2日 月曜日 20:30:26 JST
```

存在しないファイルに対して「>>」を使用してリダイレクトすることもできます。結果は「>」を使用したのと同じになります。

3-1-3 リダイレクションを使用した場合に出力の相違

実行結果を画面に書き出した場合と、出力のリダイレクション（あるいは後述するパイプ）を使用した場合に、結果の表示形式が異なるコマンドもあります。

たとえば、ls コマンドは普通に実行すると一覧を横に並べて出力します。

```
$ ls / Enter
bin   dev  home  lib64  mnt  proc  run   srv  tmp  var
boot  etc  lib   media  opt  root  sbin  sys  usr
```

これは画面を効率的に表示するためです。

出力をファイルにリダイレクトとすると各行に 1 つずつ表示します。そうすることによってあとからデータとして処理しやすくしているわけです。

```
$ ls / > list.txt Enter
$ cat list.txt Enter
bin
boot
dev
etc
home
lib
lib64
 ...
```

3-1-4 標準エラー出力のリダイレクション

標準エラー出力をリダイレクトするには「 2>」を使用します。たとえば、ls コマンドの引数に存在するディレクトリ「myPhotos」と、存在しないディレクトリ「noDir」を指定して実行すると、「noDir」のほうの結果はエラーとなります。

```
$ ls myPhotos noDir Enter
ls: 'noDir' にアクセスできません: そのようなファイルやディレクトリはありません
```

```
myPhotos:
L1005892.png  L1006076.png
```

このエラーメッセージを表示したくない場合には、標準エラー出力を「/dev/null」にリダイレクトします。

```
$ ls myPhotos noDir 2> /dev/null Enter
myPhotos:
L1005892.png  L1006076.png
```

この「/dev/null」は特別なファイルで、何でも飲み込んで無かったことにするブラックホールのような存在です。

■ 標準出力と標準エラー出力を同じファイルにリダイレクトする

「>&」を使用すると標準出力と標準エラー出力を同じファイルにリダイレクトできます。たとえば、「ls myPhotos noDir」の実行結果とエラーメッセージを out.txt にリダイレクトするには次のようにします。

```
$ ls myPhotos noDir >& out.txt Enter
$ cat out.txt Enter    ←cat コマンドで確認
ls: 'noDir' にアクセスできません: そのようなファイルやディレクトリはありません
myPhotos:
L1005892.png
L1006076.png
```

3-1-5 標準入力のリダイレクション

標準入力をファイルにリダイレクトするには「<」を使用して次のようにします。

```
コマンド < ファイル
```

これでコマンドは入力をファイルから受け取るようになります。たとえば cat コマンドの標準入力を「newfile.txt」にリダイレクトするには次のようにします。

```
$ cat < newfile.txt Enter    ←入力リダイレクションを使用してファイルを表示
こんにちは
さようなら
```

ただし、cat コマンドは引数にファイルを指定するとファイルから行を読み込みますので、上記の例は単に次のようにしたのと同じです。

```
$ cat newfile.txt Enter
こんにちは
さようなら
```

■ 標準入力と標準出力を同じファイルにリダイレクトしてはいけない

標準入力と標準出力は同じファイルにリダイレクトしないように注意してください。ファイルの中身が空になってしまいます。

たとえば、cat コマンドの標準入力と標準入力を別のファイルにリダイレクトすることでファイルをコピーできます。

file1.txt を file2 にコピーするには次のようにします。

```
$ cat < file1.txt > file2.txt Enter
```

これを誤ってどちらも同じファイル「file1.txt」にリダイレクトしてしまったとします。

```
$ cat < file1.txt > file1.txt Enter
```

こうすると、file1.txt の中身が空になってしまいます。これは標準出力をリダイレクトした時点でファイルの中身がクリアされるからです。

Column　既存のファイルに上書きできないようにする

デフォルトでは、標準出力のリダイレクション「>」、および標準エラー出力のリダイレクション「2>」などをすでに存在するファイルに対して実行しても、なんの警告もなく上書きされてしまいます。上書きできないようにするには次のコマンドを実行しておきます。

```
$ set -o noclobber Enter
```

こうしておくと、リダイレクションを使用して誤って上書きしようとするとエラーになります。

```
$ cat > sample.txt Enter   ←既存のファイルにリダイレクトすると…
-bash: sample.txt: cannot overwrite existing file   ←エラーメッセージが表示される
```

なお、再び上書きを許可するには次のように実行します。

```
$ set +o noclobber (Enter)
```

デフォルトで上書きを禁止状態にすることもできます。それにはシェルの環境設定ファイル「~/.bashrc」((126ページ「シェルの環境設定ファイル」参照) に「set -o noclobber」を加えておきます。

3-1-6 パイプでコマンドを接続する

シェルに用意されているパイプという機能を使用すると、あるコマンドの出力を別のコマンドに渡して処理を行うことができます。Linux のコマンドはそれぞれはシンプルな機能のものが多いのですが、それらを組み合わせることにより柔軟な処理が可能になります。

パイプには「|」という記号を使用します。

```
コマンド1 | コマンド2
```

パイプを使用すると、「|」の左側のコマンドの標準出力と、右側のコマンドの標準入力を接続できます。そうすることによって、コマンドの結果を別のコマンドで処理できるようになります（図 3-3）。

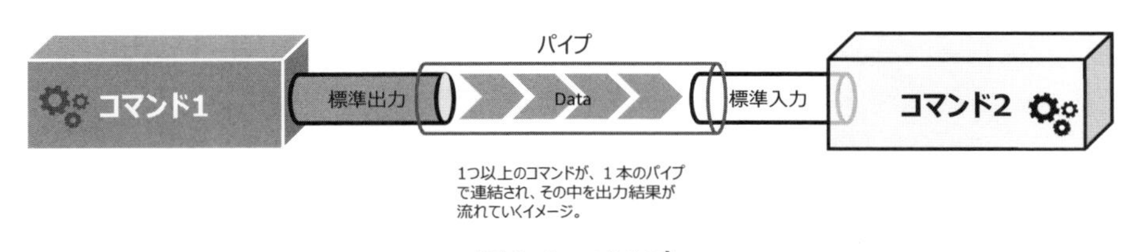

図 3-3　パイプ

たとえば、テキストファイルの最初の 5 行を行番号付きで表示したいとしましょう。まず、ファイルを行番号付きで表示するには「cat -n ファイル」コマンドが使用できます。また、ファイルの最初の部分を指定した行数だけ表示するには head コマンドが使用できます。

コマンド	head	ファイルの先頭部分を表示する
書　式	head [-n 行数]	

cat コマンドと head コマンドを組み合わせて、ファイル「/etc/services」の最初の 5 行を行番号

付きで表示するには次のようにします

```
$ cat -n /etc/services | head  -n 5 Enter
     1	# /etc/services:
     2	# $Id: services,v 1.49 2017/08/18 12:43:23 ovasik Exp $
     3	#
     4	# Network services, Internet style
     5	# IANA services version: last updated 2016-07-08
```

■ より多くのコマンドをパイプで接続する

パイプで接続できるコマンドは2つだけではありません。より多くのコマンドを接続することもできます。

head とは逆にファイルの最後の部分を表示するコマンドに tail があります。

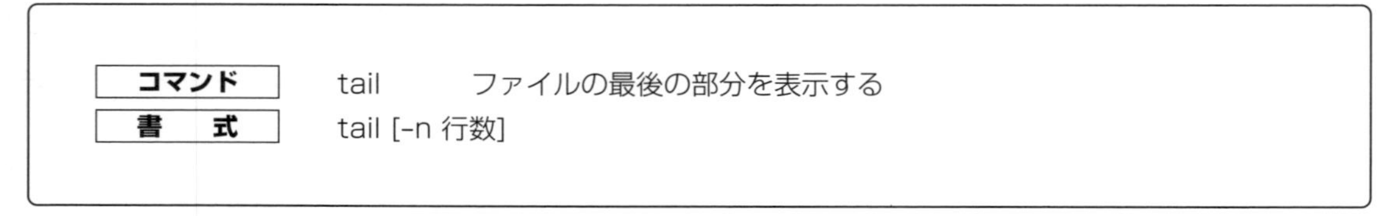

cat コマンド、head コマンド、tail コマンドを組み合わせると、ファイルの指定した範囲を行番号付きで表示しています。

たとえば、/etc/services の 91 行目から 100 行目までを表示するには次のようにします。

```
$ cat -n /etc/services | head  -n 100 | tail -n 10 Enter
    91	kerberos        88/udp          kerberos5 krb5  # Kerberos v5
    92	supdup          95/tcp
    93	supdup          95/udp
    94	hostname        101/tcp         hostnames       # usually from sri-nic
    95	hostname        101/udp         hostnames       # usually from sri-nic
    96	iso-tsap        102/tcp         tsap            # part of ISODE.
    97	csnet-ns        105/tcp         cso             # also used by CSO name server
    98	csnet-ns        105/udp         cso
    99	# unfortunately the poppassd (Eudora) uses a port which has already
   100	# been assigned to a different service. We list the poppassd as an
```

3-2　リダイレクションとパイプを活用するコマンド

前節では、リダイレクションとパイプというシェルの重要な機能について説明しました。この節では、それらの機能を活用することで、より便利に使えるコマンドを紹介しましょう。

3-2-1　文字を置換する

指定した文字を別の文字に置換するには tr コマンドを使用します。

コマンド	tr　　文字を置換する
書　式	tr 置換される文字　置換後の文字

他の多くのコマンドと異なり、tr コマンドは引数にファイルを指定できません。たとえば、ファイルの文字 1 を文字 2 に置換するのに次のように実行することはできないわけです。

```
tr 文字1 文字2 ファイル    ←これはできない
```

置換を行うデータは標準入力から読み込む必要があります。したがって、文字を置換するには、必ずパイプ「|」で cat など別のコマンドの結果を渡すか、標準入力のリダイレクション「<」を使用してファイルから読み込む必要があります。

- パイプ「|」で渡す場合

```
cat ファイルのパス | tr 置換される文字 置換後の文字
```

- リダイレクション「<」を使う場合

```
tr 置換される文字 置換後の文字 < ファイルのパス
```

次のような、各行に名前、性別、年齢がカンマ「,」で区切られて保存されているテキストファイル「person.txt」があるとします。

リスト 3-1　person.txt

```
田中一郎,男,33
山田太郎,男,12
田中徹,男,44
江藤よしこ,女,32
入間五郎,男,15
沢登菜桜子,女,21
小山田太郎,男,33
千葉花子,女,13
```

カンマ「,」を、コロン「:」に変換して、person2.txt に保存するには次のようにします。

```
$ tr "," ":" < person.txt > person2.txt (Enter)   ←「,」を「:」に置換
$ cat person2.txt (Enter)   ←catコマンドで確認
田中一郎:男:33
山田太郎:男:12
田中徹:男:44
江藤よしこ:女:32
入間五郎:男:15
沢登菜桜子:女:21
小山田太郎:男:33
千葉花子:女:13
```

■ 複数の文字を置換する

tr コマンドの引数では、置換前、置換後の文字列をどちらも複数指定することができます。その場合、指定した順に置換されます。たとえば、「tr "123" "abc"」とすると「1」が「a」、「2」が「b」、「3」が「c」に置換されます。文字列「123」が文字列「abc」に置換されるわけではない点に注意してください。

次のようなファイル「test.txt」を例に説明しましょう。

リスト 3-2　test.txt

```
1:Linux
2:Mac
3:Windows
4:Android
```

test.txt 内の、1、2、3、4 を、それぞれ a、b、c、d に置換するには次のようにします。

```
$ tr "1234" "abcd" < test.txt (Enter)
```

```
a:Linux
b:Mac
c:Windows
d:Android
```

なお、置換後の文字が少ない場合には、足りない分は、置換後の文字の最後の文字に置換されます。次に、1、2、3、4 をすべて「A」に置換する例を示します。

```
$ tr "1234" "A" < test.txt Enter
A:Linux
A:Mac
A:Windows
A:Android
```

また、2 つの文字をハイフン「-」でつなげた「**文字 1-文字 2**」といった指定も可能です。たとえば「a-z」は半角アルファベットを、「1-9」は 1 から 9 までの数字を表します。

次の例はアルファベットの小文字を大文字に置換します。

```
$ tr "a-z" "A-Z" < test.txt Enter
1:LINUX
2:MAC
3:WINDOWS
4:ANDROID
```

■ 文字を削除する

tr コマンドでは、文字を削除することもできます。それには「-d **文字**」オプションを指定して実行します。

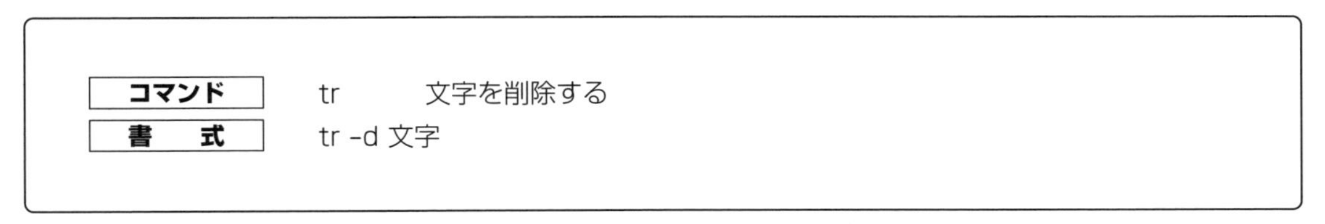

コマンド	tr 文字を削除する
書　式	tr -d 文字

test.txt から「:」を削除するには次のようにします。

```
$ tr -d ":" < test.txt Enter
1Linux
2Mac
3Windows
4Android
```

置換と同じ削除する場合も、「文字1-文字2」といった範囲指定が可能です。test.txtのすべての数字を削除するには次のようにします。

```
$ tr -d "0-9" < test.txt Enter
:Linux
:Mac
:Windows
:Android
```

3-2-2 文字列を含む行を表示するgrepコマンド

テキストファイルから、指定した文字列を含む行だけを取り出して表示したいといった場合がよくあります。それには、grepコマンドが便利です。

コマンド	grep	指定した文字列を含む行を取り出す
書　式	grep [オプション] 文字列 ファイルのパス	

各行に名前、性別、年齢がカンマ「,」で区切られて保存されているファイル「person.txt」を例に説明しましょう。

リスト3-3　person.txt

```
田中一郎,男,33
山田太郎,男,12
田中徹,男,44
江藤よしこ,女,32
入間五郎,男,15
沢登菜桜子,女,21
小山田太郎,男,33
千葉花子,女,13
```

grepコマンドで指定した文字列を含む行を取り出すには、最初の引数で目的の文字列を、次の引数でファイルのパスを指定します。

たとえば、"入間五郎"を含む行を表示するには次のようにします。

```
$ grep "入間五郎" person.txt Enter
入間五郎,男,15
```

男性、つまり「",男,"」を含む行を表示するには次のようにします。

```
$ grep ",男," person.txt Enter
田中一郎,男,33
山田太郎,男,12
田中徹,男,44
入間五郎,男,15
小山田太郎,男,33
```

検索する文字列は、ダブルクォーテーション「"」あるいはシングルクォーテーション「'」で囲っておくとよいでしょう。スペースやその他の特殊文字が含まれていた場合にそれがシェルによって展開されるのを防ぐためです。

■ grep コマンドの主なオプション

次の表（**表3-2**）に grep コマンドのオプションの中からよく使うものをまとめておきます。

表3-2 grep コマンドの主なオプション

オプション	説明
-c	マッチした行数を表示する
-i	英大文字と小文字の区別をしない
-n	行番号を表示する
-r	ディレクトリの下のすべてのファイルを再帰的に検索する
-v	マッチしなかった行を表示する
-x	行全体とマッチする行のみを表示する

前述の person.txt を例に、これらのオプションの使用例をいくつか示します。

例1 「33」を含まない行を表示する

```
$ grep -v "33" person.txt Enter
山田太郎,男,12
田中徹,男,44
江藤よしこ,女,32
入間五郎,男,15
沢登菜桜子,女,21
千葉花子,女,13
```

例2 「,33」を含む行を行番号付きで表示する

```
$ grep -n  ",33" person.txt  Enter
1:田中一郎,男,33
7:小山田太郎,男,33
```

例 3　「",女,"」を含む行の数を表示する

```
$ grep -c  ",女," person.txt  Enter
3
```

■ 正規表現を使用したパターンマッチを行う

grep コマンドでは、「**正規表現**」と呼ばれるパターンを記述することで、より柔軟な指定が可能になります。正規表現は非常に奥深いものですので、ここではごく基本的な使用方法を説明しましょう。

たとえばperson.txtから名前が「**山田**」の行を表示しようとして、次のように実行したとしましょう。

```
$ grep "山田" person.txt   Enter
山田太郎,男,12
小山田太郎,男,33
```

これでは、姓が「**山田**」だけでなく「**小山田**」の人も表示します。この場合、「**^山田**」のようにパターンを指定すると山田さんのみを抽出できます。

```
$ grep "^山田" person.txt  Enter
山田太郎,男,12
```

パターンの最初の「^」が、行頭を表す正規表現の特殊文字（メタキャラクタ）です。「**^文字列**」とすることで、指定した文字列で始まる行を取り出すのです。

同様に「**$**」は行の終わりを表す特殊文字です。行の最後が「3」で終わる行を取り出すには次のようにします。

```
$ grep "3$" person.txt   Enter
田中一郎,男,33
小山田太郎,男,33
千葉花子,女,13
```

■ 正規表現の特殊文字

次の表（**表 3-3**）に基本的な正規表現の特殊文字をまとめておきます。

表 3-3　正規表現の特殊文字

記号	説明
^	行の始まり
$	行の終わり
.	任意の 1 文字
*	直前の文字（もしくは正規表現）の 0 回以上の繰り返し
[文字の並び]	文字の並びのいずれかの文字　例）[123]
[^文字の並び]	文字の並び以外の文字　例）[^123]
\b	単語の区切り
\<	単語の始まり
\>	単語の終わり、末尾の空文字列
\w	すべての英数文字（「[:alnum:]」と同じ）
\W	英数文字以外（「^[:alnum:]」と同じ）

たとえば、person.txt から年齢が 30 代の人を取り出すには次のようにします。

```
$ grep ",3[0-9]$" person.txt  Enter
江藤よしこ,女,32
小山田太郎,男,33
小山田太郎,男,33
```

> とくに注意してほしいのがアスタリスク「*」です。「*」はシェルのワイルドカードとしても使用されますが、シェルの場合には「ファイル名の中の 0 個以上の任意の文字列」を表すのに対して、正規表現では「直前の文字の 0 回以上の繰り返し」となります。

正規表現には、次のような名前付き文字クラスと呼ばれる表記法も用意されています（**表 3-4**）。

表 3-4　名前付き文字クラスによる表記

パターン	説明
[:alnum:]	すべての英数文字（[0-9A-Za-z]）
[:alpha:]	すべての英字（[A-Za-z]）
[:digit:]	すべての数字（[0-9]）
[:lower:]	英小文字（[a-z]）

[:space:]	空白文字（スペース、タブ、改行）
[:upper:]	英大文字（[A-Z]）
[:xdigit:]	16 進数表記に使う文字（[0-9A-Fa-f]）

名前付きクラスは「[」と「]」の間に記述します。person.txt から年齢が 30 代の人を取り出す例は次のようにします。

```
$ grep ",3[[:digit:]]$" person.txt
田中一郎,男,33
江藤よしこ,女,32
小山田太郎,男,33
```

Column　grep ファミリーについて

grep コマンドの仲間に、egrep コマンドと fgrep コマンドがあります。相違は検索パターンに使える正規表現の種類です。grep コマンドで使用できる正規表現は、正確には「基本正規表現」と呼ばれるものです。それに対して、egrep は「Extended grep」の略で、「拡張正規表現」という、より柔軟な正規表現が使用できます。

たとえば、grep では前の文字の 1 回以上の繰り返しを表すのに「aa*」のように「文字文字*」としなければなりませんでしたが、egrep では「文字+」というパターンが使えます。ただし、特殊文字が増えた分、それを文字そのものとして使用するには、その都度、前に「\」を置いてエスケープする必要があります。

fgrep は「Fixed grep」の略で正規表現は使えません。つまりパターンはすべて単なる文字列として扱われます。

なお、egrep は、grep コマンドを「-E」オプションを指定して実行した同じです。fgrep は grep コマンドを「-F」オプションを指定したのと同じです。シェルの命令を記述したプログラムをシェルスクリプトと呼びますが、CentOS では、egrep と fgrep は、内部で「grep -E」「grep -F」を呼び出すようにしたシェルスクリプトです。

3-2-3　sort コマンドでファイルの行を並べ替える

ファイルの行を並べ替えるには sort コマンドを使います。

コマンド	sort	テキストを並べ替える
書　式	sort [オプション] ファイルのパス	

たとえば、次のような各行に数値が 1 つずつ記述されたテキストファイル「number1.txt」と「number2.txt」があるとします。

リスト 3-4　number1.txt

```
100
12
3
9
22
13
```

リスト 3-5　number2.txt

```
34
11
19
9
55
3
```

number1.txt を引数に sort コマンドを実行すると次のようにな結果になります。

```
$ sort number1.txt Enter
100
12
13
22
3
9
```

デフォルトでは並べ替えは文字コードを基準とした昇順となるため、「100」が「12」より前にきます。数値の順に並べ替えるには「-n」オプションを指定します。

```
$ sort -n number1.txt Enter
3
9
12
13
22
100
```

さらに、降順に並べ替えるには「-r」オプションを加えます。

```
$ sort -nr number1.txt Enter
100
22
13
12
9
3
```

■ 複数のファイルをまとめて並べ替える

引数に複数のファイルを指定すれば、ファイルをまとめて、並べ替えることもできます。「number1.txt」と「number2.txt」をまとめて数値の順に降順に並べ替えるには、次のようにします。

```
$ sort -nr number1.txt number2.txt Enter
100
55
34
22
19
13
12
11
9
9
3
3
```

■ フィールドを指定した並べ替え

デフォルトでは各行の比較は、先頭から順に行われますが。「-k フィールド番号」オプションを指定することで、指定したフィールドから行末までが比較されます。フィールド番号 1 とフィールド番号 2 を同じ番号にすると、そのフィールドのみを比較します。たとえば、「-k 3,3」とすると第 3 フィールドのみを比較します。また、「**-k フィールド番号 1, フィールド番号 2**」とすると、フィールド番号1からフィールド番号2までのフィールドを順に比較します。

このとき、デフォルトのフィールドの区切りは空白またはタブですが、「**-t 区切り文字**」オプションで変更できます。

再び、各行に名前、性別、年齢がカンマ「,」で区切られて保存されているファイル「person.txt」を例に説明しましょう。

リスト 3-6　person.txt

```
田中一郎,男,33
山田太郎,男,12
田中徹,男,44
江藤よしこ,女,32
入間五郎,男,15
沢登菜桜子,女,21
小山田太郎,男,33
千葉花子,女,13
```

たとえば、これを女性、男性の順に並べ替えるには、第2フィールド、つまり性別のフィールド以降を比較するように指定します。「-t ","」オプションでフィールドの区切りをカンマ「,」に設定していることに注意してください。

```
$ sort -k 2,2 -t "," person.txt Enter
江藤よしこ,女,32
千葉花子,女,13
沢登菜桜子,女,21
山田太郎,男,12
小山田太郎,男,33
田中一郎,男,33
田中徹,男,44
入間五郎,男,15
```

年齢順に並べ替えるには、第3フィールドを数値で比較します。

```
$ sort -n -k 3,3 -t "," person.txt
山田太郎,男,12
千葉花子,女,13
入間五郎,男,15
沢登菜桜子,女,21
江藤よしこ,女,32
小山田太郎,男,33
田中一郎,男,33
```

```
田中徹,男,44
```

3-2-4　3つ以上のコマンドをパイプで接続する

person.txtから、男性のデータだけを取り出して、年齢順に並べ替え、さらに左側に行番号を付けて表示するといった処理は、grep、sort、catという3つのコマンドをパイプ「|」で接続することによって実現できます。

```
$ grep ",男," person.txt | sort -nr -k3,3 -t "," | cat -n
     1	田中徹,男,44
     2	田中一郎,男,33
     3	小山田太郎,男,33
     4	入間五郎,男,15
     5	山田太郎,男,12
```

3-2-5　フィールドを取り出すcutコマンド

cutコマンドを使用するとテキストファイルから指定したフィールドを取り出せます。

コマンド	cut	ファイルから指定したフィールドを取り出す
書　式	cut -f フィールド -d 区切り文字 ファイルのパス	

「-f フィールド」オプションではフィールドを先頭のフィールドを1とする番号で指定します。たとえばperson.txtから最初のフィールドである名前を取り出すには次のようにします。

```
$ cut -f 1 -d "," person.txt Enter
田中一郎
山田太郎
田中徹
江藤よしこ
入間五郎
沢登菜桜子
小山田太郎
千葉花子
```

フィールドはカンマ「,」で区切って複数指定できます。person.txtから最初と3番目のフィールドを取り出すには次のようにします。

```
$ cut -f 1,3 -d "," person.txt Enter
田中一郎,33
山田太郎,12
田中徹,44
江藤よしこ,32
入間五郎,15
沢登菜桜子,21
小山田太郎,33
千葉花子,13
```

3-2-6　文字数を数える wc コマンド

wc は、行数、単語数、文字数（バイト数）を数えるコマンドです。

コマンド	wc	文字数を数える
書　式	wc [オプション] テキストファイルのパス	

行数、単語数、文字数（バイト数）を個別に表示するには、次のオプションを使います（表 3-5）。

表 3-5　wc コマンドのオプション

オプション	説明
-c	バイト数だけを表示
-w	単語数だけを表示
-l	行数だけを表示

wc コマンドをフィルタとして使う例を示しましょう。次の例は ls コマンドと組み合わせて、「~/ドキュメント」ディレクトリに保存されている、拡張子が「.txt」のファイルの数を調べます。

```
$ ls ~/ドキュメント/*.txt | wc -l Enter
14
```

3-2-7 重複行を削除するuniqコマンド

テキストファイルの重複行を取り除くにはuniqコマンドを使います。

コマンド	uniq	隣接した重複行を削除する
書　式	uniq [オプション] ファイルのパス	

ただし、uniqコマンドは隣接した重複行しか取り除けないためあらかじめsortコマンドで並べ替えておく必要があります。たとえば、次のような、1行に1つずつ色名が入れられているファイル「color.txt」があるとします

リスト3-7　color.txt

```
オレンジ
白
赤
白
赤
紫
黒
青
青
黄
黒
白
白
赤
青
```

このファイルから重複している色を取り除いて表示するには次のようにします。

```
$ sort mail.txt | uniq Enter
オレンジ
黄
黒
紫
青
赤
白
```

これは sort コマンドに重複行を表示しない「-u」オプションを指定して実行しても同じです。

■ 重複回数を表示する「-c」オプション

重複回数を表示するには「-c」オプションを指定して実行します。

```
$ sort color.txt | uniq -c Enter
      1 オレンジ
      1 黄
      2 黒
      1 紫
      3 青
      3 赤
      4 白
```

なお、これを重複の多い順に並べ替えるには、結果をさらに sort コマンドに渡します。

```
$ sort color.txt | uniq -c | sort -nr Enter
      4 白
      3 赤
      3 青
      2 黒
      1 紫
      1 黄
      1 オレンジ
```

3-3 ファイルの検索

ファイルの検索は、GNOME デスクトップ環境の「**ファイル**」アプリでも行えますが、ターミナルではより柔軟な検索が行えます。この節ではターミナル上でファイルの検索を行うコマンドの代表として、find コマンドについて説明しましょう。

3-3-1 find コマンドの基本的な使い方

find コマンドではファイル名はもちろん、作成日時、サイズなど、さまざまな条件で検索が行えます。

次に find コマンドの基本的な書式を示します。

コマンド	find	ファイルを検索する
書　式	find [起点となるパス] 検索条件	

■ 名前で検索する

まずは、ファイル名で検索する方法について説明しましょう。それには検索条件に「-name ファイル名」を指定します。

```
find 起点となるパス -name ファイル名
```

最初の引数には検索を開始するディレクトリを指定します。find コマンドはそのディレクトリを起点に、その下のディレクトリを順にたどってファイルを探していきます。その途中でファイルが見つかっても、検索を停止しません。すべてのディレクトリの検索が行われます。したがって、検索されたすべてのファイルのパスが表示されます。

たとえば「**画像**」ディレクトリ以下で、名前が「dog.png」のファイルを検索するには次のようにします。

```
$ find 画像 -name dog.png Enter
画像/samples/old/dog.png
画像/dog.png
画像/animals/dog.png
```

■ ワイルドカードを使って検索する

「-name **ファイル名**」オプションのファイル名には、シェルと同じ「*」「?」「[**文字の並び**]」といったワイルドカードが使用できます。注意点として、ワイルドカードを使う場合には、クォーテーションで囲ってクォーティングする必要があります。ワイルドカードがシェルによって展開されないようにするためです。

たとえば、「**画像**」ディレクトリ以下で拡張子が「.jpg」のファイルを検索するには、ファイル名に「*.jpg」を指定して次のようにします。

```
$ find 画像 -name "*.jpg" Enter
画像/samples/nez2.jpg
画像/samples/nez3.jpg
```

```
画像/samples/live.jpg
画像/samples/tv1.jpg
画像/samples/cat.jpg
```

一般ユーザに検索が許可されていないディレクトリを検索するには、sudo コマンド（133ページ参照）などでスーパーユーザの権限で検索する必要があります。

3-3-2　ファイルもしくはディレクトリのみを検索する

デフォルトでは、ファイルだけでなくディレクトリも検索対象になります。ファイルだけを表示したい場合には「-type f」オプションを、ディレクトリだけを表示したい場合には「-type d」オプションを加えます。次の例は、「**画像**」ディレクトリ以下で名前が数字2桁で始まるディレクトリを検索します。

```
$ find 画像  -name "[0-9][0-9]*" -type d Enter
画像/myPhotos/20people
画像/2020
```

3-3-3　いろいろな条件を設定できる

find コマンドでは、サイズや更新日時などさまざまな条件で検索を行うことができます。次の表（**表 3-6**）に検索条件のための主なオプションをまとめておきます。

表 3-6　検索条件のための主なオプション

検索オプション	説明
-amin n	n分前にアクセスされたファイルを検索。nでちょうどn分、-nでn分より後、+nでn分より前になる
-atime n	n日前にアクセスされたファイルを検索。nでちょうどn日、-nでn日より後、+nでn日より前になる
-cmin n	n分前にファイルのステータスが変更された（ファイルの中身、名前、パーミッションの変更がされた）ファイルを検索。nでちょうどn分、-nでn分より後、+nでn分より前になる

-ctime n	n日前にファイルのステータスが変更された（ファイルの中身、名前、パーミッションの変更がされた）ファイルを検索。nでちょうどn日、-nでn日より後、+nでn日より前になる
-mmin n	n分前にファイルの中身が修正されたファイルを検索。nでちょうどn分、-nでn分より後、+nでn分より前になる
-mtime n	n日前にファイルの中身が修正されたファイルを検索。nでちょうどn日、-nでn日より後、+nでn日より前になる
-name ファイル名	指定したファイル名のファイルを検索（ワイルドカード使用可能）
-empty	空のファイルを検索
-group グループ名	指定したグループに属するファイルを検索
-newer ファイルのパス	指定したファイルより後に修正されたファイルを検索
-perm パーミッション	指定したパーミッション（アクセス権限）が設定されているファイルを検索
-size サイズ	指定したサイズのファイルを検索
-type タイプ	指定したタイプのファイルを検索。「b」はブロック型スペシャルファイル、「c」はキャラクタ型スペシャルファイル、「d」はディレクトリ、「f」は通常のファイル、「l」はシンボリックリンク、「s」はハードリンク

ここではこれらのオプションの中から使用頻度の高いものをいくつか紹介しましょう。

3-3-4 ファイルサイズで検索する

ファイルのサイズで検索するには「**-size サイズ**」オプションを指定します。サイズの単位はデフォルトでブロック単位（512バイト/ブロック）になりますが、「k」（キロバイト）、「M」（メガバイト）といった単位を指定することができます。また、サイズの前に「+」を付けるとそれ以上、「-」を付けるとそれ以下のサイズのファイルを検索します。

```
-size -100k ←100kバイト以下
-size 100k  ←ちょうど100kバイト
-size +100k ←100kバイト以上
```

次に「**画像**」ディレクトリ以下でサイズが100kバイト以上のファイルを検索する例を示します。

```
$ find 画像 -size +100k Enter
画像/summer.png
画像/myPhotos/L1006076.png
画像/myPhotos/L1005892.png
画像/samples/tv1.jpg
画像/samples/old/dog.png
```

```
画像/dog.png
画像/animals/dog.png
```

3-3-5　ファイルの更新日時で検索する

ここ 1 週間以内に更新されたファイルを探したいというように、ファイルの更新日時で検索するには「-mtime 日数」オプションを指定します。日数の前に「-」を付けるとそれ以降、「+」を付けるとそれ以前に更新されたファイルを検索します。

たとえば、「**画像**」ディレクトリ以下で、この 1 週間の間に更新されたファイルを検索する例を示します。

```
$ find 画像 -mtime -7 -type f Enter
画像/.DS_Store
画像/myPhotos/.DS_Store
画像/myPhotos/._.DS_Store
画像/samples/fish4.png
画像/samples/.DS_Store
画像/out.txt
```

> 上記の例では「-type f」オプションをあわせて指定し、ファイルだけを表示しています。

3-3-6　複数の検索条件を組み合わせる

前述の例では、「-mtime -7」オプションと「-type f」オプションを組み合わせていますが、このように検索条件は、複数組み合わせて使用することができます。この場合、すべての条件にマッチしたファイルが表示されます。

次にオプションを組み合わせて検索する例を示します。

例 1　ホームディレクトリ「~」以下で、ここ 1 週間アクセスされていない（-atime+7)、空のファイル（-empty) を検索する

```
$ find ~ -empty -type f -atime+7 Enter
/home/o2/bkup/junk.txt
```

例 2 ホームディレクトリ「~」以下で、この 1 日間に変更された（-matime -1）、サイズが 100k バイト以上（-size +100k）のファイル検索する

```
$ find ~ -mtime -1 -size +100k Enter
/home/o2/tmp.tar.bz2
```

例 3 カレントディレクトリ「.」以下で、先頭が数字で始まる（-name "[0-9]*"）、シンボリックリンク（-type l）を検索する

```
$ find . -name "[0-9]*" -type l Enter
./figs/1-2003
```

例 4 「画像」ディレクトリ以下でサイズが 100k バイト以上（-size +100k）、300k バイト以下（-size -300k）のファイルを検索する

```
$ find 画像 -type f -size +100k -size -300k Enter
画像/summer.png
画像/samples/tv1.jpg
```

■ いずれかの条件に当てはまるファイルを検索する

いずれかの検索条件に当てはまるファイルを表示したい場合には、検索条件を「-o」でつなげます。カレントディレクトリ「.」以下で拡張子が「.jpg」か「.png」のファイルを検索するには次のようにします。

```
$ find . -name "*.jpg" -o -name "*.png" Enter
./画像/moon.jpg
./画像/sky.jpg
./bkup/画像/moon.jpg
```

■ 検索条件にマッチしないファイルを探す

条件にマッチしないファイルを検索するには、検索条件の前に「\!」を記述します。カレントディレクトリ「.」以下から、拡張子が「.pdf」以外で、サイズが 300k バイト以上のファイルを探すには次のようにします。

```
$ find . -size +300k \! -name "*.pdf" Enter
./画像/camera.tif
```

```
./画像/saba.tif
```

3-3-7　検索結果を別のコマンドで処理する

findコマンドでは、検索条件のあとに何も指定しないと、検索結果を標準出力に表示する「-print」オプションが指定されたものとみなされます。したがって、次の2つは同じです。

```
$ find . -name "*.png" Enter          ←「-print」を省略
$ find . -name "*.png" -print Enter   ←「-print」を指定
```

この「-print」オプションの部分をfindコマンドの「**アクション**」と言います。アクションには「-print」以外に「-exec」や「-ok」などがあります。それらを使用することによって、findコマンドの検索結果を引数にして別のコマンドを実行することができます。

■「-exec」オプションで検索結果を別のコマンドで処理する

アクションに「-exec」オプションを使用すると、検索結果を別のコマンドの引数として受け渡せます。その場合の書式は次のようになります。

```
-exec コマンド {} \;
```

「{}」の部分に、検索結果が代入されコマンドの引数となります。最後の「\;」は、コマンドラインの終わりを示します。

たとえば、「画像」ディレクトリ以下で、サイズが100kバイト以上のファイルを探し、見つかったファイルを「ls -lh」コマンドで表示するには次のようにします。

```
$ find 画像 -type f -size +100k -exec ls -lh {} \; Enter
-rwxr--r--. 1 o2 o2 288K  8月 13 21:18 画像/summer.png
-rwxr--r--. 1 o2 o2 30M  2月 19  2019 画像/myPhotos/L1006076.png
-rwxr--r--. 1 o2 o2 17M  8月 24 23:57 画像/myPhotos/L1005892.png
-rwxr--r--. 1 o2 o2 114K  9月 29  2010 画像/samples/tv1.jpg
-rwxr--r--. 1 o2 o2 17M 10月 11 14:29 画像/samples/old/dog.png
-rwxr--r--. 1 o2 o2 17M 10月 11 14:29 画像/dog.png
-rwxr--r--. 1 o2 o2 17M 10月 11 14:29 画像/animals/dog.png
```

■「-ok」オプションで検索結果を確認しながら別のコマンドで処理する

「-exec」オプションの代わりに「-ok」オプションを使用すると、検索結果をその都度確認しながら別のコマンドで処理できます。

```
-ok コマンド {} \;
```

次の例は「ドキュメント」ディレクトリ以下で、拡張子が「.tmp」のファイルを確認しながら削除します。

```
$ find ドキュメント -name "*.tmp" -ok rm {} \; Enter
< rm ... ドキュメント/New-2.tmp > ? y Enter ←削除
< rm ... ドキュメント/old/new.tmp > ? n Enter ←削除しない
< rm ... ドキュメント/old/2020.tmp > ? y Enter ←削除
```

3-3-8 locateコマンドによる高速検索

findコマンドによる検索は複雑な条件が設定できる反面、ディレクトリ階層が深いと時間がかかります。また一般ユーザに権限のないディレクトリは検索できません。そこで、ディレクトリへのアクセス権限の制約がある場合でも、システム全体を対象にファイル名による高速な検索が可能なlocateコマンドを紹介しましょう。

コマンド	locate	ファイルを高速に検索する
書　式	locate 検索文字列	

locateコマンドは、あらかじめ構築されたロケートデータベース（mlocate.db）というデータベースファイルを検索し結果を表示しています。

ロケートデータベースを手動で更新するには、次のようにします。

```
$ sudo updatedb Enter
[sudo] o2 のパスワード::□□□□ Enter ←パスワードを入力
```

sudoは、スーパーユーザの権限でコマンドを実行するコマンドです（133ページ参照）。「sudo updatedb」とすることでスーパーユーザの権限で、データベースを更新するupdatedbコマンドを実行しています。

なお、ロケートデータベースを自動更新する方法について「locate データベースを毎日更新する」(212 ページ) で解説します。

■ 検索を実行する

locate コマンドは引数で指定した文字列が、ロケートデータベースに保存されたパスに含まれるかどうかを調べて、その結果を表示しています。たとえば、「ssh.conf」を引数に検索を行うには次のようにします。

```
$ locate ssh.conf Enter
/etc/crypto-policies/back-ends/openssh.config
/usr/lib/tmpfiles.d/openssh.conf
```

3-4 vim エディタを使用する

最近の Linux では、GUI のエディタも使用できますが、ターミナルで動作するエディタの使い方を覚えておくと、リモートログインしてファイルを修正するといった場合などに役に立ちます。この節では、UNIX 系 OS の定番エディタ「vim」を紹介します。

3-4-1 vim の概要

vim (http://www.vim.org) は、「Vi IMproved」の略で UNIX の世界で昔から広く使用されていた「vi」エディタを拡張し、多言語に対応させたものです。日本語の文字エンコーディングとしてはシフト JIS、JIS、日本語 EUC、Unicode (UTF-8) に対応しています。

■ vim の起動

vim を起動するには次のようにします。

```
vim ファイルのパス
```

新規のテキストファイル「sample.txt」を引数に vim を起動した画面を示します (図 3-4)。
各行の左側に表示されている「~」は何も入力されていないことを示す記号です。

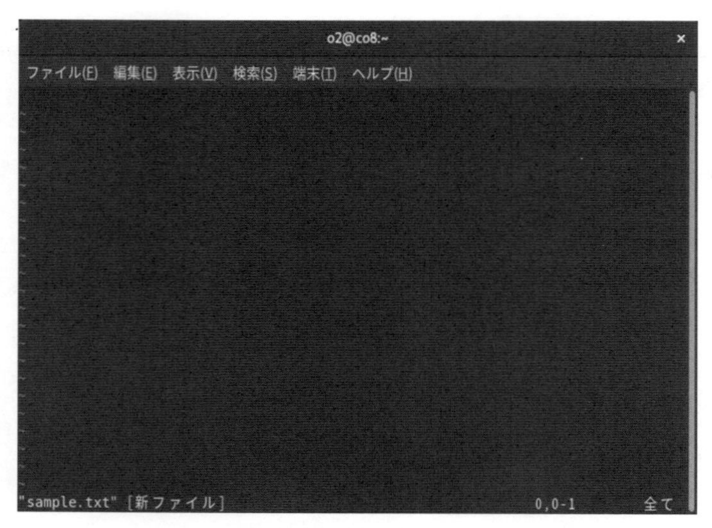

図 3-4　vim の起動画面（引数に sample.txt を指定）

■ vim を終了する

vim を終了するにはコロン「:」をタイプします。すると画面一番下のステータスラインに「:」が表示されカーソルが移動します。続けて「q Enter」とタイプすると終了します（図 3-5）。

図 3-5　「:q」をタイプし Enter キーを押す

ファイルに加えた修正を破棄して強制的に終了するには「:q! Enter」とします。

3-4-2　コマンドモードとインサートモード

vim には、「コマンドモード」と「インサートモード」という 2 つの動作モードが用意されています。vim を使いこなすためには、2 つの動作モードを理解しておく必要があります。

まず、インサートモードは一般的なエディタと同じ、タイプした文字がカーソル 1 にそのまま入力されます。

それに対して、コマンドモードではタイプした文字は vim のコマンドとなります。たとえば、「h」はカーソルを 1 文字前に移動するコマンド、「l」は 1 文字後ろに移動するコマンドになります。

■ コマンドモードからインサートモードに移行する

vim を起動した段階ではコマンドモードになっています。コマンドモードからインサートモードに移行するには、「i」をタイプします。するとステータスラインに「**--挿入--**」と表示され、インサートモードであることを示します。これ以降、タイプした文字はカーソル位置に挿入されていきます（図 3-6）。

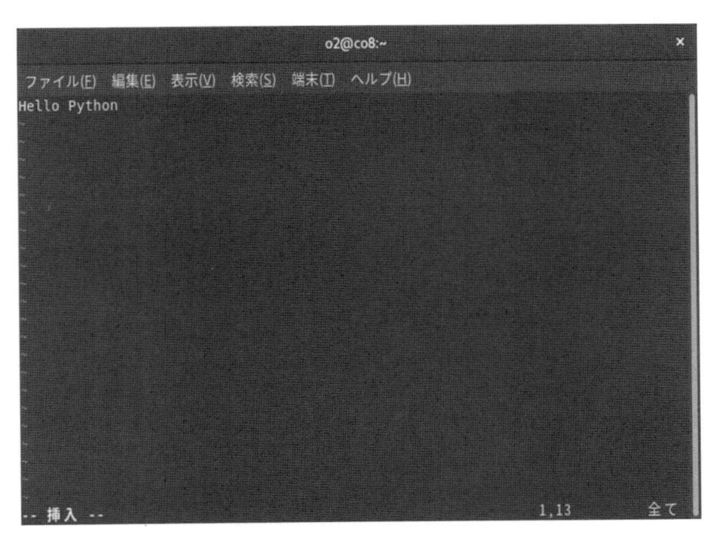

図 3-6　インサートモードではタイプした文字が挿入される

インサートモードで文字を修正するには、上下左右の矢印キーでカーソルを移動し、Backspace キー

（カーソルの前の文字を削除）あるいは Delete キー（カーソル位置の文字を削除）で文字を削除します。新たにタイプした文字はカーソル位置に挿入されます。

■ インサートモードからコマンドモードに移行する

インサートモードからコマンドモードに戻るには Esc キーを押します。

■ いろいろなインサートモードに移行するコマンド

インサートモードに移行するコマンドは「i」コマンドだけではありません。慣れてきたら文字を挿入する位置に応じて次の表（表 3-7）に示すコマンドを使い分けるとよいでしょう。

表 3-7　インサートモードに移行するコマンド

コマンド	説明
i	カーソル位置に文字を入力
a	カーソルの右側に文字を入力
I	現在行の先頭に文字を入力
A	現在行の末尾に文字を入力
o	現在行の次に新たな行を挿入して文字を入力
O	現在行の前に新たな行を挿入して文字を入力

3-4-3　カーソルの移動コマンドを覚えよう

コマンドモードでの文字単位のカーソルの移動は上下左右の矢印キーでも行えますが、次のコマンドを覚えておくと便利です。これらのキーは右手のホームポジション付近に割り当てられています（表 3-8）。

表 3-8　カーソル移動コマンド（コマンドモード）

コマンド	説明
h	カーソルを 1 文字左に移動
l	カーソルを 1 文字右に移動
k	カーソルを 1 文字上に移動
j	カーソルを 1 文字下に移動

次の表（表 3-9）に、そのほかのカーソル移動コマンドをまとめておきます。

表 3-9　そのほかのカーソル移動コマンド（コマンドモード）

コマンド	説明
e	現在の単語の最後の文字へ移動
E	現在の単語の最後の文字へ移動（句読点を無視する）
b	現在の単語の最初の文字へ移動
B	現在の単語の最初の文字へ移動（句読点を無視する）
w	次の単語の先頭に移動
W	次の単語の先頭に移動（句読点を無視する）
^	現在行の先頭に移動
$	現在行の最後に移動
G	最後の行に移動
+（または Enter キー）	1 行下の先頭の文字に移動
-	1 行上の先頭の文字に移動
f 文字	現在行のカーソルより後にある指定した文字に移動
F 文字	現在行のカーソルより前にある指定した文字に移動

■ カーソルの移動回数を指定する

カーソル移動コマンドの前に数値を指定することによって、コマンドを指定した回数繰り返すことができます。たとえば、カーソルを 3 文字分右に移動するには「3l」、2 行下の先頭の文字に移動するには「2+」とします。

```
[H]ello Python
Hello Python
Hello Python

    ↓ 「3l」をタイプ

Hel[l]o Python
Hello Python
Hello Python

    ↓  「2+」をタイプ

Hello Python
Hello Python
[H]ello Python
```

また「G」コマンド（Shift キーを押しながら G キーを押す）の場合、前に数値を指定すると、指定した行の先頭にジャンプします。たとえば、「4G」とするとカーソルが4行目の先頭に移動します。

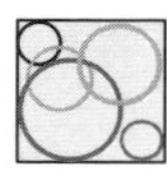

Column　vimのチュートリアル

vimには、30分ほどで基本コマンドの使い方を学習できる日本語チュートリアルが用意されています。チュートリアルはコマンドラインでvimtutorコマンドを実行すると起動します（図3-7）。

```
$ vimtutor Enter
```

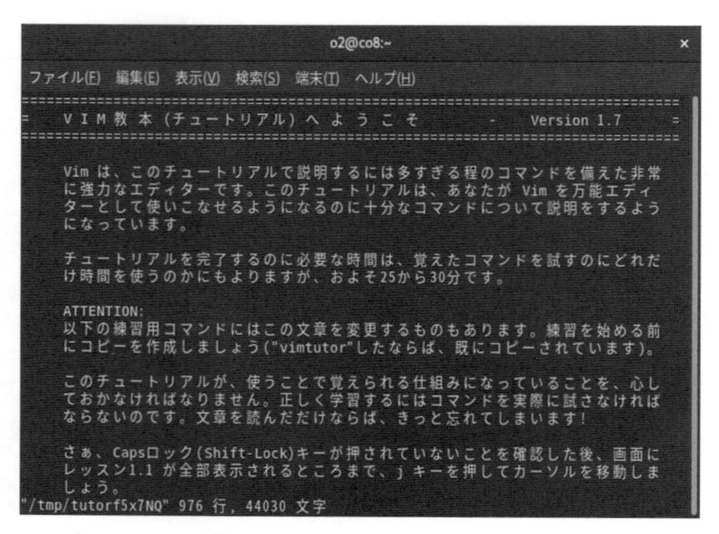

図3-7　vimのチュートリアル

3-4-4　編集内容をファイルに保存する

前述したように、vimを終了するには「:」をタイプして、画面左下にプロンプトを表示してから「q Enter」をタイプします。編集中のバッファをファイルに保存する場合もまず「:」タイプしてからコマンドをタイプします（表3-10）。

表 3-10　ファイルの保存に関するコマンド

コマンド	説明
:w	バッファの内容を元のファイルに保存する
:w ファイルのパス	バッファの内容を指定したファイルに保存する
:wq	バッファの内容を元のファイルに保存して、vim を終了する
:e!	編集内容を破棄して、ファイルを再度読み込む

「:」で始まるコマンドは、vi の前身であるラインエディタ ex から引き継いだコマンドです。カーソルの移動コマンドと異なり、ex コマンドでは、タイプしたコマンドが画面下部のステータスラインに表示されます。

3-4-5　操作の取り消しとやり直し

最後に行った編集を取り消すには「u」コマンドを使います。「u」コマンドを実行するたびに、前の操作を順に 1 つずつ取り消してくれます。操作をやり直すには「Ctrl + R」キーを押します。

3-4-6　文字列や行を削除する

vim には、さまざまな単位で文字を削除するコマンドが用意されています。

■ 文字単位の削除

通常のエディタと同じように Delete キーを押すことでカーソル位置の文字を削除できます。また、「x」コマンドでもカーソル位置の文字を削除できます。前に数を付ければ指定した個数の文字を削除できます。たとえば、「3x」とすると、カーソル位置から 3 文字分削除されます。

```
0[1]2345
    ↓「3x」
0[4]5
```

■ 行単位の削除

カーソル位置の行全体を削除するには「dd」コマンドを使用します。先頭に数値を指定することで削除する行数を指定できます。たとえば、2 行削除したい場合には「2dd」とします。

■「d」コマンドとカーソル移動コマンドを組み合わせて削除する

また「d」コマンドを、カーソル移動コマンドと組み合わせることによって、カーソル位置から指定した位置までの範囲を一度に削除できます（表 3-11）。

表 3-11　d コマンドとカーソル移動コマンドの組み合わせ例

コマンド	説明
dG	カーソル位置からファイルの最後までを削除
d$	カーソル位置から行末までを削除
d^	カーソル位置から行の先頭までを削除

3-4-7　文字列の検索

vim には、強力な文字列の検索・置換機能が用意されています。文字列を検索するための主なコマンドを次の表（表 3-12）に示します。

表 3-12　主な検索コマンド

コマンド	説明
/検索する文字列	指定した文字列をファイルの後方に向かって検索
?検索する文字列	指定した文字列をファイルの前方に向かって検索
n	前回検索した文字列を同じ方向に検索
N	前回検索した文字列を反対方向に検索

文字列をカーソル位置からファイルの終わりに向かって検索するには次のようにします。

(1)「/」コマンドをタイプします。ステータスラインに「/」が表示されます（図 3-8）。

> ファイルの先頭方向に向かって検索を行うには「/」の代わりに「?」をタイプします。

(2) 検索したい文字列タイプします。デフォルトではインクリメンタルサーチモードに設定され、文字をタイプするごとに、見つかった文字列がすべてハイライト表示されます（図 3-9）。

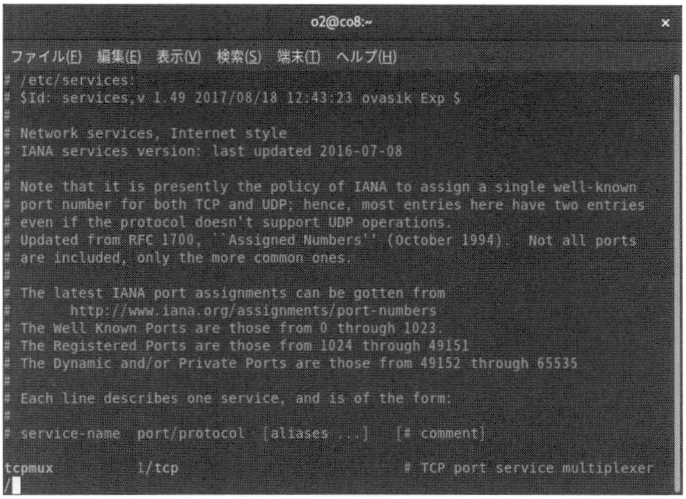

```
o2@co8:~
ファイル(F) 編集(E) 表示(V) 検索(S) 端末(T) ヘルプ(H)
# /etc/services:
# $Id: services,v 1.49 2017/08/18 12:43:23 ovasik Exp $
#
# Network services, Internet style
# IANA services version: last updated 2016-07-08
#
# Note that it is presently the policy of IANA to assign a single well-known
# port number for both TCP and UDP; hence, most entries here have two entries
# even if the protocol doesn't support UDP operations.
# Updated from RFC 1700, ``Assigned Numbers'' (October 1994).  Not all ports
# are included, only the more common ones.
#
# The latest IANA port assignments can be gotten from
#       http://www.iana.org/assignments/port-numbers
# The Well Known Ports are those from 0 through 1023.
# The Registered Ports are those from 1024 through 49151
# The Dynamic and/or Private Ports are those from 49152 through 65535
#
# Each line describes one service, and is of the form:
#
# service-name  port/protocol  [aliases ...]   [# comment]

tcpmux          1/tcp                           # TCP port service multiplexer
/
```

図 3-8　ステータスラインに「/」が表示される

```
o2@co8:~
ファイル(F) 編集(E) 表示(V) 検索(S) 端末(T) ヘルプ(H)
daytime         13/udp
qotd            17/tcp          quote
qotd            17/udp          quote
chargen         19/tcp          ttytst source
chargen         19/udp          ttytst source
ftp-data        20/tcp
ftp-data        20/udp
# 21 is registered to ftp, but also used by fsp
ftp             21/tcp
ftp             21/udp          fsp fspd
ssh             22/tcp                          # The Secure Shell (SSH) Protoco
l
ssh             22/udp                          # The Secure Shell (SSH) Protoco
l
telnet          23/tcp
telnet          23/udp
# 24 - private mail system
lmtp            24/tcp                          # LMTP Mail Delivery
lmtp            24/udp                          # LMTP Mail Delivery
smtp            25/tcp          mail
smtp            25/udp          mail
time            37/tcp          timserver
time            37/udp          timserver
/ssh
```

図 3-9　「ssh」を検索

以上で Enter キーを押すと最初に見つかった文字列にカーソルが移動します。

検索した文字列を、再度同じ方向に向かって検索するには、「n」コマンドをタイプします。逆方向に検索するには、「N」コマンドをタイプします。

> 検索文字列には正規表現が使えます。たとえば、行頭の文字列「ftp」を検索するには「/^ftp Enter」を実行します。

3-4-8 文字列の置換

文字列を置換するには、「:s」コマンドを使います。「:s」コマンドでは、現在行の中の最初の文字列を置換したり、指定した範囲の文字列を一括置換することなど、さまざまな使い方ができます。

```
:範囲s/置換される文字列/置換後の文字列/[オプション]
```

デフォルトでは最初に見つかった文字列のみが置換されますが、オプションによってすべてを一括置換したり、あるいは置換前に確認するといったことも可能です（表3-13）。

表3-13 「:s」コマンドのオプション

オプション	説明
g	すべての文字列を置換する
c	置換する前に確認する

「s」の前に検索を行う範囲を指定できます。範囲を指定しなかった場合には現在行が対象になります。範囲は行番号で指定します。単に行番号を指定するとその行が対象となり、2つの行番号をカンマ「,」で区切るとその間の行が対象となります。現在行はピリオド「.」、最終行は「$」で表します。

また、すべての行を対象とするには「%」を指定します。

いくつかの例を示します。

例1 3行目の「htm」を「html」に置換する

```
:3s/ html/htmle/ Enter
```

例2 現在行以降のすべての「,男,」を「,男性,」に置換する

```
:.,$s/,男,/,男性,/ Enter
```

例3 ファイル内のすべての「,」を「:」に置換する

```
:%s/,/:/g Enter
```

■ 文字列を削除する

「:s」コマンド検索後の文字列を指定しなければ削除になります。たとえば、現在行の「:」をすべて削除するには「:s/://g Enter」とします

3-4-9 ビジュアルモードを活用する

vim には「ビジュアルモード」と呼ばれる、文字列のコピーや削除がより簡単に行えるモードが用意されています。ビジュアルモードに移行するには次のコマンドを実行します（表 3-14）。

表 3-14 ビジュアルモードに移行するコマンド

コマンド	説明
v	文字単位選択が可能なビジュアルモード
V	行単位の選択が可能なビジュアル行モード
Ctrl + v	矩形の範囲が選択可能なビジュアルブロックモード

■ ビジュアルモードによるテキストの移動

次に、ビジュアルモードを使用して行単位でテキストを移動する例を示します。

(1)「V」コマンドにより、ビジュアル行モードに移行します。

ステータスラインに「--ビジュアル 行--」と表示され、ビジュアル行モードに移行したことを示します（図 3-10）。

図 3-10 ビジュアル行モードに移行

(2) カーソル移動コマンドを実行すると、選択された領域がハイライト表示されます。

次の例では1行下に移動する「j」コマンドを2回実行して、3行を選択しています（図3-11）。

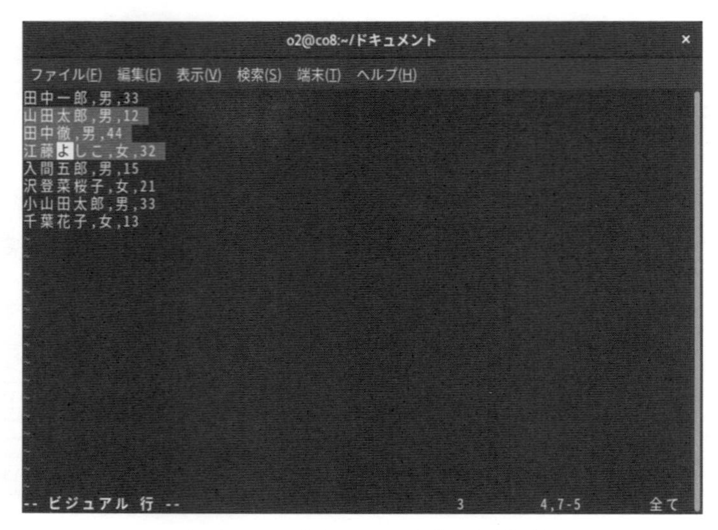

図3-11　「j」コマンドを2回実行

(3)「d」コマンドを実行し範囲を削除します。

削除された領域がバッファに格納されます。自動的にビジュアルモードを抜け、コマンドモードに移行します（図3-12）。

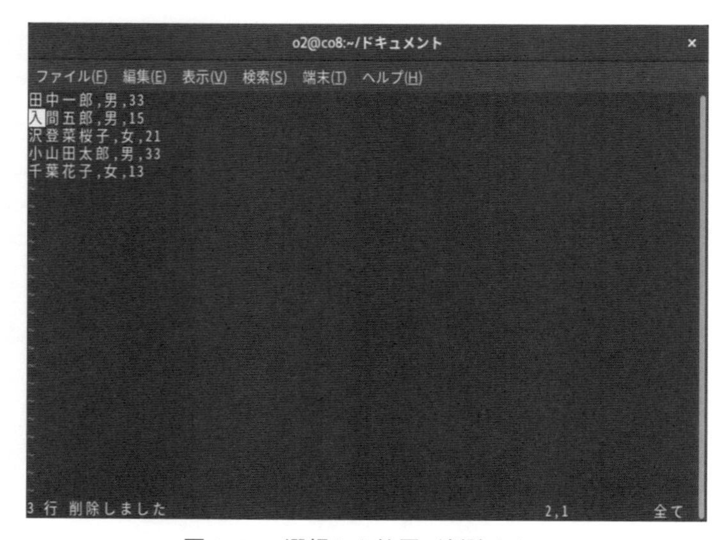

図3-12　選択した範囲が削除される

(4) 目的の位置にカーソルを移動して「p」コマンドを実行します。

カーソルの次の行に文字列が挿入されます（図 3-13）。

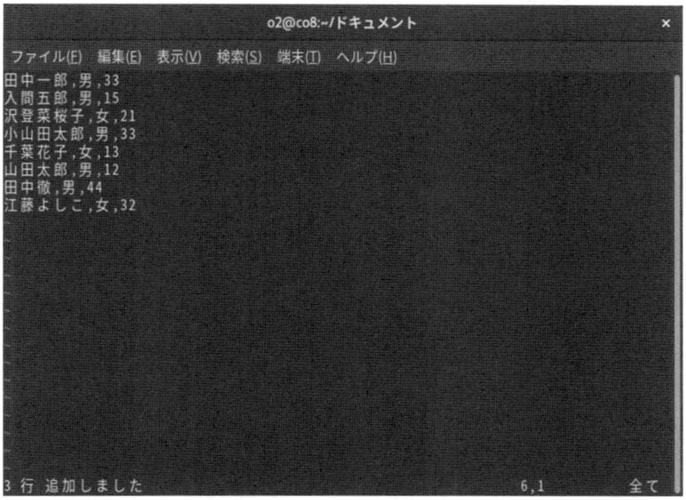

```
o2@co8:~/ドキュメント
ファイル(F) 編集(E) 表示(V) 検索(S) 端末(T) ヘルプ(H)
田中一郎,男,33
入間五郎,男,15
沢登菜桜子,女,21
小山田太郎,男,33
千葉花子,女,13
山田太郎,男,12
田中徹,男,44
江藤よしこ,女,32
3 行 追加しました                    6,1        全て
```

図 3-13　削除した文字列が挿入された

なお、カーソル位置の前の行に挿入するには「p」の代わりに「P」コマンドを実行します。

■ ビジュアルモードのコマンド

次の表（表 3-15）に、ビジュアルモードで便利なコマンドをまとめておきます。

表 3-15　ビジュアルモードのコマンド

コマンド	説明
d	選択範囲を削除する。このあとに「p」コマンドを実行すれば選択範囲の移動ができる
y	選択範囲をバッファに格納する。このあとに「p」コマンドを実行すれば選択範囲のコピーができる
p	バッファの内容をカーソル位置にペーストする
u	選択範囲をすべて小文字にする
U	選択範囲をすべて大文字にする
J	選択範囲を 1 行にまとめる

3-5　シェルの環境設定

シェル（bash）の環境を好みに応じて設定する方法について説明します。まず、シェル変数やエイリアスの取り扱いについて説明し、そのあとで、環境設定ファイルの管理について説明します。

3-5-1　コマンドに別名を付けるエイリアス

シェルに用意されている「**エイリアス**」という機能を使うと、コマンドに別名を付けることができます。長いコマンドにわかりやすい名前を付けたり、オプションを含めてコマンドを同じ名前で再定義することができます。

■ エイリアスの一覧を表示する

CentOSでは、あらかじめいくつかのコマンドにエイリアスが設定されています。現在設定されているエイリアスの一覧を表示するには`alias`コマンドを引数なしで実行します。

コマンド	alias	エイリアスの一覧を表示する
書　式	alias	

```
$ alias Enter
alias egrep='egrep --color=auto'
alias fgrep='fgrep --color=auto'
alias grep='grep --color=auto'
alias l.='ls -d .* --color=auto'
alias ll='ls -l --color=auto'
alias ls='ls --color=auto'  ←①
alias vi='vim' ←②
～略～
```

たとえば、`ls`コマンドの実行結果はファイルの種類に応じて色分けされています。上のaliasコマンドの実行例の①で、次のようなエリアスが設定されているためです。

```
alias ls='ls --color=auto'
```

ここでは、`ls`コマンドを、オプションを含めて「`ls --color=auto`」として再定義しています。「`--color=auto`」がファイルの種類によって色分けして表示するオプションです。

また、上の実行例の②では、vi コマンドで vim エディタが起動するように設定しています。

■ エイリアスを設定する

エイリアスを設定するには、alias コマンドを次のような書式で使用します。

コマンド	alias	エイリアスを設定する
書　式	alias エイリアス名=コマンド	

たとえば、cp コマンドは「-i」オプションを指定して実行すると、コピー先のファイルが存在する場合に上書きしてよいか確認します。「-i」オプションなしでも上書きするかを確認するようにするには、cp コマンドを「-i」オプション付きで再定義します。

```
$ alias cp="cp -i" Enter
```

上記のように、スペースなどの特殊文字を含んだ状態でエイリアスを設定するには全体をダブルクォーテーション「"」あるいはシングルクォーテーション「'」で囲ってクォーティングする必要があります。

これでコピー先に同名のファイルがある場合には、常に確認するようになります。

```
$ cp list.txt out.txt Enter
cp: 'out.txt' を上書きしますか?
```

■ エイリアスを削除する

エイリアスの定義を削除するには unalias コマンドを使います。

コマンド	unalias	エイリアスを削除する
書　式	unalias エイリアス名	

たとえば、前述のエイリアス「cp」を削除するには次のようにします。

```
$ unalias cp Enter
```

3-5-2 シェル変数の取り扱い

なんらかの値を一時的に格納し名前で呼び出せるようにしたものを「**変数**」と言います。シェルでは「**シェル変数**」と呼ばれる変数を扱えます。

■ シェル変数に値を設定する

シェル変数に値を代入するには次のようにします。

```
変数名=文字列
```

文字列にスペースや特殊文字を含む場合には、ダブルクォーテーション「"」（あるいはシングルクォーテーション「'」）で囲ってクォーティングする必要があります。以下にシェル変数に値を設定する例を示します。

```
$ year=2020 (Enter)                    ←変数 year に「2020」を代入
$ name="TANAKA ICHIRO" (Enter)         ←変数 name に「TANAKA ICHIRO」を代入
```

「=」の前後にはスペースを入れることはできません。

■ シェル変数の値を取り出す

シェル変数の値を取り出す場合には、変数名の前に「$」を付けます。たとえば、変数の内容を画面に表示したい場合には、echo コマンドを使って次のようにします。

```
$ echo $year (Enter)       ←変数 year の内容を表示する
2020
$ echo $name (Enter)       ←変数 name の内容を表示する
TANAKA ICHIRO
```

■ ダブルクォーテーション「"」とシングルクォーテーション「'」の相違

このとき、ダブルクォーテーション「"」とシングルクォーテーション「'」ではクォーティングの強さが異なります。ダブルクォーテーション「"」では内部の変数は展開されますが、シングルクォーテーション「'」の場合は展開されません。

```
$ name="TANAKA ICHIRO" Enter   ←変数nameに「TANAKA ICHIRO」を代入
$ echo "こんにちは$nameさん" Enter   ←ダブルクォーテーション「"」
こんにちはTANAKA ICHIROさん ←変数が展開される
$ echo 'こんにちは$nameさん' Enter   ←シングルクォーテーション「'」
こんにちは$nameさん ←変数が展開されない
```

■ シェル変数の一覧を表示する

自分で設定した変数のほかに、あらかじめ多くのシェル変数が設定されています。現在設定されている変数および関数の一覧を表示するには、set コマンドを引数なしで実行します。

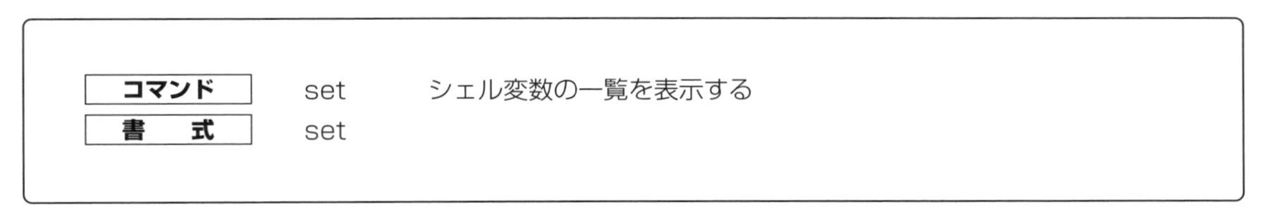

コマンド	set	シェル変数の一覧を表示する
書　式	set	

```
$ set Enter
BASH=/bin/bash
BASHOPTS=checkwinsize:cmdhist:complete_fullquote:expand_aliases:extglob:extquote:force_fig
nore:histappend:interactive_comments:login_shell:progcomp:promptvars:sourcepath
BASHRCSOURCED=Y
BASH_ALIASES=()
BASH_ARGC=()
BASH_ARGV=()
BASH_CMDS=()
BASH_COMPLETION_VERSINFO=([0]="2" [1]="7")
BASH_LINENO=()
BASH_REMATCH=()
BASH_SOURCE=()
～略～
```

3-5-3　シェルの環境を設定する環境変数

シェル変数の中で、シェルおよびシェルから起動されるコマンドの環境を設定するような変数を「**環境変数**」と呼びます。

通常のシェル変数を、環境変数にするには export コマンドを使います。

コマンド	export　　環境変数を設定する
書　式	export 変数名

このことを、シェル変数を「**エクスポートする**」と言います。環境変数はシェル変数と区別するためにすべて大文字で記述するとよいでしょう。たとえば、シェル変数「MYENV」を定義し、それをエクスポートして環境変数にするには、次のようにします。このとき、export コマンドの引数では変数名の先頭に「$」を付けません。

```
$ MYENV="Hello" Enter          ←シェル変数 MYENV を定義
$ export MYENV Enter           ←シェル変数 MYENV をエクスポートして環境変数にする
```

上記の2行は、次のように1行で実行できます。

```
$ export MYENV="Hello" Enter
```

■ 環境変数とシェル変数の相違について

現在実行中のプログラムの最小単位をプロセスと呼びます。環境変数とシェル変数の相違は親プロセスから子プロセスには引き継がれるかどうかです。環境変数は引き継がれますが、通常のシェル変数は引き継がれません。

次に、環境変数 MYENV と通常のシェル変数「myVal」を定義して、シェルから bash を子プロセスとして起動して値を確認する例を示します。

```
$ export MYENV="環境変数" Enter
$ myVal="シェル変数" Enter
$ bash Enter ←bash を子プロセスとして立ち上げる
$ echo $MYENV Enter    ←環境変数 MYENV は引き継がれる
環境変数    ←環境変数 MYENV の値が表示される
$ echo $myVal Enter    ←シェル変数 myVal は引き継がれない
←何も表示されない
```

■ 環境変数の一覧を表示する

現在設定されている環境変数の一覧を表示するには printenv コマンドを使います。

コマンド	printenv	環境変数の一覧を表示する
書　式	printenv	

次に実行例を示します。

```
$ printenv Enter
LANG=ja_JP.UTF-8
HISTCONTROL=ignoredups
HOSTNAME=co8.example.com
OLDPWD=/home/o2
USER=o2
SELINUX_ROLE_REQUESTED=
PWD=/home/o2/画像
HOME=/home/o2
SSH_CLIENT=2400:2410:95e1:5b00:8401:366b:c87e:8280 61623 22
SELINUX_LEVEL_REQUESTED=
XDG_DATA_DIRS=/home/o2/.local/share/flatpak/exports/share:/var/lib/flatpak/exports/share:
/usr/local/share:
/usr/share
SSH_TTY=/dev/pts/0
MAIL=/var/spool/mail/o2
SHELL=/bin/bash
TERM=xterm-256color
SELINUX_USE_CURRENT_RANGE=
SHLVL=2
LOGNAME=o2
～表示は一部のみ～
```

3-5-4　主な環境変数について

次の表（表 3-16）に代表的な環境変数の概要についてまとめておきます。

表 3-16　主な環境変数

環境変数	説明
PATH	コマンドが置かれているディレクトリのリスト
PS1	コマンドプロンプト（プライマリプロンプト）
PS2	コマンドプロンプト（セカンダリプロンプト）
SHELL	シェルのパス
LOGNAME	ログイン名

PWD	現在のカレントディレクトリ
HOME	ユーザのホームディレクトリ
LANG	国際化に対応したプログラムが参照するロケールの設定。ロケールとは、言語名、地域名、文字コード名を示す値。CentOSでは初期状態で「ja_JP.UTF-8」（日本語_日本.UTF-8）が使用される
MAIL	メールスプール(メールの一時的な保管場所)のディレクトリ

■ 環境変数LANG

たとえば、環境変数LANGはロケールを設定します。一部のコマンドはこの設定によって表示形式を変更します。デフォルトでは日本の「ja_JP.UTF-8」に設定されているため、dateコマンドでは日付時刻が日本語で表示されます。

```
$ date Enter
2020年  3月 15日 日曜日 03:14:20 JST
```

これを英語圏用のデフォルトのロケールである「C」に設定すると英語で表示されます。

```
$ export LANG=C Enter
$ date Enter
Sun Mar 15 03:14:30 JST 2020
```

■ 環境変数PATH

Linuxのコマンドはシェルに組み込まれている組み込みコマンドと、実行可能形式のファイルとして保存されているコマンドファイルに大別されます。環境変数PATHにはコマンドファイルの保存場所のディレクトリが「:」で区切られて保存されています。これらのディレクトリを「**コマンド検索パス**」と言います。

```
$ echo $PATH Enter
/home/o2/.local/bin:/home/o2/bin:/home/o2/.local/bin:/home/o2/bin:/usr/local/bin:/usr/bin:
/usr/local/sbin:/usr/sbin
```

これらのディレクトリに保存されているコマンドはコマンド名で実行できます。たとえば、dateコマンドは/usr/binディレクトリに保存されています。

これを絶対パスで指定して実行するには次のようにします。

```
$ /usr/bin/date Enter
```

```
2020年  3月 15日 日曜日 03:14:30 JST
```

ただし、/usr/bin ディレクトリは環境変数 PATH に保存されているためコマンド名だけで実行できるわけです。

```
$ date Enter
2020年  3月 15日 日曜日 03:14:40 JST
```

自分で作ったコマンドを「~/myCmd」ディレクトリに保存してあるとしましょう。その場合、コマンドに実行権限を設定した上で、次のようにして環境変数 PATH に「~/myCmd」を加えることで、ファイル名だけで実行できるようになります。

```
$ PATH=$PATH:~/myCmd Enter  ←PATH に「~/myCmd」を加える
```

なお、環境変数 PATH にディレクトリを加える場合、「PATH=~/myCmd」のように直接代入しないようにしてください。こうすると、デフォルトのコマンド検索パスが上書きされてしまい、あらかじめ用意されているコマンドにアクセスできなくなります。

3-5-5 環境変数を一時的に変更する

次のようにすると、環境変数をコマンドの実行中だけ一時的に変更できます。

```
変数名=値 コマンド
```

たとえば、カレンダーを表示するコマンドに cal があります。

コマンド	cal	カレンダーを表示する
書 式	cal [月] [年]	

デフォルトではロケールを設定する環境変数 LANG が「ja_JP.UTF-8」に設定されているため日本語で表示されます。

```
$ cal 3 2020 Enter
      3月 2020
日 月 火 水 木 金 土
```

```
 1  2  3  4  5  6  7
 8  9 10 11 12 13 14
15 16 17 18 19 20 21
22 23 24 25 26 27 28
29 30 31
```

cal コマンドを一時的に C ロケールに設定して実行する例を示します。

```
$ LANG=C cal LANG=C cal 3 2020
     March 2020
Su Mo Tu We Th Fr Sa
 1  2  3  4  5  6  7
 8  9 10 11 12 13 14
15 16 17 18 19 20 21
22 23 24 25 26 27 28
29 30 31
$ echo $LANG Enter    ←環境変数 LANG が変更されていないことを確認
ja_JP.UTF-8
```

3-5-6　シェルの環境設定ファイル

シェルは起動時に「**環境設定ファイル**」と呼ばれるファイルを読み込みます。環境設定ファイルはシェルのコマンドが記述されたファイルで、エイリアスや環境変数の設定が行われています。環境設定ファイルを編集することによって、シェルの環境をカスタマイズすることが可能です。

CentOS の bash の場合、まず、ログイン時にシステムの全体の環境設定ファイルとして/etc/profile が読み込まれます。さらに、/etc/profile の内部では、/etc/profile.d/ディレクトリに保存されたシェルスクリプトを実行します。

```
$ ls /etc/profile.d/ Enter
PackageKit.sh        colorls.sh         csh.local   lang.sh    vim.sh
bash_completion.sh   colorxzgrep.csh    flatpak.sh  less.csh   vte.sh
colorgrep.csh        colorxzgrep.sh     gawk.csh    less.sh    which2.csh
colorgrep.sh         colorzgrep.csh     gawk.sh     sh.local   which2.sh
colorls.csh          colorzgrep.sh      lang.csh    vim.csh
```

ここには、拡張子が「.sh」と「.csh」のものがありますが、bash の場合、拡張子が「.sh」のファイルが実行されます。たとえば、colorls.sh は ls コマンドの結果を色分け表示するシェルスクリプトです。

■ ユーザごとの環境設定ファイル

ユーザごとの環境設定ファイルとしては次の2つがあります。

① ~/.bash_profile
② ~/.bashrc

bashがログインシェル(ログイン時に実行されるシェル)として起動された場合には、~/.bash_profileが読み込まれます。そうではなく、suコマンドで別のユーザに移行したりbashコマンドを直接起動した場合などは②の~/.bashrcが実行されます。

ユーザごとの環境をカスタマイズしたい場合には、①②を編集します。CUI環境では、環境変数は~/.bash_profileで設定し、エイリアスや関数定義は~/.bashrcで設定します。なぜなら、環境変数は子プロセスに引き継がれますが、エイリアスは引き継がれないからです。

それではログインシェルとして起動した場合にエイリアスが設定されなくなるので、~/.bash_profileの内部で~/.bashrcを呼び出すようにしています。

リスト3-8　~/.bash_profile

```
## .bash_profile

## Get the aliases and functions
if [ -f ~/.bashrc ]; then
        . ~/.bashrc ←①
fi

## User specific environment and startup programs
    ←②ここに環境変数の設定を追加する
```

①で/.bashrcを呼び出しています。環境変数を追加したい場合には②に記述します。

■ GUI環境のターミナルを使用する場合の設定は~/.bashrcに記述する

ちょっとややこしいのですが、GNOMEデスクトップ環境の「ターミナル」を開いた場合には「~/.bash_profile」は読み込まれず「~/.bashrc」のみが読み込まれます。そのためユーザごとの環境変数も~/.bashrcに記述します。

次にデフォルトの「~/.bashrc」を示します。

リスト 3-9 ~/.bashrc

```
## .bashrc

## Source global definitions
if [ -f /etc/bashrc ]; then
        . /etc/bashrc   ←①
fi

## User specific environment
PATH="$HOME/.local/bin:$HOME/bin:$PATH" ←②
export PATH

## Uncomment the following line if you don't like systemctl's auto-paging feature:
## export SYSTEMD_PAGER=

## User specific aliases and functions  ←③
```

~/.bashrc では、①/etc/bashrc を呼び出しています。/etc/bashrc ではシステム全体のエイリアスや関数の定義が記述されています。

```
        . /etc/bashrc
```

> ピリオド「.」は、シェルスクリプトを現在のシェルの環境で実行するコマンドです。

②の部分では、環境変数 PATH に新たに~/.local/bin と~/bin を加えています。ほかに環境変数を設定したい場合にはこの下に記述するとよいでしょう。

> ②では環境変数 PATH に新たなディレクトリを加えています。この場合、コマンドラインで bash コマンドを実行すると、環境変数 PATH の②のパスが重複して登録されてしまいますが、とくに問題はありません。

■ エイリアスの設定例

ユーザごとのエイリアスの設定は③の部分に記述します。

次に設定例を示します。

```
alias mv='mv -i'    ← (a)
alias rm='rm -i'    ← (b)
alias cp='cp -i'    ← (c)
```

```
set -o noclobber    ← (d)
```

(a)(b)(c) はそれぞれ mv、rm、cp コマンドで既存のファイルがある場合に確認のメッセージを表示する「-i」オプションを指定しています。

たとえば、test.txt を削除しようとすると次のように聞いてきます。

```
$ rm test.txt Enter
rm: 通常の空ファイル 'test.txt' を削除しますか?
```

(d) の set はシェルのフラグを設定するコマンドです。「set -o noclobber」とすると出力リダイレクション「>」よる上書きを禁止します。

```
$ cat > test.txt  Enter
bash: test.txt: 存在するファイルを上書きできません
```

3-5-7 環境設定ファイルの動作を確かめる

環境設定ファイルの動作を確かめるのに、その都度ログインし直す必要はありません。source コマンドを実行することで現在の環境に設定を反映させることができます。

コマンド	source	現在のシェルの環境でファイル内のコマンドを実行する
書　式	source コマンド	

次に、~/.bash_profile を実行する例を示します。

```
$ source  ~/.bash_profile Enter
```

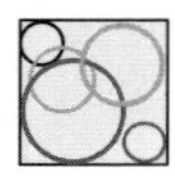

Column　シェルの組み込みコマンド

Linux のコマンドは、実行可能形式のファイルとして存在するものと、シェル自体に組み込まれているシェルの組み込みコマンドに大別されます。コマンドが組み込みコマンドかどうかは type コマンドを実行するとわかります。個別のファイルとして存在するコマンドの場合はそのパスが表示されます。組み込みコマンドの場合は「shell builtin」と表示されます。

```
$ type cp (Enter)
cp is hashed (/bin/cp)  ← cp コマンドのパスは/bin/cp
$ type jobs (Enter)
jobs is a shell builtin  ← jobs コマンドは組み込みコマンド
```

また、組み込みコマンドのヘルプを表示するには help コマンドを使います。

```
$ help fg (Enter)
fg: fg [job_spec]
     Place JOB_SPEC in the foreground, and make it the current job.  If
    JOB_SPEC is not present, the shell's notion of the current job is
    used.
```

Chapter 4
システム管理の基礎知識

この Chapter では、Linux におけるシステム管理の基礎について解説します。まず、ユーザ管理について説明し、そのあとで、ディスクの管理、ソフトウェアパッケージの管理、ジョブ管理、サービスの管理などについて説明します。

4-1　ユーザ管理

Linux は、マルチユーザシステム、つまり複数のユーザが同時に使用可能な OS です。必要に応じてユーザを追加していくことが可能です。本節では、まずスーパーユーザの権限でコマンドを実行する方法について説明します。そのあとでユーザとグループの管理方法について解説します。

4-1-1　スーパーユーザと一般ユーザ

UNIX 系 OS ではシステムにおいてすべての権限が与えられたスーパーユーザ（root）という特別なユーザがあることは「**スーパーユーザについて**」（16ページ）で説明しました

スーパーユーザはその名の通り「**スーパー**」なユーザで、システムに対してあらゆることが行えます。たとえば、一般ユーザは、自分のホームディレクトリ以外のほんとんどのファイルを書き換えることはできません。それに対してスーパーユーザは、任意のファイルを変更したり、削除したりする権限が与えられています。

スーパーユーザとしてシステムを使用するには、ユーザ名に「`root`」を指定してシステムにログインできるように設定することも可能です。ただし、オフィスなどでログインしたまま席を離れた場合、誰もがシステムを操作できるという危険性があります。そのため、日常の操作は一般ユーザで行い、必要なときにだけ後述するsuコマンドを使用してスーパーユーザに移行する、あるいはsudoコマンドを使用して一時的にスーパーユーザの権限でコマンドを実行するという使い方が一般的です。

4-1-2 一時的にスーパーユーザに移行するsuコマンド

一般ユーザが一時的にスーパーユーザに移行するにはsuコマンドを使用します。

コマンド	su	他のユーザに移行する
書　式	su [オプション]	

suコマンドを実行すると「パスワード:」と表示されるので、スーパーユーザのパスワードを入力します。すると、プロンプトの最後が「$」から「#」に代わり、スーパーユーザになったことを示します。

```
$ su Enter
パスワード:□□□□ Enter  ←スーパーユーザのパスワードを入力
[root@co8 o2]#  ←プロンプトの最後が「#」になる
```

一般ユーザに戻るには、exitコマンドを実行するか、Ctrl+Dキーを押します。

```
# exit Enter
exit
$   ←一般ユーザに戻った
```

■「-」オプションを指定すると環境もスーパーユーザになる

suコマンドをオプションなしで実行した場合、コマンド検索パスやカレントディレクトリなどの環境はもとのユーザのままです。それに対して、「-」オプションを指定してsuコマンドを実行すると、スーパーユーザとしてログインしたのと同じ環境になります。

具体的には、スーパーユーザのホームディレクトリ（/root）に移行します。また、コマンド検索パス（PATH）などの環境変数がスーパーユーザのものに再設定されます。

```
$ su - Enter←「-」オプションを指定してsuコマンドを実行
パスワード:
```

```
# pwd (Enter)
/root    ←「/root」ディレクトリに移行する
```

■ 一時的にほかのユーザになるには

実はsuコマンドで移行できるのは、スーパーユーザだけではありません。引数にユーザ名を指定することで任意のユーザに移行できます。

```
su [オプション] ユーザ名
```

スーパーユーザに移行する場合と同様に、オプションなしで実行した場合にはホームディレクトリなどの環境はそのままです。「-」オプションを指定して実行した場合には環境も含めて移行します。

たとえば、環境を含めてユーザ「tanaka」になるには次のようにします。

```
$ su - tanaka (Enter)
パスワード:□□□□ (Enter) ←tanakaのパスワードを入力
$ pwd (Enter)
/home/tanaka ←tanakaのホームディレクトリに移動した
```

4-1-3 スーパーユーザの権限でコマンドを実行する

スーパーユーザにしか許可されていないコマンドを実行するためにsuコマンドを使用してスーパーユーザに移行するのは危険が伴います。たとえば、一般ユーザに戻るのを忘れてスーパーユーザのまま席を離れてしまったような場合、悪意のある第三者にシステムを乗っ取られる危険性があります。

より安全な方法として、sudoコマンド経由による管理コマンドの実行について説明しましょう。

■ sudoコマンドでスーパーユーザの権限でコマンドを実行する

sudoコマンドは、設定ファイル「/etc/sudoers」の設定にしたがって、スーパーユーザ（あるいは別の一般ユーザ）の権限でコマンドを実行するためのコマンドです。

コマンド	sudo	スーパーユーザの権限でコマンドを実行する
書　式	sudo コマンド	

デフォルトでは管理者（wheelグループに属するユーザ）として登録されているユーザのみがsudo

コマンドを使用してスーパーユーザ権限でコマンドを実行できます。そのため、sudoの設定ファイル「/etc/sudoers」は、一般ユーザに読み込みが許可されていません。catコマンドで表示しようとすると次のように「**許可がありません**」と表示されます。

```
$ cat /etc/sudoers Enter
cat: /etc/sudoers: 許可がありません
```

これを、管理者がスーパーユーザの権限で表示するには、次のようにsudoのあとに「cat /etc/sudoers」を指定して実行します。

```
$ sudo cat /etc/sudoers Enter
[sudo] o2 のパスワード:□□□□ ←自分のパスワードを入力
## Sudoers allows particular users to run various commands as
## the root user, without needing the root password.
～略～
```

このとき入力するのは自分のパスワードである点に注目してください。つまりrootのパスワードが漏れる可能性が減ります。さらに、/etc/sudoersを細かく設定することにより必要なコマンドのみを許可させるといったことが可能です。

> sudoコマンドは一定時間（デフォルトで5分間）、入力したパスワードを覚えています。sudoコマンドを実行してからその時間内であれば、パスワードなしで再びsudoコマンドを実行できます。

■ /etc/sudoersの設定について

sudoの設定ファイルは「/etc/sudoers」です。このファイルにスーパーユーザの権限でコマンドの実行を許可するユーザを登録します。このファイルは単純なテキストファイルですが、エディタで直接編集しないで、visudoコマンドを実行して編集します。

visudoコマンドを実行すると、見かけ上は「vim /etc/sudoers Enter」としてvimエディタで/etc/sudoersファイルを編集しているのと同じ状態になります。ただし、保存する時点で文法エラーのチェックを行ってくれます。また、ファイルのロックを行って、複数のユーザが同時に設定ファイルを編集するのを避けることができます。

コマンド	visudo	sudoの設定ファイルを編集する
書　式	visudo	

なお、visudo コマンドの実行にはスーパーユーザの権限が必要なため sudo コマンド経由で実行します。

```
$ sudo visudo Enter
```

■ /etc/sudoers の設定例

デフォルトでは、/etc/sudoers に次のような行があります。

```
%wheel  ALL=(ALL)       ALL
```

CentOS では管理者として登録されたユーザは wheel というグループに属していますが、上記の行は wheel グループに属するユーザにスーパーユーザの権限ですべてのコマンドを実行できるようにするための設定です。

たとえば、ユーザ「o2」だけにスーパーユーザの権限ですべてのコマンドを実行できるようにするには、上記の行の先頭に「#」を記述してコメントにします。

```
# %wheel  ALL=(ALL)       ALL
```

次に、新たに次のような設定行を加えます。

```
o2      ALL=(ALL)       ALL
```

■ sudo コマンドのログについて

sudo コマンドのログはデフォルトで/etc/secure に記録されます。たとえば、管理者でない一般ユーザ「tanaka」が sudo コマンドを実行してエラーになった場合、次のようなログが記録されます。

```
Oct 28 15:37:32 co8 sudo[6499]: tanaka : user NOT in sudoers ; TTY=pts/1 ; PWD=
/home/tanaka ; USER=root ; COMMAND=/bin/ls /
```

/etc/secure を閲覧、編集するにはスーパーユーザの権限が必要です。

4-1-4 複数のユーザをまとめるグループについて

Linuxでは複数のユーザをまとめて「**グループ**」として管理しています。それぞれのユーザは少なくとも1つのグループに属します。次節で説明するパーミッションと呼ばれるアクセス権限により、ファイルの読み書きやコマンドの実行許可などの属性を、ユーザ単位のほかにグループ単位でも設定することが可能です。

ユーザが属するグループを確認するにはgroupsコマンドを実行します。

コマンド	groups	現在のグループ名を表示する
書　式	groups ユーザ名	

「**ユーザ名**」を省略した場合には自分の属するグループが表示されます。次に、インストール時に設定した管理者「o2」でログインした状態でgroupsコマンドを実行した結果を示します。

```
$ groups Enter ←管理者でgroupsコマンドを実行
o2 wheel
```

上記のように管理者は自分のユーザ名のグループ（上記の例では「o2」）と、wheelというグループに所属しています。

それに対して管理者以外の一般ユーザは、自分のユーザ名と同じグループ名のグループにのみ属しています。

```
$ groups Enter ←管理者以外の一般ユーザでgroupsコマンドを実行
tanaka
```

スーパーユーザ（root）は、rootというグループに属しています。

```
$ su - Enter
パスワード:□□□□ Enter    ←スーパーユーザのパスワードを入力
# groups Enter
root
```

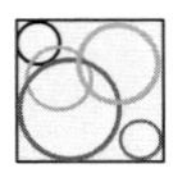

Column　ユーザのプライベートグループ

ユーザ名と同じ名前のグループを「プライベートグループ」と呼びます。たとえば、ユーザ「o2」は「o2」という名前のプライベートグループに属しています。

初期のUNIX系OSでは、一般ユーザ全員が「users」といった名前の共通のグループに属していました。しかし、この方法では、設定しだいでは、同じグループに属しているほかのユーザのファイルの書き換えが簡単にできてしまうという欠点がありました。

より安全性を高める仕組みとして導入されたのがプライベートグループです。管理者以外の一般ユーザは、初期状態で自分専用のグループであるプライベートグループにのみ属しています。なお、管理者はプライベートグループに加えてwheelグループに属しています。プロジェクトでファイルを管理するといった場合に、新たなグループを作成して必要なメンバーを参加させるという運用方法が一般的になってきました。したがって、プライベートグループには他のユーザを参加させるべきではありません。

4-1-5　ユーザIDとグループID

ユーザ名やグループ名は、あくまでも人間にとってわかりやすくするための識別名です。システムの内部では、ユーザは「**ユーザID**」、グループは「**グループID**」というID番号（整数値）で管理されています。

ユーザIDとグループIDを確認するには`id`コマンドを使います。

コマンド	id　　ユーザIDとグループIDを表示する
書　式	id ユーザ名

ユーザ名を省略した場合には自分のユーザIDとグループIDが表示されます。次にユーザ「o2」で`id`コマンドを実行した結果を示します。

```
$ id Enter
uid=1000(o2) gid=1000(o2) groups=1000(o2),10(wheel) context=unconfined_u:unconfined_r:unc
onfined_t:s0-s0:c0.c1023
```

最初にユーザID（uid）が表示され、次にそのユーザの「**プライマリグループ**」のグループID（gid）が表示されます。各IDのことを、正確にはそれぞれ「**実ユーザID**」「**実グループID**」と呼びます。また、プライマリグループとは、複数のグループに属していた場合にデフォルトで使用するグループのことを言います。初期状態ではプライマリグループはプライベートグループになります。なお、一般ユーザのユーザIDおよびプライマリグループIDは1000から順に割り振られます。

その次の「**所属グループ**」では、自分が属しているすべてのグループがカンマ「,」で区切られて表示されます（上記の例では「o2」と「wheel」)。それ以降の部分は、セキュリティを強化する仕組みであるSELinux（274ページ参照）が設定するセキュリティコンテキストです。

■ ユーザID/グループIDの割り当て

次の表（**表4-1**）に、CentOSにおけるユーザID/グループIDの基本的な割り当てを示します

表4-1　ユーザID/グループIDの基本的な割り当て

ユーザID/グループID	説明
0	スーパーユーザ
1～999	システムの管理用
1000以降	一般ユーザ

4-1-6　各ファイルには所有者と所有グループが設定されている

Linuxなど UNIX系OSでは、すべてのファイルやディレクトリに対して「**所有者**」と「**所有グループ**」が決められています。これは、個々のファイルやディレクトリのアクセス権限を「**所有者**」「**所有グループ**」「**その他のユーザ**」という単位で設定するためです。

所有者と所有グループは、ファイルの一覧を表示するlsコマンドに「-l」オプションを付けて実行すると確認できます。次に、ユーザのホームディレクトリが保存される/homeディレクトリを表示した例を示します。

```
$ ls -l /home Enter
合計 8
drwx------. 20 o2     o2     4096 10月 25 14:38 o2
drwx------.  3 tanaka tanaka   99 10月  5 23:36 tanaka
               ↑      ↑
             所有者  所有グループ
```

デフォルトではユーザのホームディレクトリの所有者はそのユーザ、所有グループはユーザのプライマリグループに設定されていることがわかります。

また、ユーザのホームディレクトリ以下のファイル/ディレクトリも、所有者はそのユーザ、所有

グループはそのユーザのプライマリグループになります。

```
$ ls -l ~ Enter
合計 4
drwxr-xr-x.  2 o2 o2    6 10月  4 14:09 ダウンロード
drwxr-xr-x.  2 o2 o2    6 10月  4 14:09 テンプレート
drwxr-xr-x.  2 o2 o2    6 10月  4 14:09 デスクトップ
drwxr-xr-x. 11 o2 o2 4096 10月 24 15:24 ドキュメント
drwxr-xr-x.  2 o2 o2    6 10月  4 14:09 ビデオ
drwxr-xr-x.  2 o2 o2    6 10月  4 14:09 音楽
drwxr-xr-x.  7 o2 o2  263 10月 24 15:30 画像
drwxr-xr-x.  2 o2 o2    6 10月  4 14:09 公開
                    ↑  ↑
             所有者    所有グループ
```

なお、ユーザが新規のファイルを作成した場合、ファイルの所有グループはそのユーザ自身に、所有グループはユーザのプライマリグループになります。そのことを、ファイルのタイムスタンプ（更新日時）を更新する touch コマンドで確認してみましょう。

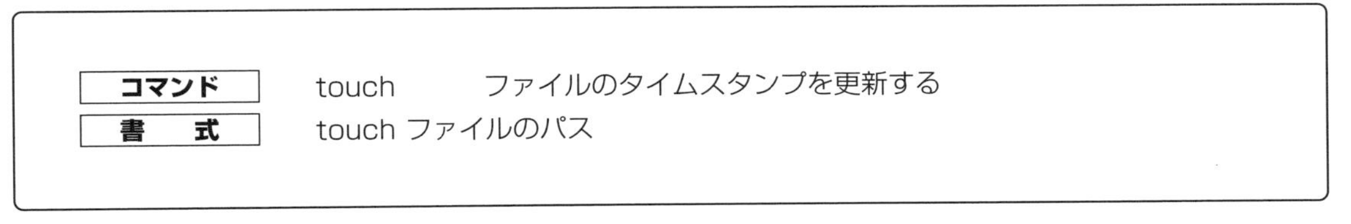

コマンド	touch　　　ファイルのタイムスタンプを更新する
書　式	touch ファイルのパス

touch コマンドを存在しないファイルのパスを引数に実行すると、空のファイルが作成されます。次に実行例を示します。

```
$ touch test.txt Enter ←touch コマンドで空のファイルを作成
$ ls -l test.txt Enter
-rw-rw-r--. 1 o2 o2 0 10月 29 13:25 test.txt ←所有者はそのユーザ、所有グループはユーザのプライマリグループになる
```

4-1-7　「ユーザー」ツールによるユーザの管理

デスクトップ環境では、「**設定**」アプリの「**詳細**」→「**ユーザー**」パネルで、ユーザの追加、削除などが行えます（図 4-1）。

右上の「**ロック解除**」ボタンをクリックし、認証ダイアログボックスをクリックしてロックを解除します。

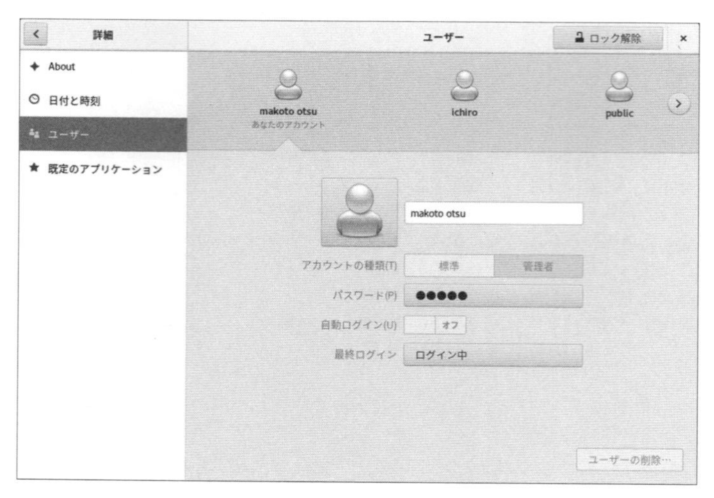

図 4-1　ユーザの管理

■ ユーザを追加する

ユーザを登録するには「**ユーザーの追加**」ボタンをクリックして、「**ユーザーの追加**」ダイアログボックスでユーザ情報を入力します。「**アカウントの種類**」で「**管理者**」を選択すると管理者となります（図 4-2）。

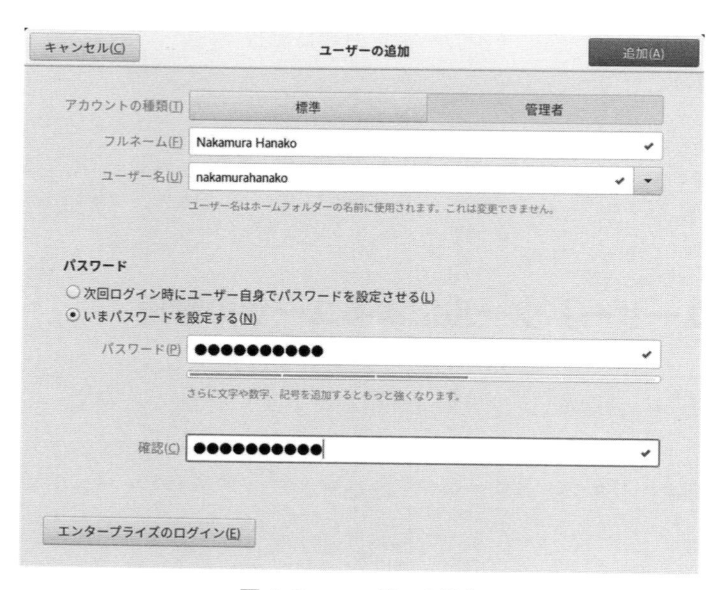

図 4-2　ユーザーの追加

Column　管理者だけが su コマンドで root になれるようにするには

デフォルトでは、管理者だけでなく任意のユーザが su コマンドを使用して、スーパーユーザに移行できます。よりセキュリティを高めるには管理者だけに限定したほうがよいでしょう。

それには、「/etc/pam.d/su」を編集し、次の行のコメント「#」を外して有効にします。

```
#auth            required         pam_wheel.so use_uid
    ↓
auth            required         pam_wheel.so use_uid
```

以上で、一般ユーザで su コマンドを実行すると「su: 拒否されたパーミッション」と表示されスーパーユーザに移行できません。

```
$ su - Enter
パスワード:□□□□ Enter
su: 拒否されたパーミッション
```

4-1-8　コマンドラインでユーザを管理する

続いて、コマンドラインでユーザやグループの管理を行う管理コマンドを紹介しましょう。コマンドの実行にはスーパーユーザの権限が必要です。あらかじめ su コマンドを実行して一時的にスーパーユーザに移行するか、あるいは sudo コマンド経由で実行してください。

■ ユーザを追加する

新規ユーザを追加するには、useradd コマンドを使います。

コマンド	useradd	ユーザを追加する
書　式	useradd [オプション] ユーザ名	

例として、ユーザ「ichiro」を作成する例を示します。新規ユーザーを追加すると、ホームディレクトリ（/home/ichiro）が自動的に作成されます。

```
$ sudo useradd ichiro Enter
```

ls コマンドで確認すると、作成したユーザのホームディレクトには「.bashrc」などの設定ファイルが用意されています。

```
$ sudo ls -al /home/ichiro/ Enter
合計 12
drwx------. 3 ichiro ichiro  78 10月 29 14:01 .
drwxr-xr-x. 6 root   root    56 10月 29 14:01 ..
-rw-r--r--. 1 ichiro ichiro  18  5月 11 09:16 .bash_logout
-rw-r--r--. 1 ichiro ichiro 141  5月 11 09:16 .bash_profile
-rw-r--r--. 1 ichiro ichiro 312  5月 11 09:16 .bashrc
drwxr-xr-x. 4 ichiro ichiro  39 10月  4 13:56 .mozilla
```

これらの設定ファイルは、/etc/skel ディレクトリからコピーされたものです。

次の表（表 4-2）に、useradd コマンドの主なオプションをまとめておきます。

表 4-2　useradd コマンドの主なオプション

オプション	説明
-u ユーザ ID	ユーザ ID を指定する
-g グループ ID	プライマリグループのグループ ID を指定する
-c 文字列	フルネームもしくはコメントを指定する
-d ディレクトリのパス	ホームディレクトリのパスを指定する
-s シェルのパス	ログインシェルを指定する

■ パスワードを設定・変更する

useradd コマンドでユーザを追加した状態では、まだパスワードが設定されていないため、ログインすることができません。スーパーユーザで passwd コマンドを使用して、パスワードを設定する必要があります。

コマンド	passwd	パスワードを設定・変更する
書　式	passwd [オプション] ユーザ名	

```
$ sudo passwd ichiro Enter
ユーザー ichiro のパスワードを変更 。
新しいパスワード:□□□□ Enter
新しいパスワードを再入力してください:□□□□ Enter
passwd: すべての認証トークンが正しく更新できました 。
```

入力したパスワードが短すぎたり、簡単に推測できそうな場合には、警告のメッセージが表示されます。

> passwd コマンドを引数なしで実行すると、自分のパスワードを変更できます。

■ グループ管理のコマンド

次の表（表 4-3）に、グループ管理のための主なコマンドについてまとめておきます。

表 4-3　グループ管理のコマンド

コマンド	説明
groupadd グループ名	新規のグループを追加する
groupdel グループ名	グループを削除する
gpasswd グループ名	グループにパスワードを設定する
gpasswd -a ユーザ名 グループ名	グループにメンバーを追加する
gpasswd -d ユーザ名 グループ名	グループからメンバーを削除する
gpasswd -M ユーザのリスト グループ名	グループのメンバーを変更する

次にグループ「newProject」を作成し、ユーザとして「ichiro」と「tanaka」を登録する例を示します。

```
$ sudo groupadd newProject Enter
$ sudo gpasswd -a ichiro newProject Enter   ←ユーザ ichiro をグループ newProject に追加
$ sudo gpasswd -a tanaka newProject Enter   ←ユーザ tanaka をグループ newProject に追加
$ sudo su - tanaka Enter ←ユーザ「tanaka」に移行
$ sudo groups Enter
tanaka newProject    ← newProject グループが登録された
```

なお、「gpasswd -M」コマンドはグループのメンバーを変更するコマンドです。グループにメンバーを追加するわけではないので注意してください。ユーザはカンマ「,」で区切って並べます。

たとえば、グループ「project1」に、ユーザ「o2」が登録されているときに、ユーザ「tanaka」と「sakurai」を追加するには、すべてのメンバーを列挙して、次のようにする必要があります。

```
# gpasswd -M o2,tanaka,sakurai project1 Enter
```

4-1-9 所有者と所有グループを変更する

ファイルを作成した状態では、ファイルの所有者は作成したユーザ、所有グループはファイルを作成したユーザのプライマリグループになっています。それらを変更する方法について説明しましょう。

■ 所有者を変更する

ファイルやディレクトリの所有者を変更するには chown コマンドを使用します。所有者を変更するにはスーパーユーザの権限が必要です。

コマンド	chown	ファイルの所有者を変更する
書　式	chown [オプション] ユーザ名 ファイルのパス	

次にファイル「readme.txt」の所有者を「public」から「o2」へ変更する例を示します。

```
$ ls -l Enter
合計 4
-rw-r--r--. 1 public public 158 10月 29 14:26 readme.txt
$ sudo chown o2 readme.txt Enter
$ ls -l Enter
合計 4
-rw-r--r--. 1 o2 public 158 10月 29 14:26 readme.txt
```

ディレクトリ以下の所有者を丸ごと変更するには「-R」オプションを指定して実行します。sampleDir以下のすべてのファイルの所有者を「o2」にするには次のようにします。

```
$ sudo chown -R o2 sampleDir Enter ←sampleDir 以下の所有者をすべて「o2」に変更
```

■ 所有グループを変更する

所有グループを変更するには chgrp コマンドを使います。

コマンド	chgrp	ファイルの所有グループを変更する
書　式	chgrp [オプション] グループ名 ファイルのパス	

所有グループを変更できるのは、ファイルの所有者かスーパーユーザだけです。このとき、ファイルの所有者が変更する場合には、所有者が変更後のグループに属している必要があります。

次に test ディレクトリの所有グループを「newProject」に変更する例を示します。

```
$ ls -ld test Enter
drwxrwxr-x. 2 tanaka tanaka 6 10月 29 14:32 test
$ chgrp newProject test Enter
$ ls -ld test Enter
drwxrwxr-x. 2 tanaka newProject 6 10月 29 14:32 test
```

■ 所有者と所有グループを同時に変更する

chown コマンドを次の書式で実行すると、所有者と所有グループを同時に変更できます。

```
chown オプション ユーザ名:グループ名 ファイルのパス
```

この場合も「-R」オプションを指定すると、ディレクトリ以下の所有者と所有グループを丸ごと変更できます。たとえば、test ディレクトリ以下をすべて所有者「o2」、グループ「newProject」に変更するには、次のようにします。

```
$ sudo chown -R o2:newProject test Enter
```

4-1-10　ユーザ情報やグループ情報が書き込まれるファイル

ユーザ情報やグループ情報は、次の4つのファイルに保存されています（表4-4）。

表4-4　ユーザ情報やグループ情報が書き込まれるファイル

ファイル	説明
/etc/passwd	ユーザ情報
/etc/shadow	ユーザ情報と暗号化されたパスワード
/etc/group	グループ情報

/etc/gshadow	グループ情報と暗号化されたパスワード

■ /etc/passwd

/etc/passwdには、各行に1ユーザずつ、コロン「:」で区切られユーザ名やユーザID、ホームディレクトリといった情報が書き込まれます。/etc/passwdには多くのユーザが登録されていますが、スーパーユーザ（root）と一般ユーザ（ユーザIDが1000版以降）以外は、ログインするためのものではなくシステム管理用です。

リスト 4-1 /etc/passwd（一部）

```
root:x:0:0:root:/root:/bin/bash
bin:x:1:1:bin:/bin:/sbin/nologin
gdm:x:42:42::/var/lib/gdm:/sbin/nologin
o2:x:1000:1000:makoto otsu:/home/o2:/bin/bash
tanaka:x:1001:1001:tanaka ichiro:/home/tanaka:/bin/bash
```

各フィールドの内容は順に次のようになります。

（1）ユーザ名
（2）パスワード
（3）ユーザID
（4）プライマリグループのグループID
（5）フルネーム（あるいはコメント）
（6）ホームディレクトリ
（7）ログインシェルのパス

2番目のフィールドはパスワードですがすべて「x」になっています。実は、初期のUNIXシステムではこのフィールドにはパスワードが暗号化されて記述されていました。しかし、/etc/passwdはすべてのユーザが閲覧可能なファイルのため危険です。現在では、より安全なシャドウパスワードという仕組みにより、パスワード情報は読み出しにスーパーユーザの権限が必要な「/etc/shadow」に格納するようになっています

■ /etc/groups

/etc/groupsにはグループ情報が入れられています。

リスト 4-2　/etc/groups（一部）

```
root:x:0:
bin:x:1:
o2:x:1000:
tanaka:x:1001:
newProject:x:1004:ichiro,tanaka
```

各フィールドの内容は順に次のようになります。

(1) グループ名
(2) パスワード
(3) グループ ID
(4) 所属するユーザのリスト（所属するユーザをカンマ「,」で区切って並べたもの）

> ユーザのプライベートグループの設定行では、そのユーザは省略可能です。この例の場合、グループ「o2」は所属するユーザのリストが空になっていますが、ユーザ「o2」が省略されているわけです。

4-2　パーミッションによるファイルの安全管理

UNIX 系 OS には古くからパーミッションと呼ばれるアクセス権限が用意されています。これは個々のファイルやディレクトリに対して、読み、書き、実行といった権限を、所有者、所有グループ、その他といった単位で設定するものです。

4-2-1　パーミッションの概要

パーミッションでは、ファイルシステム内のすべてのファイルやディレクトリに対して、「**所有者**」「**所有グループ**」「**その他のユーザ**」という 3 段階でアクセス権限を設定することができます。

指定したディレクトリ以下のファイルやディレクトリに現在設定されているパーミッションを確認するには、ls コマンドに詳細情報を表示する「-l」オプションを指定して実行します。

```
$ ls -l ドキュメント Enter
合計 380
-rw-rw-r--.  1 o2 o2     32 10月  20 23:47 2020.txt
```

```
-rwxr--r--.  1 o2 o2  11420  8月  7  2018 3Today-4.txt
drwxr-xr-x.  3 o2 o2    177 10月  8 20:06 JavaScript
drwxr-xr-x. 18 o2 o2   4096  6月 19 18:09 Python2018
-rwxr--r--.  1 o2 o2   5786  7月 28  2018 Sample-1.txt
```

最初のフィールドの「-rw-r--r--」のような10桁の記号の中で、最初の1桁がファイルの種類を表します。ディレクトリの場合は「d」、通常のファイルの場合には「-」、シンボリックリンクの場合には「l」になります。その後ろの9桁がパーミッションを表す記号です。

3桁ごとに、「所有者」「所有グループ」「その他のユーザ」に対する、「読み出し」(r)「書き込み」(w)「実行」(x) のアクセス権になります。許可されていない部分には「-」が表示されます（図4-3）。

図4-3　パーミッションの意味

■ ホームディレクトリのパーミッション

例として、ユーザのホームディレクトリが保存される/homeディレクトリを「ls -l」コマンドで表示してみましょう。

```
$ ls -l /home Enter
合計 4
drwx------.  3 ichiro ichiro   78 10月 29 14:01 ichiro
drwx------. 20 o2     o2     4096 10月 29 15:52 o2
drwx------.  4 public public  129 10月 29 15:29 public
drwx------.  3 tanaka tanaka   99 10月  5 23:36 tanaka
```

上記の結果からわかるように、ユーザのホームディレクトリは、「所有者」に対しては「読み出し」「書き込み」「実行」のすべてが許可されていますが「所有グループ」と「その他のユーザ」には何も許可されていません。つまり、所有者以外には閲覧も書き換えもできません。

パーミッションは、ファイルとディレクトリでは意味合いが多少異なります。

4-2-2　ファイルのパーミッション

まずは、ファイルのパーミッションについて説明しましょう。次の表（表4-5）にファイルのパーミッションの概要を示します。

表 4-5　ファイルのパーミッション

パーミッション	意味
読み出し（r）	ファイルの内容を表示できる
書き込み（w）	ファイルにデータを書き込める
実行（x）	ファイルをコマンドとして実行できる

ファイルの場合、「**読み出し**」（r）はファイルを閲覧できることを、「**書き込み**」（w）はファイルを書き換え可能であることを表します。注意してほしいのは、「**書き込み**」（w）が許可されていない場合でも、ファイルの削除や名前の変更は行えるという点です。のちほど具体例を示しますが、ファイルの削除や名前の変更ができるかどうかは、それが保存されているディレクトリの「**書き込み**」（w）が許可されているかどうかに依存します。

「**実行**」（x）は、ファイルをコマンドとして実行できるかどうかを示します。`/bin` ディレクトリはコマンドの標準的な保存場所です。`ls` コマンドは/bin/ls というファイルです。そのパーミッションを「`ls -l`」コマンドで確認してみましょう。

```
$ ls -l /bin/ls Enter
-rwxr-xr-x. 1 root root 166448  5月 12 01:07 /bin/ls
```

「**所有者**」「**所有グループ**」「**その他のユーザ**」に「**実行**」（x）が許可されています。そのため、すべてのユーザが `ls` コマンドを実行できるわけです。

4-2-3　ディレクトリのパーミッション

次の表（**表 4-6**）にディレクトリのパーミッションの意味を示します。

表 4-6　ディレクトリのパーミッション

パーミッション	意味
読み出し（r）	ディレクトリの一覧を表示できる
書き込み（w）	ディレクトリの下にファイルを作成できる。ディレクトリの下のファイルを削除できる。ファイルの名前を変更できる
実行（x）	ディレクトリの下に移動できる

Linux システムでは、ディレクトリはファイルの一覧表が格納されている、特別なファイルとして扱います。「**読み出し**」（r）とはその一覧表を表示できること、「**書き込み**」（w）は一覧表を書き換えることができるというイメージになります。したがって、「**読み出し**」（r）が許可されていないと `ls` コ

マンドで一覧を表示できません。また、「**書き込み**」(w) が許可されていないと、ディレクトリの下にファイルを作成したり、ファイルを削除したり、名前を変更したりといったことはできません。

「**実行**」(x) が許可されていないと、そのディレクトリに進めない（移動できない）といったイメージで捉えてください。「**実行**」(x) が許可されていないと、`find` コマンドでその下を検索したり、`cd` コマンドで移動したりすることはできません。もちろん、`ls` コマンドでその一覧を表示したり、ファイルを作成したりすることもできません。

4-2-4 パーミッションを変更する

現在ファイルやディレクトリに設定されているパーミッションを変更するには `chmod` コマンドを使用します。

コマンド	chmod	パーミッションを設定する
書　式	chmod [オプション] パーミッション ファイルのパス	

`chmod` コマンドを実行できるのは、ファイルの所有者もしくはスーパーユーザだけです。

■ 記号によるパーミッションの設定

パーミッションの指定方法には、「`a+w`」といった記号、あるいは「666」といった3桁の数値による指定の2種類があります。まずは記号による指定方法について説明しましょう。

記号で設定する場合には、パーミッションを次のように表記します（表4-7、表4-8、表4-9）。

```
<ユーザ><オペレータ><アクセス権>
```

表4-7　ユーザ

記号	説明
a	すべて（ugoを指定したのと同じ）
u	所有者
g	所有グループ
o	その他のユーザ

表 4-8　オペレータ

記号	説明
+	アクセス権を加える
-	アクセス権を削除する
=	アクセス権を設定する

表 4-9　アクセス権

記号	説明
x	実行
r	読み出し
w	書き込み

所有者（u）と所有グループ（g）を同時に指定したい場合には「ug」のように複数の指定をつなげることができます。

オペレータの「+」は指定したユーザに対するアクセス権を加え、「-」は削除します。たとえば、「o+w」は「**その他のユーザ**」（o）の「**書き込み**」（w）を許可します。また、ユーザで「a」を指定すると、「u」（所有者）、「g」（所有グループ）、「o」（その他のユーザ）のすべてを指定したのと同じ意味になります。

■ パーミッションの変更例

次のようなパーミッション「rw-r--r--」のファイル「sample.txt」があるとします。所有者には読み書きが、そのほかには読み出しのみが許可されています。

```
$ ls -l sample.txt Enter
-rw-r--r--. 1 o2 o2 692241 10月 29 16:46 sample.txt
```

このファイルのパーミッションを変更する例を示します。

例 1　「その他のユーザ」に書き換えを許可する

```
$ chmod o+w sample.txt Enter
$ ls -l sample.txt Enter
-rw-r--rw-. 1 o2 o2 692241 10月 29 16:46 sample.txt
```

例 2 すべてのユーザに書き換えを許可しない（「ugo-w」と同じ）

```
$ chmod a-w sample.txt (Enter)
$ ls -l (Enter)
合計 680
-r--r--r--. 1 o2 o2 692241 10月 29 16:46 sample.txt
```

例 3 所有者とグループに書き換えを許可する

```
$ chmod ug+w sample.txt (Enter)
$ ls -l (Enter)
合計 680
-rw-rw-r--. 1 o2 o2 692241 10月 29 16:46 sample.txt
```

■ オペレータの「+」と「=」の相違

オペレータの「+」と「=」の相違に注意しましょう。「+」では、指定したユーザにあらかじめ許可されているパーミッションに加えて、新たにアクセス権を設定します。それに対して「=」では、指定したユーザのそれまでの設定がクリアされ、新たに指定したアクセス権だけが設定されます。

```
$ ls -l sample.txt (Enter)
-rw-r--r--. 1 o2 o2 692241 10月 29 16:46 sample.txt
$ chmod g+w sample.txt (Enter) ←「+」を使用して所有グループに書き込み権限を加える
$ ls -l sample.txt (Enter)
-rw-rw-r--. 1 o2 o2 692241 10月 29 16:46 sample.txt
$ chmod o=w sample.txt (Enter) ←「=」を使用してその他のユーザのパーミッションを「-w-」にする
$ ls -l sample.txt (Enter)
-rw-rw--w-. 1 o2 o2 692241 10月 29 16:46 sample.txt
```

■ 所有者のアクセス権限が優先される

注意点として、所有者のアクセス権の設定は、所有グループや「**その他のユーザ**」のアクセス権の設定より優先されます。たとえば、所有者（u）の「**読み出し**」（r）権限を削除した場合、たとえ、所有グループ（g）に対して「**読み出し**」が許可されていてもファイルを読み出すことはできません。

```
$ chmod u-r sample.txt (Enter) ←所有者の読み出し権限を削除
$ ls -l sample.txt (Enter)
--w-rw-r--. 1 o2 o2 692241 10月 29 16:46 sample.txt
$ cat sample.txt (Enter)
cat: sample.txt: 許可がありません    ←ファイルを表示できない
```

■「-R」オプションでディレクトリ以下のパーミッションを丸ごと設定する

指定したディレクトリ以下のパーミッションをすべて設定するには、chmod コマンドに「-R」オプションを指定して実行します。

たとえば、sample ディレクトリ以下のすべてのファイル/ディレクトリを任意のユーザに読み出し可にするには次のようにします。

```
$ chmod -R a+r sample/ Enter
```

4-2-5　3桁の数値でパーミッションを設定する

3桁の8進数でパーミッションを設定することもできます。それぞれの桁が「所有者」「所有グループ」「その他のユーザ」に対応します。

まず、「所有者」「所有グループ」「その他のユーザ」ごとに、「読み出し」(r)「書き込み」(w)「実行」(x) のアクセス権を、許可されていれば「1」、許可されていなければ「0」とします。つまりパーミッションは、全体で9ビットの2進数で表されていると考えることができます。

次に、ユーザ単位ごとの3ビットの2進数を8進数に変換し順につなげます。これでパーミッションを表す3桁の8進数ができあがります（図4-4）。

rw-	r--	r--	
110	100	100	←許可されていれば「1」 されていなければ「0」
6	4	4	← 2進数を8進数644 に変換

図4-4　8進数によるパーミッションの設定

たとえば、カレントディレクトリの下の sample.txt を、すべてのユーザに読み書きを許可するには「666」を指定します。

```
$ ls -l sample.txt Enter
-rw-r--r--. 1 o2 o2 692241 10月 29 16:46 sample.txt
$ chmod 666 sample.txt Enter
```

```
$ ls -l sample.txt Enter
-rw-rw-rw-. 1 o2 o2 692241 10月 29 16:46 sample.txt
```

4-2-6 新規ファイルのパーミッションについて

ユーザがファイルやディレクトリを作成したときのパーミッションは、「**マスク値**」と呼ばれる値によって決まります。

現在のマスク値はumaskコマンドを実行すると確認できます。

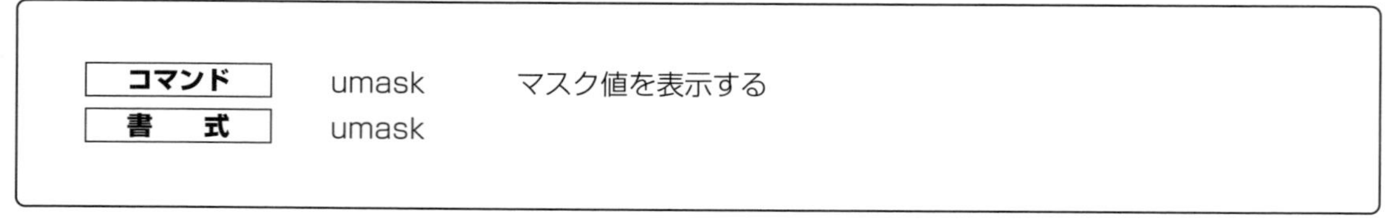

次に、一般ユーザでの実行結果を示します。

```
$ umask Enter
0002     ←現在のマスク値
```

上記のように、一般ユーザのマスク値は「0002」に設定されています。ファイルの場合「666」、ディレクトリの場合「777」を、マスク値の下3桁でマスクした値になります。具体的には、対応するマスク値のビットが「1」の部分は「0」となり、マスク値のビットが「0」の場合は元の値のままになります。

したがって、一般ユーザがファイルを作成すると、パーミッションは664（rw-rw-r--）となります。また、ディレクトリの場合は775（rwxrwxr-x）となります。

```
$ mkdir myDir Enter ←新規のディレクトリを作成
$ touch myFile.txt Enter ←新規のファイルを作成
$ ls -l Enter
合計 0
drwxrwxr-x. 2 o2 o2 6 10月 29 17:22 myDir
-rw-rw-r--. 1 o2 o2 0 10月 29 17:22 myFile.txt
```

CentOSでは、スーパーユーザのマスク値は「0022」です。スーパーユーザがファイルを作成するとパーミッションは644（rw-r--r--）ディレクトリを作成すると755（rwxr-xr-x）となります。

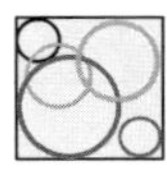

Column　ファイルの特殊フラグ

多少高度な話題としてファイルの特殊フラグについて説明しましょう。

ファイルのパーミッションは「所有者」「所有グループ」「その他のユーザ」それぞれの3ビットを合わせて合計で9ビットで表されると説明しましたが、実際にはその上に「suidビット」「sgidビット」「stickyビット」という3ビットの特殊なフラグを格納する領域があります。したがって、全体として12ビットで構成されます。この12ビット全体のことをファイルの「モード」と呼びます。

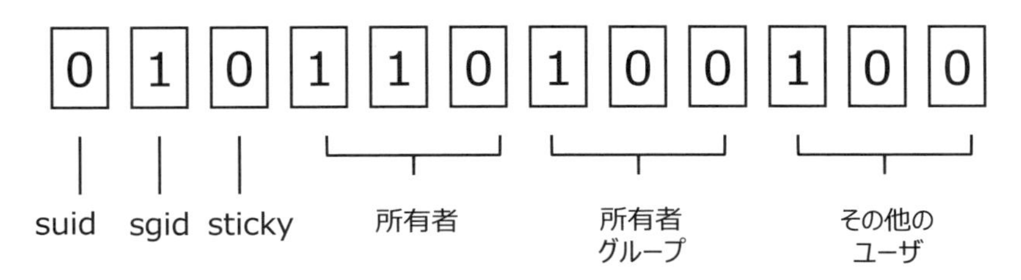

図4-5　ファイルのモード

たとえば、suidビットは、一般ユーザが実行する際に、スーパーユーザの権限が必要になるコマンドのためのものです。通常のコマンドを一般ユーザが実行すると、そのプロセスのユーザIDは実行したユーザのIDになるため、そのユーザに書き換えが許されていないファイルを変更することはできません。それに対して、suidビットが立っている（「1」になっている）コマンドを実行すると、プロセスの実効ユーザIDは、ファイルの所有者になります。したがって、ファイルの所有者がrootに設定されているコマンドにsuidビットを立てておけば、一般ユーザが実行した場合でもスーパーユーザにしか書き込みが許可されていないファイルを変更できるわけです。

suidビットの立っているファイルは「ls -l」コマンドの表示では所有者の「実行」部分の表示が「s」となります（実行許可がない場合には「S」）。たとえば、パスワードを変更するpasswdコマンドは、一般ユーザにアクセスが禁止されている/etc/shadowを書き換えるため、suidビットが立っています。

```
$ ls -l /usr/bin/passwd  Enter
-rwsr-xr-x. 1 root root 34928  5月 12 00:14 /usr/bin/passwd
   ↑
この部分が「s」になる
```

4-3 ディスクの管理とLVM

この節では、Linuxにおけるファイルシステムの概要とディスクの管理について説明します。また、LVM（Logical Volume Manager）による仮想パーティションの設定についても説明します。

4-3-1 デバイスファイルについて

Linuxでは、ハードディスクなどの周辺機器を「**デバイスファイル**」と呼ばれる特殊なファイルとして管理しています。ハードディスクの場合、システムに認識された順に/dev/sda、/dev/sdb、/dev/sdc、....といったデバイスファイルが用意されます。

次に、1台のハードディスク「/dev/sda」が搭載されているシステムに、ハードディスク全体を使用してCentOS 8をデフォルトの設定でインストールした場合の例を示します。

```
$ ls -l /dev/sd* Enter
brw-rw----. 1 root disk 8, 0 10月 25 14:38 /dev/sda
brw-rw----. 1 root disk 8, 1 10月 25 14:38 /dev/sda1
brw-rw----. 1 root disk 8, 2 10月 25 14:38 /dev/sda2
```

/dev/sdaはハードディスク全体のデバイスファイルです。ハードディスク内の区画のことを「**パーティション**」と呼びますが、ドライブは1つまたは複数のパーティションから構成されます。パーティションの名前はドライブ名のあとに、「1」から始まるパーティション番号を付けたものになります。/dev/sda1と/dev/sda2は/dev/sdaが2つのパーティションに分割されていることを示しています。

/dev/sda1はブートパーティション、/dev/sda2はCentOSがインストールされているルートパーティションのためのデバイスファイルです。

DVDやCDドライブのデバイスファイルは/dev/sr0ですが、/dev/cdromにシンボリックリンクが張られています。

```
$ ls -l /dev/cdrom Enter
lrwxrwxrwx. 1 root root 3 10 月 29 21:20 /dev/cdrom -> sr0
```

4-3-2 ファイルシステムの種類

それぞれのパーティションを使える状態にするためには、あらかじめフォーマットを行いパーティションの内部にファイルシステムを構築する必要があります。Linux で使用可能なファイルシステムのタイプにはいくつか種類があります。CentOS 6 以前のデフォルトのファイルシステムは ext4 でしたが、CentOS 7 以降では XFS に変更されました。

XFS はジャーナリング機能搭載した高速性とスケーラビリティに定評があるファイルシステムです。ファイルサイズ、ファイルシステムサイズともに 500TB をサポートします。なお、「**ジャーナリング**」とは、ハードディスク内のデータの更新履歴を記録しておくことで、システムが意図せず停止した場合などに、データの復旧を容易にするための機能です。

次の表（**表 4-10**）に Linux でサポートされている主なファイルシステムの種類をまとめておきます。

表 4-10　主なファイルシステムの種類

ファイルシステムのタイプ	説明
ext2	ext3 以前に使用されていた Linux の標準ファイルシステム
ext3	ジャーナリング機能を搭載した CentOS 4 以前の標準ファイルシステム。ext2 と互換性がある
ext4	ext3 を発展させたファイルシステム。CentOS では最大 16TB のファイルシステムサイズ（ファイルサイズも 16B）をサポート
reiserfs	ext3 と同じくジャーナリング機能を搭載した Linux 用ファイルシステム。ext2 とは互換性はない
JFS	Journaled File System の略で、IBM 用の商用 UNIX である AIX v3.1 から搭載されたジャーナリング・ファイルシステム。Linux ではカーネル 2.6 以降でサポートされた。ext2 とは互換性はない
XFS	シリコングラフィックス社が開発したジャーナリングファイルシステム。CentOS では最大 500TB のファイルシステムサイズ（ファイルサイズも 500TB）をサポート
vfat、ntfs	Windows 用のファイルシステム
hfs、hfsplus	Mac 用のファイルシステム
iso9660	CD-ROM 用のファイルシステム
udf	DVD-ROM 用のファイルシステム
nfs	UNIX 標準のネットワーク経由のファイル共有機能で使用されるファイルシステム

■ パーティションの容量とタイプを表示する

パーティションごとの容量やタイプなどの情報を表示するには df コマンドを使用します。

コマンド	df	パーティションの情報を表示する
書　式	df [オプション] [ファイルシステムのパス]	

このとき「-h」オプションを指定すると容量を G（ギガバイト）、M（メガバイト）といった単位付きで表示します。また、「-T」オプションを指定するとファイルシステムのタイプを表示します

```
$ df -Th Enter
ファイルシス          タイプ    サイズ  使用  残り 使用% マウント位置
devtmpfs             devtmpfs   3.8G     0  3.8G    0% /dev
tmpfs                tmpfs      3.8G     0  3.8G    0% /dev/shm
tmpfs                tmpfs      3.8G  363M  3.5G   10% /run
tmpfs                tmpfs      3.8G     0  3.8G    0% /sys/fs/cgroup
/dev/mapper/cl-root xfs         70G  9.3G   61G   14% /
/dev/sda1            ext4       976M  187M  723M   21% /boot
tmpfs                tmpfs      771M  4.6M  766M    1% /run/user/1000
tmpfs                tmpfs      771M   16K  771M    1% /run/user/42
/dev/sr0             iso9660    3.8G  3.8G     0  100% /run/media/o2/LIN201911
```

- /dev/mapper/cl-root

  「/」にマウントされるルートパーティションです。ファイルシステムのタイプが XFS に設定されています。また、後述する LVM による仮想パーティションに設定されています。

- /dev/sda1

  /boot にマウントされるブートパーティションです。ファイルシステムのタイプは「ext4」です。

- /dev/sr0

  CD もしくは DVD ドライブです。

なお、df コマンドの引数にはファイルシステムのパスを指定できます。たとえばルートパーティションのみの情報を表示するには次のようにします。

```
$ df -Th / Enter
ファイルシス          タイプ サイズ  使用  残り 使用% マウント位置
/dev/mapper/cl-root xfs       75G   15G   61G   20% /
```

タイプが devtmps と tmpfs は、メモリ上の一時的なファイルシステムです。

4-3-3 コマンドによるディスクのマウント

コマンドラインでリムーバルメディアやハードディスクのパーティションをマウントすることも可能です。それには mount コマンドを使用します。mount コマンドを実行できるのはスーパーユーザだけです。

コマンド	mount	デバイスをマウントする
書　式	mount [オプション] デバイスファイルのパス マウントポイントのパス	

ここでは、Windows の vfat ファイルシステムでフォーマットされた外付けハードディスクをマウントする例を示しましょう。

まず、ハードディスクを接続し、カーネルのメッセージを表示する dmesg コマンドでデバイス名を調べます（dmesg コマンドの実行にはスーパーユーザの権限が必要です）。

```
$ sudo dmesg Enter
～略～
[373057.520507] usb 2-1.2: New USB device strings: Mfr=10, Product=11, SerialNumber=5
[373057.520509] usb 2-1.2: Product: LaCie Device
[373057.520511] usb 2-1.2: Manufacturer: LaCie
[373057.520513] usb 2-1.2: SerialNumber: 6EEFFFFFFFFF
[373057.521347] usb-storage 2-1.2:1.0: USB Mass Storage device detected
[373057.523079] scsi host4: usb-storage 2-1.2:1.0
[373058.618217] scsi 4:0:0:0: Direct-Access     ST950032 5AS                  PQ: 0 ANSI: 2 CCS
[373058.618730] sd 4:0:0:0: Attached scsi generic sg2 type 0
[373058.619077] sd 4:0:0:0: [sdb] 976773168 512-byte logical blocks: (500 GB/466 GiB)
[373058.620079] sd 4:0:0:0: [sdb] Write Protect is off
[373058.620081] sd 4:0:0:0: [sdb] Mode Sense: 28 00 00 00
[373058.621079] sd 4:0:0:0: [sdb] No Caching mode page found
[373058.621082] sd 4:0:0:0: [sdb] Assuming drive cache: write through
[373058.926989]  sdb: sdb1 sdb2
[373058.930330] sd 4:0:0:0: [sdb] Attached SCSI disk
```

上記の例では外付けハードディスクが sdb と認識されています。

デスクトップで自動マウントされている場合にはあらかじめ右クリックすると表示されるメニューから「アンマウント」を選択してマウントを解除しておいてください。

続いて、必要に応じてマウントポイント（次の例では/media/ext1）を作成し、mount コマンドでマウントします。次の例では、vfat でフォーマットされた、sdb の最初のパーティション「/dev/sdb1」を/media/ext1 にマウントしています。

```
$ sudo mkdir /media/ext1 Enter
$ sudo mount -t vfat /dev/sdb1 /media/ext1/ Enter
```

ファイルシステムのタイプは通常自動認識されますが、上記の例では「-t ファイルシステム」オプションで明示的に指定しています。

ただし、vfat ファイルシステムにはパーミッションの仕組みはないため、Linux でマウントすると、所有者、所有グループはマウントしたユーザ（この場合には「root」）となります。所有者以外には書き込みは許可されていないため、「**その他のユーザ**」がファイルを変更することはできません

```
$ ls -l /media/ext1/ Enter
合計 544
drwxr-xr-x. 2 root root  32768 10月 30  2019  2019
-rwxr-xr-x. 1 root root 490770  7月  3 06:47 'My Song 17.m4a'
-rwxr-xr-x. 1 root root  13745  8月 29 08:01  Samples.md
```

■ ディスクのアンマウント

現在マウントされているファイルシステムをアンマウントするには umount コマンドを使用します。

引数にはデバイスファイルのパスではなく、マウント先のディレクトリを指定することに注意してください。

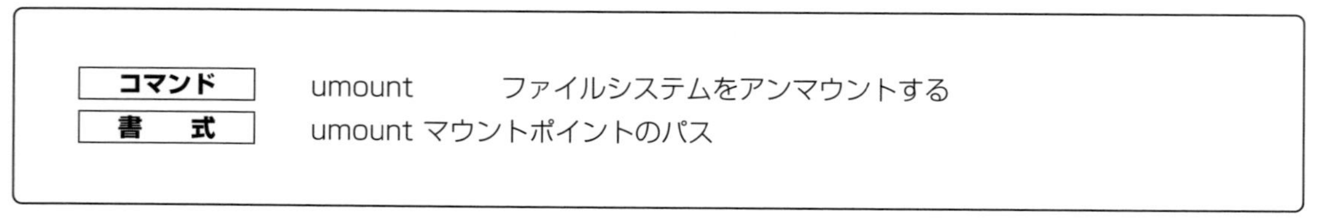

コマンド	umount　ファイルシステムをアンマウントする
書　式	umount マウントポイントのパス

前述の/media/ext1 にマウントされているハードディスクのパーティションをアンマウントするには、次のようにします。

```
$ sudo umount /media/ext1/ Enter
```

■ vfat パーティションをユーザ名、グループ名を指定してアンマウント

vfat パーティションをマウントする際に、mount コマンドに「-o uid=ユーザ名,gid=グループ名」オプションを指定すると、指定した所有者および所有グループでマウントすることもできます。たとえば、所有者「o2」、所有グループ「o2」でマウントするには、次のようにします。

```
$ sudo mount -t vfat -o uid=o2,gid=o2 /dev/sdb2 /media/ext1/ Enter
$ ls -l /media/ext1/ Enter
合計 544
drwxr-xr-x. 2 o2 o2  32768 10月 30  2019  2019
-rwxr-xr-x. 1 o2 o2 490770  7月  3 06:47 'My Song 17.m4a'
-rwxr-xr-x. 1 o2 o2  13745  8月 29 08:01  Samples.md
```

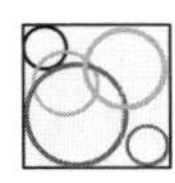

Column　現在オープンされているファイルを調べる

ハードディスクなどのデバイスをアンマウントする時点で、誰がファイルを開いている場合や、そのディレクトリをカレントディレクトリにしている場合などには、「〜 is busy」と表示されアンマウントできません。

```
$ sudo umount /media/ext1 Enter
umount: /media/ext1: target is busy
```

このような場合には、現在開かれているファイルのリストを表示する lsof コマンドの出力を確認すると、誰がどのようなプログラムを使用してデバイスを使用中なのかがわかります。

たとえば、/media/ext1 以下を使用中のプログラムを確認するには、lsof コマンドの出力をパイプ「|」を介して、「grep "/media/ext1"」に接続します。

```
$ sudo lsof | grep "/media/ext1" Enter
bash 5597 o2  cwd DIR 8,18  32768 1 /media/ext1
```

上記の例ではユーザ「o2」が/media/ext1 をカレントディレクトリにしています。

コマンド	lsof	現在オープンされているファイルを表示する
書　式	lsof	

■ マウントされているデバイスを確認する

現在マウントされているデバイスの一覧を表示するにはmountコマンドを引数なしで実行します。出力には物理的なハードディスクのパーティションだけでなく、procファイルシステムやtmpfsといった仮想的なファイルシステムも表示されます。次に、mountコマンドの結果から実際のファイルシステムのみ抽出した結果を示します。

```
$ mount Enter
/dev/mapper/cl-root on / type xfs (rw,relatime,seclabel,attr2,inode64,noquota)
/dev/sda1 on /boot type ext4 (rw,relatime,seclabel)
/dev/sdb1 on /media/ext1 type vfat (rw,relatime,uid=1000,gid=1000,fmask=0022,dmask=0022,
codepage=437,iocharset=ascii,shortname=mixed,errors=remount-ro)
```

4-3-4 マウントの設定を行う/etc/fstab

Linuxでは、デバイスファイルとマウントポイントの対応を/etc/fstabというファイルで管理しています。/etc/fstabに情報を登録しておくと、システムの起動時に自動マウントしたり、あるいはmountコマンドの引数にマウント先のディレクトリを指定するだけでマウントできるようになります。

/etc/fstabには、あらかじめルート「/」パーティションや、スワップパーティションなどが記述されています。次に/etc/fstabに記述された、ハードディスクのパーティションの設定部分を示します。

リスト4-3 /etc/fstab

```
/dev/mapper/cl-root      /                      xfs     defaults        0 0
UUID=ced99fa3-4900-4c7c-b7cd-72e22ec69bd8 /boot ext4    defaults        1 2
/dev/mapper/cl-swap      swap                   swap    defaults        0 0
```

各行は、順にルートパーティション、ブートパーティション、スワップパーティションです。ブートパーティションにはデバイスファイルの代わりにデバイスを識別するUUIDが指定されています。これは、デバイスの認識順によってデバイス名が変わってしまうのを防ぐためです。

■ /etc/fstabの書式

各行には次の書式で1行に1組ずつ設定を記述します。各フィールドの区切りはスペースもしくはタブになります。

```
デバイスファイル マウントポイント タイプ オプション ダンプ fsck
```

■ デバイスファイル

最初のフィールドには、どのデバイスをマウントするかを指定します。これは/dev/sda1のように、デバイスファイルのパスで指定する方法のほかに、「ラベル」と呼ばれる名前でも指定できます。なお、この例ではルートパーティションとスワップパーティションのデバイス名が/dev/mapper/cl-root、/dev/mapper/cl-swapのように記述されていますが、これは「LVMによる仮想パーティション」（168ページ参照）で説明するLVMの仮想パーティションです。

■ マウントポイント

デフォルトのマウント先のディレクトリを指定します。スワップパーティションの場合は「swap」となります。

■ タイプ

ファイルシステムのタイプを指定します。なお、「auto」を指定すると自動認識を試みます。

■ オプション

マウント時のオプションを指定します。複数指定する場合にはカンマ「,」で区切ります。次の表（表4-11）に主なオプションを示します。

表4-11　マウント時の主なオプション

オプション	説明
rw	読み書き可でマウントする
ro	リードオンリーでマウントする
auto	システムの起動時に自動的にマウントする
nouser	マウントするにはスーパーユーザの権限が必要
user	一般ユーザにマウントを許可する
pamconsole	テキストログインあるいはグラフィカルログイン画面からログインしたユーザのみにマウントを許可する
owner	デバイスファイルの所有者のみにマウントを許可する
noauto	システムの起動時に自動的にマウントしない
uid=ユーザID	Windowsのファイルシステムをマウントする際にファイルの所有者を指定する
gid=グループID	Windowsのファイルシステムをマウントする際にファイルの所有グループを指定する
defaults	rw、auto、nouser、suid、dev、exec、asyncを指定したのと同じ

async	入出力を非同期モードに行う
sync	入出力を同期モードで行う
exec	コマンドの実行を許可する
dev	デバイスファイルを利用できるようにする
suid	suid ビット、sguid ビットを有効にする
locale=ロケール	Windows ファイルシステムでロケールを設定する （例）locale=ja_JP.UTF-8

■ ダンプ

dump プログラム（ファイルのバックアップを行うプログラム）を使用している場合に、その実行対象にするかどうかの指定です。「1」でバックアップを実行、「0」では実行しません。

■ fsck

fsck はファイルシステムのチェックを行うプログラムです。このフィールドではシステム起動時の fsck の実行順序を指定します。

4-3-5　ハードディスクを追加する

続いて、システムに新たにハードディスクのパーティションを追加する方法について説明しましょう。ここでは Linux 用のパーティションを作成して XFS でフォーマットする手順を示します。

（1） fdisk コマンドでパーティションを作成する
（2）パーティションをフォーマットする
（3） /etc/fstab に登録する

■ fdisk コマンドでパーティションを作成する

パーティションの作成には fdisk コマンドを使用します。

コマンド	fdisk	パーティションを作成する
書　式	fdisk デバイスファイルのパス	

システムに/dev/sdbとして認識されているハードディスクにLinux用パーティションを作成する例を示します。

```
$ sudo fdisk /dev/sdb Enter

fdisk (util-linux 2.32.1) へようこそ。
ここで設定した内容は、書き込みコマンドを実行するまでメモリのみに保持されます。
書き込みコマンドを使用する際は、注意して実行してください。
コマンド (m でヘルプ): ←プロンプトが表示される
```

■ fdiskにコマンドを入力する

これでfdiskが起動し、プロンプトに続いてコマンドを入力できる状態になります。次の表（**表4-12**）にfdiskで使用可能な基本的なコマンドをまとめておきます。

表4-12　fdiskで使用可能な基本的なコマンド

コマンド	説明
m	ヘルプを表示する
d	パーティションを削除する
p	現在設定されているパーティションを確認する
n	新しいパーティションを作成する
t	パーティションのシステムIDを設定する
w	ディスクにパーティションテーブルを書き込む

なお、パーティションにはファイルシステムの種類を示すシステムIDを設定する必要がありますが、パーティションを作成した段階ではLinuxパーティション「83」に設定されますので、「t」コマンドで設定する必要はありません。

fdiskで新規のパーティションを作成する流れは、次のようになります。

(1) 不要なパーティションがあれば「d」コマンドで削除する
(2) 「n」コマンドでパーティションを作成する
(3) 「w」コマンドで変更をディスクに保存する

このとき、適宜「p」コマンドでパーティションを確認するとよいでしょう。ここでは/dev/sdb全体を使って1つのパーティションを作成する例を示します。

```
コマンド (m でヘルプ): p Enter ←パーティションを確認
```

```
ディスク /dev/sdb: 465.8 GiB, 500107862016 バイト, 976773168 セクタ
単位: セクタ (1 * 512 = 512 バイト)
セクタサイズ (論理 / 物理): 512 バイト / 512 バイト
I/O サイズ (最小 / 推奨): 512 バイト / 512 バイト
ディスクラベルのタイプ: gpt
ディスク識別子: 4394B6C3-C988-46FE-AD72-91EA9B12DF96

デバイス    開始位置  終了位置    セクタ サイズ タイプ
/dev/sdb1      2048 976773134 976771087 465.8G Linux ファイルシステム

コマンド (m でヘルプ): d 1 Enter ←いったんパーティションを削除
パーティション 1 を選択
パーティション 1 を削除しました。

コマンド (m でヘルプ): n Enter ←パーティションを作成
パーティション番号 (1-128, 既定値 1): Enter】
最初のセクタ (34-976773134, 既定値 2048): Enter】
最終セクタ, +セクタ番号 または +サイズ{K,M,G,T,P} (2048-976773134, 既定値 976773134): Enter

新しいパーティション 1 をタイプ Linux filesystem 、サイズ 465.8 GiB で作成しました。

コマンド (m でヘルプ): p Enter ←パーティションを確認
ディスク /dev/sdb: 465.8 GiB, 500107862016 バイト, 976773168 セクタ
単位: セクタ (1 * 512 = 512 バイト)
セクタサイズ (論理 / 物理): 512 バイト / 512 バイト
I/O サイズ (最小 / 推奨): 512 バイト / 512 バイト
ディスクラベルのタイプ: gpt
ディスク識別子: 4394B6C3-C988-46FE-AD72-91EA9B12DF96

デバイス    開始位置  終了位置    セクタ サイズ タイプ
/dev/sdb1      2048 976773134 976771087 465.8G Linux ファイルシステム

コマンド (m でヘルプ): w Enter ←「w」コマンドで書き込む
パーティション情報が変更されました。
ioctl() を呼び出してパーティション情報を再読み込みします。
ディスクを同期しています。
```

以上で、Linux用のパーティションが/dev/sdb1として作成されました

■ パーティションをXFSでフォーマットする

fdisk コマンドでパーティションを作成したら、次に mkfs コマンドを使用して、XFS ファイルシステムでフォーマットします。

コマンド	mkfs	パーティションをフォーマットする
書　式	mkfs -t タイプ デバイスファイルのパス	

XFS ファイルシステムを作成するには「-t xfs」オプションを指定します。

> ext4 ファイルシステムを作成するには「-t ext4」オプションを指定します。

```
$ sudo mkfs -t xfs /dev/sdb1 Enter
meta-data=/dev/sdb1              isize=512    agcount=4, agsize=30524097 blks
         =                       sectsz=512   attr=2, projid32bit=1
         =                       crc=1        finobt=1, sparse=1, rmapbt=0
         =                       reflink=1
data     =                       bsize=4096   blocks=122096385, imaxpct=25
         =                       sunit=0      swidth=0 blks
naming   =version 2              bsize=4096   ascii-ci=0, ftype=1
log      =internal log           bsize=4096   blocks=59617, version=2
         =                       sectsz=512   sunit=0 blks, lazy-count=1
realtime =none                   extsz=4096   blocks=0, rtextents=0
```

■ マウントポイントを作成しマウントする

フォーマットが完了したら、マウントポイントのディレクトリ（次の例では/mnt/ext1）を作成し、とりあえず mount コマンドでマウントしてみます。

```
$ sudo mkdir /mnt/ext1 Enter ←マウントポイントを作成
$ sudo mount /dev/sdb1 /mnt/ext1 Enter ←マウントを実行
```

■ /etc/fstab に登録する

続いて、/etc/fstab に登録しシステムの起動時に自動マウントするようにします。このとき、デバイスファイルは/dev/sdb1 のようなデバイスファイルではなく、UUID と呼ばれるデバイスごとに固有の ID 指定したほうがよいでしょう。システムの起動時にデバイスが認識される順番によってはデバイス名が変化してしまう可能性があるためです。

デバイスの UUID 調べるには、blkid コマンドに引数にデバイスファイルを指定して実行します。

```
$ sudo blkid /dev/sdb1 Enter
/dev/sdb1: UUID="25aafa18-f809-404b-b376-549003fa0d87" TYPE="xfs" PARTUUID="034c9069-e8c5
-6742-96ba-6db681e6c8f6"
```

UUID をもとに、/etc/fstab に登録します。オプションとして「defaults」を指定すればよいでしょう。また、ダンプは「1」に、fsck の実行順序は「2」にします。

リスト 4-4 /etc/fstab に追加する行

```
UUID=25aafa18-f809-404b-b376-549003fa0d87 /mnt/ext1 xfs defaults 1 2
```

なお、デスクトップ環境では、外付けハードディスクなどは/etc/fstab にエントリを追加しなくても、自動マウントされます。

4-3-6 LVM による仮想パーティション

CentOS のデフォルトでは、ルートパーティションはLVM による仮想パーティションとして設定されています。LVM（Logical Volume Manager）*1は、1 つまたは複数の物理パーティションから構成される仮想的なパーティションを利用することによって、柔軟なディスク領域の管理を実現する仕組みです。

通常のディスク管理では、ディスク領域を使い切ってしまった場合の対応が面倒です。その場合、現在のディスクより容量の大きなディスクを追加して、データをすべて移し直す必要があります。それに対して LVM の仮想パーティションを利用していれば、新たに追加したディスクのパーティションを、使用中の仮想パーティションに加えるといったことが可能です。

■ LVM の構造

LVM は次の 3 つのレイヤーから構成されています（表 4-13）。

表 4-13 LVM のレイヤー

レイヤー	説明
LV（Logical Volume：論理ボリューム）	仮想パーティションのレイヤー
VG（Volume Group：ボリュームグループ）	PV をまとめて管理するレイヤー
PV（Physica Volume：物理ボリューム）	実際のハードディスクのパーティションを管理するレイヤー

最下位のレイヤーである PV は「/dev/sda3」といった物理的なパーティションです。複数の PV をまとめて VG を構成します。これが仮想的なハードディスクのイメージになります。その中から、仮想パーティションである LV を作成します。なお、LVM では PE（Physical Extents）という単位で領域を管理しています（図 4-6）。そのため、LV の領域確保、拡大縮小は PE のサイズ単位で行われます

＊1 Logical Volume Manager
http://sources.redhat.com/lvm2/

(CentOS の自動パーティション設定では PE のサイズは 32M バイトに設定されています)。

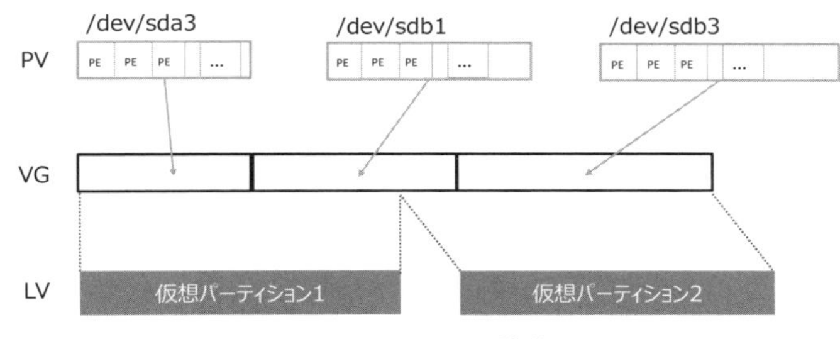

図 4-6 LVM の構造

CentOS では、インストール時に「**自動パーティション設定**」を選択すると、ルートパーティションが「`/dev/mapper/cl-root`」、スワップパーティションが「`/dev/mapper/cl-swap`」というデバイスファイルとしてアクセス可能な LV となります。これは、ディスクの管理情報が格納されている/etc/fstab を見ると確認できます。

リスト 4-5 /etc/fstab

```
/dev/mapper/cl-root     /                                xfs     defaults        0 0
UUID=ced99fa3-4900-4c7c-b7cd-72e22ec69bd8 /boot ext4     defaults        1 2
/dev/mapper/cl-swap     swap                             swap    defaults        0 0
```

なお、/dev/mapper/cl-root、/dev/mapper/cl-swap は、それぞれ/dev/dm-0、/dev/dm-1 にシンボリックリンクが張られています

```
$ ls -l /dev/mapper/cl-* Enter
lrwxrwxrwx. 1 root root 7 10月 30 12:54 /dev/mapper/cl-root -> ../dm-0
lrwxrwxrwx. 1 root root 7 10月 30 12:54 /dev/mapper/cl-swap -> ../dm-1
```

また、/dev/cl/root、/dev/cl/swap も、それぞれ/dev/dm-0、/dev/dm-1 にシンボリックリンクが張られています

```
$ ls -l  /dev/cl/* Enter
lrwxrwxrwx. 1 root root 7 10月 30 12:54 /dev/cl/root -> ../dm-0
lrwxrwxrwx. 1 root root 7 10月 30 12:54 /dev/cl/swap -> ../dm-1
```

/etc/fstab を見ると「`/boot`」にマウントされるブートパーティションは LVM の仮想パーティションになっていないことに注目してください。仮想パーティションはカーネルによって読み込まれるため、

カーネルが認識される前に実行されるブートローダはLVMを認識できないからです。

■ LVを確認する

LVの状態を確認するコマンドがlvscanです。

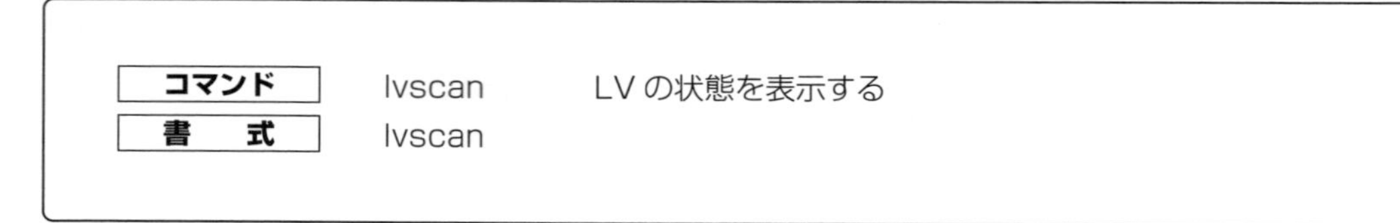

コマンド	lvscan	LVの状態を表示する
書　式	lvscan	

次に実行結果を示します。

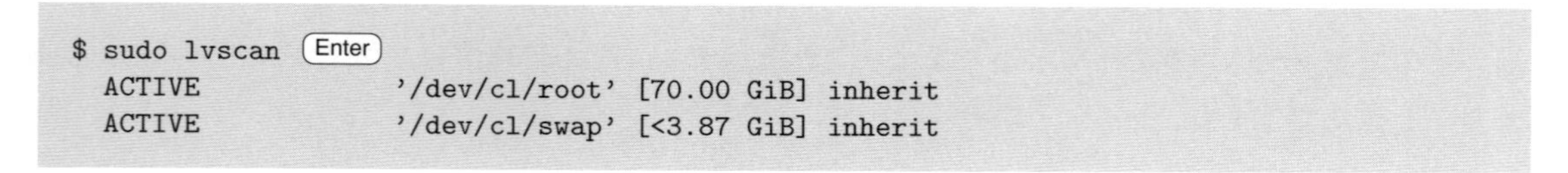

```
$ sudo lvscan Enter
  ACTIVE            '/dev/cl/root' [70.00 GiB] inherit
  ACTIVE            '/dev/cl/swap' [<3.87 GiB] inherit
```

■ 仮想パーティションのサイズを拡張する

LVMを使用する一番のメリットは、新たにハードディスクを追加して、残り少なくなった仮想パーティションを拡張できる点です。もちろん、この操作は仮想パーティションをマウントしたままの状態で行えます。次に基本的な手順を示します。

(1) 追加したパーティションのシステムIDを「8e」に変更する
(2) PVを作成する
(3) 作成したPVをVGに追加する
(4) LVを拡張する
(5) LV内のファイルシステムを拡張する

ここではXFSファイルシステムでフォーマットされている物理パーティション「/dev/sda3」を使用してLV「/dev/cl/root」を拡張する例を示します。

(1) 追加したパーティションのシステムIDを「8e」に変更する

まず、fdiskコマンドで、パーティション/dev/sda3のシステムIDを「8e」に変更します。

```
$ sudo fdisk /dev/sda Enter
```

```
コマンド (m でヘルプ): p Enter
ディスク /dev/sda: 223.6 GiB, 240057409536 バイト, 468862128 セクタ
～略～

デバイス     起動  開始位置   終了位置     セクタ サイズ Id タイプ
/dev/sda1   *         2048   2099199    2097152     1G 83 Linux
/dev/sda2          2099200 157018111 154918912  73.9G 8e Linux LVM
/dev/sda3        157018112 324790271 167772160    80G 83 Linux    ←現在は Linux パーティション

コマンド (m でヘルプ): t Enter ←「t」コマンドでタイプを変更
パーティション番号 (1-3, 既定値 3): 3 Enter ←3番目のパーティションを洗濯
16 進数コード (L で利用可能なコードを一覧表示します): 8e Enter ←Linux LVM の「8e」を指定

パーティションのタイプを 'Linux' から 'Linux LVM' に変更しました。
コマンド (m でヘルプ): w Enter ←「w」で書き込み
パーティション情報が変更されました。
ディスクを同期しています。
```

(2) PV を作成する

PV の作成には pvcreate コマンドを使用します。

コマンド	pvcreate	PV を作成する
書　式	pvcreate デバイスファイル	

次に/dev/sda3 に PV を作成する例を示します。

```
$ sudo pvcreate /dev/sda3 Enter
  Physical volume "/dev/sda3" successfully created.
```

(3) 作成した PV を VG に追加する

作成した PV を既存の VG へ追加するには、vgextend コマンドを使用します。

コマンド	vgextend	PV を VG に追加する
書　式	vgextend VG PV	

現在システムに認識されている VG は vgscan コマンドで確認できます。

```
$ sudo vgscan Enter
  Reading all physical volumes.  This may take a while...
  Found volume group "cl" using metadata type lvm2
```

上記の結果からVGとして「cl」が存在することがわかります。

次に（2）で作成したPV「/dev/sda3」をVG「cl」に追加する例を示します。

```
$ sudo vgextend cl /dev/sda3 Enter      ←/dev/sda3 を「cl」に追加する
  Volume group "cl" successfully extended
```

VGの詳細な状態はvgdisplayコマンドに「-v」オプションを指定して実行することで確認できます。

```
$ sudo vgdisplay -v cl Enter
  --- Volume group ---
  VG Name               cl  ←VG名
  System ID
  Format                lvm2    ←フォーマットはLVMバージョン2
  Metadata Areas        2
  Metadata Sequence No  4
  VG Access             read/write
  VG Status             resizable
  MAX LV                0
  Cur LV                2
  Open LV               2
  Max PV                0
  Cur PV                2
  Act PV                2
  VG Size               153.86 GiB  ←VGのサイズ
  PE Size               4.00 MiB    ←PEのサイズ
  Total PE              39389   ←PEの総数
  Alloc PE / Size       18910 / <73.87 GiB  ←使用中のPEの数
  Free  PE / Size       20479 / <80.00 GiB  ←未使用のPEの数
  VG UUID               1Y4v17-f3EY-8Ajn-yXbw-C82W-OsgG-9XXOxp

  --- Logical volume ---
  LV Path                /dev/cl/root   ←ルート「/」パーティション
  LV Name                root
  VG Name                cl
  LV UUID                6TEQUO-XOd9-Qasi-o04j-c3aJ-qm32-FXfQu9
  LV Write Access        read/write
  LV Creation host, time localhost, 2019-10-04 13:54:45 +0900
  LV Status              available
  # open                 1
  LV Size                70.00 GiB
  Current LE             17920
  Segments               1
```

```
Allocation              inherit
Read ahead sectors      auto
- currently set to      8192
Block device            253:0

--- Logical volume ---
LV Path                 /dev/cl/swap    ←スワップパーティション
LV Name                 swap
VG Name                 cl
LV UUID                 xThJSK-wwuW-Q4Ax-c9s0-aay5-VDsG-3NVvg5
LV Write Access         read/write
LV Creation host, time localhost, 2019-10-04 13:54:48 +0900
LV Status               available
# open                  2
LV Size                 <3.87 GiB
Current LE              990
Segments                1
Allocation              inherit
Read ahead sectors      auto
- currently set to      8192
Block device            253:1

--- Physical volumes ---
PV Name               /dev/sda2
PV UUID               MYUnly-hyJq-I07L-eDZz-iAu2-0VLP-k9p3Gd
PV Status             allocatable
Total PE / Free PE    18910 / 0

PV Name               /dev/sda3
PV UUID               NFhdrC-Djg4-LMFN-6oGU-nLVv-7Ka3-FeKZsA
PV Status             allocatable
Total PE / Free PE    20479 / 20479
```

(4) LV を拡張する

ここまでの手順で VG「cl」内で使用可能な PE が増えました。次に、lvextend コマンドを使用して LV を拡張します。

コマンド	lvextend　　LV を拡張する
書　式	lvextend -L サイズ LV

サイズには M（メガバイト）、G（ギガバイト）、T（テラバイト）といった単位が指定できます。単位を省略した場合にはメガバイトと認識されます。また、拡張後のサイズを指定するほかに、「+10G」

（10G増やす）といった指定も可能です）。

指定したLVの詳細な情報はlvdisplayコマンドで確認できます。次に、LV「/dev/cl/root」を5Gバイト拡張する例を示します。

まず、pvscanコマンドで現在のPVの容量を確認します。

```
$ sudo pvscan Enter
  PV /dev/sda2   VG cl             lvm2 [<73.87 GiB / 0    free]
  PV /dev/sda3   VG cl             lvm2 [<80.00 GiB / <80.00 GiB free]
  Total: 2 [153.86 GiB] / in use: 2 [153.86 GiB] / in no VG: 0 [0   ]
```

また、lvscanコマンドでLVを確認します

```
$ sudo lvscan Enter
  ACTIVE            '/dev/cl/root' [70.00 GiB] inherit
  ACTIVE            '/dev/cl/swap' [<3.87 GiB] inherit
```

次に、lvextendコマンドを実行します。次の例では5Gバイト拡張しています。

```
$ sudo lvextend -L +5G /dev/cl/root Enter
  Size of logical volume cl/root changed from 70.00 GiB (17920 extents) to 75.00 GiB (192
00 extents).
  Logical volume cl/root successfully resized.
```

lvdisplayコマンドで拡張されたLVの状態を確認しましょう。

```
$ sudo lvdisplay Enter
  --- Logical volume ---
  LV Path                /dev/cl/root
  LV Name                root
  VG Name                cl
  LV UUID                6TEQU0-X0d9-Qasi-o04j-c3aJ-qm32-FXfQu9
  LV Write Access        read/write
  LV Creation host, time localhost, 2019-10-04 13:54:45 +0900
  LV Status              available
  # open                 1
  LV Size                75.00 GiB  ←5Gバイト増えた
  Current LE             19200
  Segments               2
  Allocation             inherit
  Read ahead sectors     auto
  - currently set to     8192
  Block device           253:0

  --- Logical volume ---
```

```
  LV Path                /dev/cl/swap
  LV Name                swap
  VG Name                cl
  LV UUID                xThJSK-wwuW-Q4Ax-c9s0-aay5-VDsG-3NVvg5
  LV Write Access        read/write
  LV Creation host, time localhost, 2019-10-04 13:54:48 +0900
  LV Status              available
  # open                 2
  LV Size                <3.87 GiB
  Current LE             990
  Segments               1
  Allocation             inherit
  Read ahead sectors     auto
  - currently set to     8192
  Block device           253:1
```

(5) LV 内のファイルシステムを拡張する

lvextend コマンドで LV が拡張されましたが、この時点ではファイルシステム自体はそのままです。

```
$ df -Th / Enter
ファイルシス           タイプ サイズ  使用  残り 使用% マウント位置
/dev/mapper/cl-root xfs       70G  9.2G   61G   14% /   ←現在のサイズは 70G バイト
```

ファイルシステムの拡張方法は、ファイルシステムの種類によって異なります。CentOS 標準の XFS ファイルシステムの場合、xfs_growfs コマンドを使用することでマウントしたままのオンラインリサイズが可能です。

コマンド	xfs_growfs	XFS ファイルシステムをリサイズする
書　式	xfs_growfs [オプション] マウントポイント	

ルートパーティションを拡張するには、引数に「/」を指定して次のようにします。

```
$ sudo xfs_growfs / Enter
meta-data=/dev/mapper/cl-root    isize=512    agcount=4, agsize=4587520 blks
         =                       sectsz=512   attr=2, projid32bit=1
         =                       crc=1        finobt=1, sparse=1, rmapbt=0
         =                       reflink=1
data     =                       bsize=4096   blocks=18350080, imaxpct=25
         =                       sunit=0      swidth=0 blks
naming   =version 2              bsize=4096   ascii-ci=0, ftype=1
```

```
log      =internal log          bsize=4096   blocks=8960, version=2
         =                      sectsz=512   sunit=0 blks, lazy-count=1
realtime =none                  extsz=4096   blocks=0, rtextents=0
data blocks changed from 18350080 to 19660800
$ df -Th / Enter ←df コマンドで確認
ファイルシス          タイプ サイズ  使用  残り 使用% マウント位置
/dev/mapper/cl-root xfs      75G  9.3G   66G   13% /    ←現在 75G に変更された
```

4-4 パッケージ管理とソフトウェアのインストール

初期の Linux で、はソフトウェアは自分でコンパイルしてインストールするというのが一般的でしたが、最近ではコンパイル済みのオブジェクトや設定ファイルをまとめたソフトウェアパッケージが普及し、だれでも簡単にインストールできます。しかし、最新バージョンをインストールしようと思えば、やはりソースコードからコンパイルが必要なこともあります。そのため、この節ではソフトウェアパッケージの管理についてだけでなく、自分でコンパイルしてインストールする方法についても説明します。

4-4-1 RPM パッケージについて

CentOS では、ソフトウェアのパッケージ形式に RPM（Red Hat Package Manager）形式を採用しています。RPM パッケージは Red Hat Linux（現 Red Hat Enterprise Linux）で開発されたパッケージ形式です。RHEL や CentOS だけでなく、SUSE Linux や Vine Linux などのいわゆる Red Hat 系ディストリビューションで採用されています。

RPM パッケージは、「**バイナリパッケージ**」と「**ソースパッケージ**」の 2 種類に大別されます。

■ バイナリパッケージ

バイナリパッケージは、コンパイル済みのパッケージです。簡単にインストールして使用できます。単に RPM パッケージといった場合にはバイナリパッケージを指します。

ファイル名は次のような形式になります。

```
パッケージ名-バージョン番号-リリース番号.アーキテクチャ.rpm
```

「**バージョン番号**」はそのソフトウェア自体のバージョン、「**リリース番号**」は RPM パッケージのリリース番号になります。たとえば、treeコマンドの、x86 64ビット用のバイナリパッケージのファイル名は次のようになります。

```
tree-1.7.0-15.el8.x86_64.rpm
```

また、フォントやスクリプトなど、使用しているCPUに依存しないパッケージの場合、ファイル名の「**アーキテクチャ**」の部分は「noarch」となります。たとえば、GNUプロジェクトによるフリーの等幅フォントのパッケージ名は、次のようになります。

```
gnu-free-mono-fonts-20120503-18.el8.noarch.rpm
```

■ ソースパッケージ

ソースパッケージは、ソースファイル一式とパッチファイル、さらに「**スペックファイル**」と呼ばれるバイナリパッケージを作成するための手順書をまとめたものです。ソースパッケージは、いわばバイナリパッケージを作成するための前段階のパッケージです。たとえば、ライブラリの相違などによってバイナリパッケージがうまく動作しないといった場合には、ソースパッケージからバイナリパッケージを作り直すことで対応できるケースがあります。また、同じソースパッケージから、異なるアーキテクチャ用のバイナリパッケージを作成することも可能です。

ソースパッケージの名前は、前述のバイナリパッケージ名の「**アーキテクチャ**」部分が「src」になります。

```
パッケージ名-バージョン番号-リリース番号.src.rpm
```

たとえば、treeコマンドのソースパッケージ名は、次のようになります

```
tree-1.7.0-15.el8.src.rpm
```

4-4-2 rpmコマンドによるRPMパッケージの操作

RPMパッケージのインストール、削除、確認などの操作を行うにはrpmコマンドを使用します。ここでは、rpmコマンドの基本操作について説明しましょう。

■ rpm コマンドを使用したパッケージ情報の確認

rpm コマンドはさまざまな目的で使用できますが、まずはパッケージの情報を表示する方法について説明しましょう。それには、rpm コマンドの「-q」オプションと、そのほかのオプションを組み合わせて指定します。

たとえば、現在システムにインストール済みの全バイナリパッケージの一覧を表示するには、rpm コマンドに「-qa」オプションを指定して実行します。

コマンド	rpm	すべてのパッケージ名を表示する
書　式	rpm -qa	

```
$ rpm -qa Enter
numad-0.5-26.20150602git.el8.x86_64
iso-codes-3.79-2.el8.noarch
initial-setup-0.3.62.1-1.el8.x86_64
pulseaudio-libs-glib2-11.1-22.el8.x86_64
iwl7260-firmware-25.30.13.0-92.el8.1.noarch
liberation-fonts-common-2.00.3-4.el8.noarch
～略～
```

あるパッケージがインストールされているかを調べるには、結果を grep コマンドで絞り込むとよいでしょう。たとえば、安全なリモートログインを実現する SSH（Chapter 8「SSH で安全なリモートログイン」参照）に関するパッケージの一覧を表示するには次のようにします。

```
$ rpm -qa | grep -i ssh Enter
openssh-clients-7.8p1-4.el8.x86_64
libssh-0.8.5-2.el8.x86_64
qemu-kvm-block-ssh-2.12.0-65.module_el8.0.0+189+f9babebb.5.x86_64
openssh-7.8p1-4.el8.x86_64
openssh-server-7.8p1-4.el8.x86_64
libssh2-1.8.0-8.module_el8.0.0+189+f9babebb.1.x86_64
```

■ パッケージに関する情報を表示する

インストール済みのパッケージに関する情報を表示したい場合には、「-qi」オプションを指定します。

コマンド	rpm　　　パッケージの情報を表示する
書　式	rpm -qi パッケージ名

パッケージ名のバージョンやリリース番号は省略可能です。たとえば、samba パッケージの情報を表示するには次のようにします。

```
$ rpm -qi samba Enter
Name        : samba
Epoch       : 0
Version     : 4.9.1
Release     : 8.el8
Architecture: x86_64
Install Date: 2019年10月05日 22時30分00秒
Group       : Unspecified
Size        : 2126637
License     : GPLv3+ and LGPLv3+
Signature   : RSA/SHA256, 2019年07月02日 10時26分17秒, Key ID 05b555b38483c65d
Source RPM  : samba-4.9.1-8.el8.src.rpm
Build Date  : 2019年05月12日 00時40分55秒
Build Host  : x86-01.mbox.centos.org
Relocations : (not relocatable)
Packager    : CentOS Buildsys <bugs@centos.org>
Vendor      : CentOS
URL         : http://www.samba.org/
Summary     : Server and Client software to interoperate with Windows machines
Description :
Samba is the standard Windows interoperability suite of programs for Linux and
Unix.
```

■ パッケージによってどんなファイルがインストールされたかを調べる

パッケージに含まれるファイルの一覧を確認したい場合には、「-ql パッケージ名」オプションを指定します。

コマンド	rpm　　　インストールされるファイルのパスを調べる
書　式	rpm -ql パッケージ名

次に、samba パッケージによってインストールされるファイルの一覧を表示する例を示します。

```
$ rpm -ql samba Enter
/etc/openldap/schema
/etc/openldap/schema/samba.schema
/etc/pam.d/samba
/usr/bin/smbstatus
～略～
```

■ バイナリパッケージをインストールする

続いてrpmコマンドでバイナリパッケージをインストールする方法について説明しましょう。なお、rpmコマンドでは「**パッケージAをインストールするためにはパッケージBが必要**」といった依存関係がある場合、自分で依存関係を解決してインストールする必要があります。そのため、インターネットに接続している環境では、依存関係を考慮して必要なパッケージをすべてインストールしてくれるdnfコマンド（182ページ参照）を使用したほうがよいでしょう。

バイナリパッケージをインストールするには、「**-ivh パッケージのパス**」オプションを指定して実行します。

コマンド	rpm　　パッケージをインストールする
書　式	rpm -ivh パッケージのパス

インストール済みのパッケージをアップデートする場合には「**-Uvh パッケージのパス**」オプションを指定します。

コマンド	rpm　　パッケージをアップデートする
書　式	rpm -Uvh パッケージのパス

なお、パッケージのインストール/アップデート/削除をrpmコマンドで実行する場合には、スーパーユーザの権限が必要になります。

バイナリパッケージは、CentOSのインストールメディアの「BaseOS/Packages」ディレクトリに用意されています。インストールメディアが「run/media/o2/CentOS-8-BaseOS-x86_64」にマウントされているとして、高機能シェルとして人気の「zsh」（http://www.zsh.org/）のパッケージをインストールする例を示します。

```
$ cd /run/media/o2/CentOS-8-BaseOS-x86_64/BaseOS/Packages/ Enter
$ sudo  rpm -ivh zsh-5.5.1-6.el8.x86_64.rpm Enter
Verifying...                          ################################# [100%]
準備しています...                     ################################# [100%]
更新中 / インストール中...
   1:zsh-5.5.1-6.el8                  ################################# [100%]
```

■ パッケージを削除する

インストール済みのパッケージを削除するには「-e」オプションを指定して実行します。

コマンド	rpm	パッケージを削除する
書　式	rpm -e パッケージ名	

たとえば、zsh のパッケージを削除するには、次のようにします。

```
$ sudo  rpm -e zsh Enter
```

削除しようとしているパッケージが別のパッケージから依存されている場合には、「依存性の欠如」というエラーが表示され削除できません。

4-4-3　dnf によるパッケージの管理

rpm コマンドを使用したパッケージのインストールでは、最新のパッケージをインストールしたい場合に、自分で検索して、それを手動でダウンロードしてインストールする必要があります。またパッケージに依存関係があるとインストールも面倒です。

続いて、より柔軟なパッケージの管理ツールである dnf コマンドについて説明しましょう。dnf は、リポジトリと呼ばれるインターネットに用意された保存場所から最新のパッケージを検索してダウンロードしインストールを行います。さらに、依存性を考慮したインストールが行われるため、目的のパッケージに必要なパッケージがまとめてインストールされます。

CentOS 7 以前はパッケージの管理に yum コマンドが使用されていましたが、CentOS 8 では dnf に置き換わっています。なお、現在 yum コマンドは dnf コマンドのシンボリックリンクとなっているため。

dnf コマンドの代わりに yum コマンドを使用することもできます。

■ リポジトリの設定ファイルについて

dnf コマンドは、設定ファイルに記述されているリポジトリにアクセスし、アップデータの確認、ダウンロードなどの処理を行います。dnf のメインの設定ファイルは/etc/dnf/dnf.conf ですが、CentOS の場合、ここでは基本的な変数などの設定のみを行い、各リポジトリは/etc/yume.repos.d ディレクトリ以下のファイルで設定します。

```
$ ls -l /etc/yum.repos.d/ Enter
合計 60
-rw-r--r--. 1 root root  731  8月 14 15:42 CentOS-AppStream.repo
-rw-r--r--. 1 root root  712  8月 14 15:42 CentOS-Base.repo
-rw-r--r--. 1 root root 1320  8月 14 15:42 CentOS-CR.repo
-rw-r--r--. 1 root root  668  8月 14 15:42 CentOS-Debuginfo.repo
-rw-r--r--. 1 root root  756  8月 14 15:42 CentOS-Extras.repo
-rw-r--r--. 1 root root  928  8月 14 15:42 CentOS-Media.repo
-rw-r--r--. 1 root root  736  8月 14 15:42 CentOS-PowerTools.repo
-rw-r--r--. 1 root root 1382  8月 14 15:42 CentOS-Sources.repo
-rw-r--r--. 1 root root   74  8月 14 15:42 CentOS-Vault.repo
-rw-r--r--. 1 root root  798  8月 14 15:42 CentOS-centosplus.repo
-rw-r--r--. 1 root root  338  8月 14 15:42 CentOS-fasttrack.repo
```

■ dnf によるパッケージのインストール

dnf コマンドを使用して、現在有効なリポジトリから指定したパッケージをインストールするには次の書式を使用します。

コマンド	dnf	パッケージをインストールする
書　式	dnf install パッケージ名	

rpm コマンドでパッケージをインストールするのと異なり、dnf コマンドによるインストールでは最新のパッケージをインストールできます。また、パッケージの依存関係も自動的に調べられ、必要なパッケージもインストールされます。

次に、Apache Web サーバのパッケージ「httpd」をインストールする例を示します。

```
$ sudo dnf install httpd Enter

メタデータの期限切れの最終確認: 0:48:11 時間前の 2020年03月15日 17時08分31秒 に実施しました。
依存関係が解決しました。
================================================================================
 パッケージ            アーキテクチャー
                                 バージョン                           リポジトリ  サイズ
================================================================================
Installing:
 httpd               x86_64   2.4.37-12.module_el8.0.0+185+5908b0db      AppStream   1.7 M
依存関係をインストール中:
 apr                 x86_64   1.6.3-9.el8                                AppStream   125 k
 apr-util            x86_64   1.6.1-6.el8                                AppStream   105 k
 centos-logos-httpd  noarch   80.5-2.el8                                 AppStream    24 k
 httpd-filesystem    noarch   2.4.37-12.module_el8.0.0+185+5908b0db      AppStream    35 k
 httpd-tools         x86_64   2.4.37-12.module_el8.0.0+185+5908b0db      AppStream   102 k
 mod_http2           x86_64   1.11.3-3.module_el8.0.0+185+5908b0db       AppStream   158 k
弱い依存関係をインストール中:
 apr-util-bdb        x86_64   1.6.1-6.el8                                AppStream    25 k
 apr-util-openssl    x86_64   1.6.1-6.el8                                AppStream    27 k
Enabling module streams:
 httpd                        2.4

トランザクションの概要
================================================================================
インストール  9 パッケージ

ダウンロードサイズの合計: 2.3 M
インストール済みのサイズ: 6.0 M
これでよろしいですか? [y/N]: y Enter ←「y」でインストール開始
トランザクションの概要
================================================================================
インストール  9 パッケージ

～略～

  httpd-2.4.37-12.module_el8.0.0+185+5908b0db.x86_64
  apr-util-bdb-1.6.1-6.el8.x86_64
  apr-util-openssl-1.6.1-6.el8.x86_64
  apr-1.6.3-9.el8.x86_64
  apr-util-1.6.1-6.el8.x86_64
  centos-logos-httpd-80.5-2.el8.noarch
  httpd-filesystem-2.4.37-12.module_el8.0.0+185+5908b0db.noarch
  httpd-tools-2.4.37-12.module_el8.0.0+185+5908b0db.x86_64
  mod_http2-1.11.3-3.module_el8.0.0+185+5908b0db.x86_64

完了しました!
```

以上でWebサーバ「Apache」に必要なすべてのパッケージがインストールされます。

「dnf -y install httpd」のように「-y」オプションを指定すると確認のメッセージを表示せずにインストールが開始されます。

■ アップデータがあるかを調べる

インストール済みのソフトウェアのアップデータがリポジトリにあるかを確認するには check-update サブコマンドを指定して実行します。

コマンド	dnf	アップデートパッケージがあるかどうかを調べる
書　式	dnf check-update	

次に実行例を示します。

```
$ sudo dnf check-upgrade Enter
anaconda-core.x86_64                29.19.0.43-1.el8_0                AppStream
anaconda-gui.x86_64                 29.19.0.43-1.el8_0                AppStream
anaconda-tui.x86_64                 29.19.0.43-1.el8_0                AppStream
anaconda-widgets.x86_64             29.19.0.43-1.el8_0                AppStream
bash.x86_64                         4.4.19-8.el8_0                    BaseOS
blivet-data.noarch                  1:3.1.0-12.el8_0                  AppStrea
```

■ パッケージをアップデートする

インストール済みのパッケージをアップデートするには upgrade サブコマンドを指定して実行します。

コマンド	dnf	パッケージをアップデートする
書　式	dnf upgrade [パッケージ]	

すべてのアップデートされたパッケージを、まとめてインストールしたい場合にはパッケージ名を指定しないで実行します。

```
$ sudo dnf -y upgrade Enter
メタデータの期限切れの最終確認: 0:58:17 時間前の 2020年03月15日 17時08分31秒 に実施しました。
依存関係が解決しました。
================================================================================
 パッケージ                アーキテクチャー
```

```
                          バージョン                          リポジトリ
                                                                    サイズ
================================================================================
Installing:
 kernel                   x86_64 4.18.0-80.11.2.el8_0          BaseOS     424 k
 kernel-core              x86_64 4.18.0-80.11.2.el8_0          BaseOS      24 M
 kernel-modules           x86_64 4.18.0-80.11.2.el8_0          BaseOS      20 M
Upgrading:
 anaconda-core            x86_64 29.19.0.43-1.el8_0            AppStream 2.1 M
 anaconda-gui             x86_64 29.19.0.43-1.el8_0            AppStream 500 k
 anaconda-tui             x86_64 29.19.0.43-1.el8_0            AppStream 256 k
 anaconda-widgets         x86_64 29.19.0.43-1.el8_0            AppStream 191 k
 blivet-data              noarch 1:3.1.0-12.el8_0              AppStream 236 k
 cups-filters             x86_64 1.20.0-14.el8_0.1             AppStream 781 k

～略～
```

■ パッケージを検索する

リポジトリに登録されているパッケージを検索するには search サブコマンドを指定して実行します。

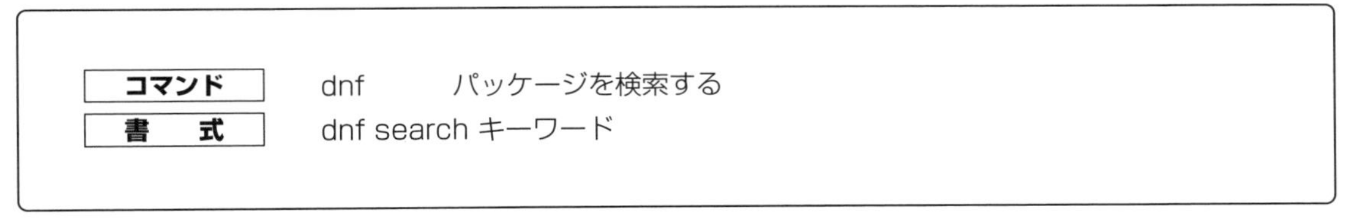

コマンド	dnf　　パッケージを検索する
書　式	dnf search キーワード

たとえば「apache」をキーワードにパッケージを検索するには次のようにします。

```
$ dnf search apache Enter
メタデータの期限切れの最終確認: 1:11:47 時間前の 2020年03月15日 21時37分43秒 に実施しました。
=========================== 概要 & 名前 一致: apache ===========================
collectd-apache.x86_64 : Apache plugin for collectd
apachetop.x86_64 : A top-like display of Apache logs
apache-commons-logging.noarch : Apache Commons Logging
perl-Apache-Session-LDAP.noarch : LDAP implementation of Apache::Session
perl-Apache-Session-NoSQL.noarch : NoSQL implementation of Apache::Session
perl-Apache-Session-Redis.noarch : Redis driver for Apache::Session
```

■ パッケージグループについて

dnf では一連のパッケージをまとめた「パッケージグループ」という管理単位があります。利用可能なパッケージグループの一覧を表示するには grouplist サブコマンドを指定します。

コマンド	dnf　　パッケージグループの一覧を表示する
書　式	dnf grouplist

```
$ dnf grouplist Enter
メタデータの期限切れの最終確認: 1:11:33 時間前の 2020年03月15日 07時49分18秒 に実施しました。
利用可能な環境グループ:
   サーバー
   最小限のインストール
   ワークステーション
   KDE Plasma デスクトップワークスペース
   仮想化ホスト
   カスタムオペレーティングシステム
インストール済みの環境グループ:
   サーバー (GUI 使用)
インストール済みのグループ:
   コンテナー管理
   ヘッドレス管理
利用可能なグループ:
   .NET Core 開発
   RPM 開発ツール
   スマートカードサポート
   開発ツール
   グラフィカル管理ツール
   レガシーな UNIX 互換性
   ネットワークサーバー
   科学的サポート
   セキュリティーツール
   システムツール
   Fedora パッケージャ
```

パッケージグループをインストールするにはgroupinstallサブコマンドを指定して実行します。

コマンド	dnf　　パッケージグループをインストールする
書　式	dnf groupinstall グループ名

たとえばコンパイラやライブラリなどの開発ツール関連のパッケージまとめた「**開発ツール**」グループをインストールするには次のようにします。

```
$ sudo dnf groupinstall "開発ツール" Enter
～略～
```

■ dnf の主なサブコマンド

次の表（表 4-14）に、dnf コマンドの主なサブコマンドをまとめておきます。

表 4-14　dnf の主なサブコマンド

サブコマンド	説明
install パッケージ名	指定したパッケージをインストールする
check-upgrade	アップデート可能なパッケージがあるかどうかを確認する
upgrade パッケージ名	指定したパッケージをアップデートする パッケージを指定しない場合には、インストール済みのすべてのパッケージをアップデートする
remove パッケージ名	指定したパッケージを削除する
list パッケージ名	指定したパッケージのバージョンとインストール済みかどうかを表示する パッケージ名を指定しない場合には、すべてのパッケージの情報を表示する
list installed	インストール済みのパッケージの情報を表示する
search キーワード	キーワードでパッケージを検索する
info パッケージ名	指定したパッケージの情報を表示する
grouplist	パッケージグループの一覧を表示する
groupinstall グループ名	パッケージグループをインストールする
groupremove グループ名	パッケージグループを削除する
groupinfo グループ名	パッケージグループに含まれるパッケージの情報を表示する
repolist	リポジトリの一覧を表示する

4-4-4　ソフトウェアを自分でコンパイルしてインストールする

Linux 用のソフトウェアの多くは、オープンソースとしてソースファイルが公開されているので、それを自分でコンパイルしてインストールすることも可能です。RPM パッケージが用意されていないソフトウェア、もしくは RPM パッケージが用意されているソフトウェアの最新のバージョンを使用できるなどといったメリットがあります。

たいていのソフトウェアは複数のソースファイルから構成されます。また多くのライブラリを必要とする場合も少なくありません。そのようなソースプログラムの依存関係を考慮しながらコンパイルして、バイナリプログラムを作成する手順は複雑になりがちです。そのため、通常はコンパイルの手順を記述した「Makefile」と呼ばれるファイルを同梱しておくのが一般的です。

その場合の、おおよその手順は次のようになります。

(1) ソースの圧縮ファイルをダウンロードして展開する
(2) make コマンドを実行してコンパイルする
(3) 「make install」コマンドを実行してインストールする

> 1つのMakefileだけでは、CPUやライブラリなどさまざまな環境の相違に対応するのが難しいケースもあります。そのため、コンパイルする環境を自動的に調べてMakefileを自動生成してくれる「configure」と呼ばれるスクリプトが用意されている場合も少なくありません。

ここでは日本語の文字コード、改行コード変換コマンドであるnkfをインストールしてみましょう。

■ 開発環境をインストールする

あらかじめ「開発ツール」パッケージグループをインストールしておきます。

```
$ sudo dnf groupinstall "開発ツール" Enter
```

■ GitHubからソースをダウンロードする

nkfはGitHub（Column「GitHubについて」参照」）で開発、保守が行われています（図4-7）。

> https://github.com/nurse/nkf

ダウンロードするだけならGitHubにアカウントを作成しなくてもかまいません。「Clone or Download」をクリックし、表示されるメニューから「Download zip」をクリックするとZIP形式で圧縮されたソースファイル一式「nkf-master.zip」をダウンロードできます。

ZIPファイルをコマンドラインで展開するにはunzipコマンドを使用します。

```
$ unzip nkf-master.zip Enter
Archive:  nkf-master.zip
500dcf25714e1c0265cf79f8e49b6b6785eb2bb0
   creating: nkf-master/
  inflating: nkf-master/.gitignore
  inflating: nkf-master/.travis.yml
```

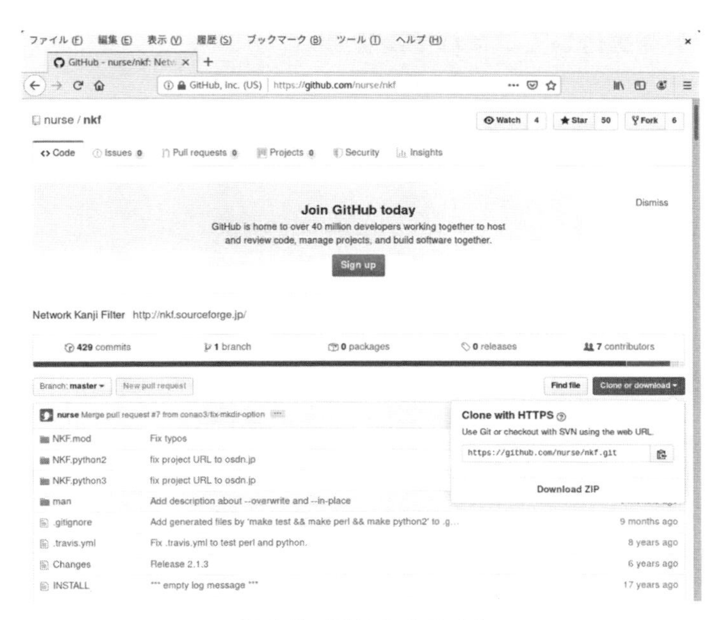

図 4-7　GitHub のサイト

■ 展開したディレクトリの内容を確認する

展開後のディレクトリに移動して確認してみましょう。

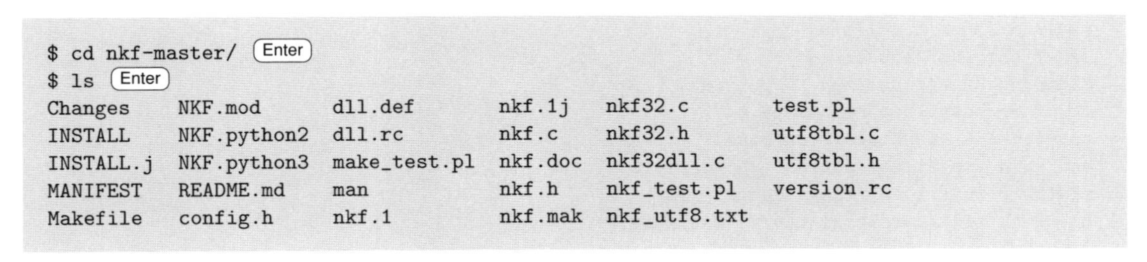

```
$ cd nkf-master/ Enter
$ ls Enter
Changes     NKF.mod      dll.def       nkf.1j   nkf32.c      test.pl
INSTALL     NKF.python2  dll.rc        nkf.c    nkf32.h      utf8tbl.c
INSTALL.j   NKF.python3  make_test.pl  nkf.doc  nkf32dll.c   utf8tbl.h
MANIFEST    README.md    man           nkf.h    nkf_test.pl  version.rc
Makefile    config.h     nkf.1         nkf.mak  nkf_utf8.txt
```

拡張子が「.c」のファイルがC言語で記述されたソースファイルです。また、コンパイルの手順が記述されたMakefileが用意されていることがわかります。

> README.md ファイルと、インストール方法が記述されている INSTALL ファイルには目を通しておいたほうがようでしょう。

■ make コマンドを実行してコンパイルする

Makefile の手順に従ってコンパイルを行うには、make コマンドを引数なしで実行します。

```
$ make Enter
cc -g -O2 -Wall -pedantic -c nkf.c
関数 ‘get_backup_filename’ 内,
～略～
cc -g -O2 -Wall -pedantic -c utf8tbl.c
cc -g -O2 -Wall -pedantic  -o nkf nkf.o utf8tbl.o
```

以上で、nkf コマンドが「nkf.o」というオブジェクトファイルとして作成されます。

```
$ ls -l nkf.o Enter
-rw-rw-r--. 1 o2 o2 590512 11月 18 23:43 nkf.o
```

■ 「make install」コマンドを実行してインストールする

コンパイルが完了したら続いてインストールを行います。インストールの手順も Makefile に記述されています。それに従ってインストールを行うには「make install」コマンドを実行します。この場合、スーパーユーザの権限が必要になります。

```
$ sudo make install Enter
mkdir -p /usr/local/bin
cp -f nkf /usr/local/bin/
mkdir -p /usr/local/man
mkdir -p /usr/local/man/man1
cp -f nkf.1 /usr/local/man/man1/
mkdir -p /usr/local/man/ja
mkdir -p /usr/local/man/ja/man1
cp -f nkf.1j /usr/local/man/ja/man1/nkf.1
```

以上でインストールは完了です。パッケージを使用せずにユーザが独自にインストールしたソフトウェアやライブラリ、マニュアルなどは通常/usr/local ディレクトリ以下に置かれます。プログラム本体は/usr/loca/bin ディレクトリに保存されます。

```
$ ls -l /usr/local/bin/nkf Enter
-rwxr-xr-x. 1 root root 578264 11月 18 23:45 /usr/local/bin/nkf
```

/usr/local/bin ディレクトリはデフォルトで環境変数 PATH に登録されているため、ここに保存されているコマンドはコマンド名だけで実行できます。

■ nkf の使い方

最後に、nkf を使用した文字コード、改行コードの変換について説明しましょう。たいていの場合入力ファイルの文字コードは自動判別されるため、通常はとくに指定する必要はありません。また、デフォルトでは出力は標準出力に送られるので、ファイルに保存したい場合には標準出力のリダイレクション「>」を使います。

出力の文字コードは「-j」(JIS)、「-s」(シフト JIS)、「-w」(UTF-8) といったオプションで指定します。たとえば、テキストファイル「ja.txt」の文字コードを UTF-8 に変換して「newfile.txt」に保存するには次のようにします。

```
$ nkf -w ja.txt  > newfile.txt Enter
```

出力の改行コードは、「-Lu」(LF)、「-Lw」(CRLF),「-m」(CR) といったオプションで指定します。たとえば、テキストファイル「inFile1.txt」を Windows 形式（文字コード「シフト JIS」、改行コード「CRLF」）にして「win.txt」に書き出すには次のようにします。

```
$ nkf -s -Lw inFile1.txt > win.txt Enter
```

なお、テキストファイルの文字コードと改行コードを調べたいときは「--guess」オプションを指定して実行します。

```
$ nkf --guess newfile.txt Enter
UTF-8 (LF)
```

次表（表 4-15）に nkf の主なオプションをまとめておきます。

表 4-15　nkf の主なオプション

オプション	説明
-j	JIS コードに変換する
-e	日本語 EUC コードに変換する
-s	シフト JIS コードに変換する
-w	Unicode の UTF-8 に変換する
-Lu	改行コードを UNIX 標準の LF に変換する

-Lw	改行コードを Windows 標準の CRLF に変換する
-Lm	改行コードを旧 Mac 標準の CR に変換する
-J	入力が JIS コード（ISO-2022-JP）であると仮定する
-E	入力が日本語 EUC であると仮定する
-S	入力がシフト JIS であると仮定する
-W	入力が UTF-8 であると仮定する
--guess	文字コードと改行コードを判別して表示する
--overwrite	元のファイルを直接置き換える
--help	ヘルプを表示する

Column　GitHub について

ソフトウェアのバージョン管理を行うツールとしては現在 Git が圧倒的なシェアを誇っています。Git は Linux カーネルの開発者でもあるリーナス・トーバルズ氏によって、Linux のカーネルの開発を支援する目的で 2005 年から開発が始められました。分散型と呼ばれる、ネットワークにアクセスできない環境でも、ユーザごとにローカルに用意したリポジトリ（保存場所）で作業を行うことができることを大きな特徴としています。使い勝手の良さに加えて大規模プロジェクトにも対応できる高速性から、現在ではさまざまなプロジェクトで採用されています。

Git のオンラインサービスとして有名なのが GitHub です。

```
https://github.com
```

GitHub のリポジトリはパブリックリポジトリ（誰でも閲覧できるプロジェクト）とプライベートリポジトリ（登録されたユーザのみが閲覧できるプロジェクト）に大別され、パブリックリポジトリのほうはオープンソースソフトウェア開発のプラットホームとして広く利用されています。なお、GitHub には、無料プラン（GitHub Free）と有料プラン（GitHub Pro）があります。当初、無料プランは、パブリックリポジトリのみの作成に制限されていましたが、2019 年 1 月以降ではライセンスが改定され、共同作業者 3 人までという制限がありますが、プライベートリポジトリも作成できるようになりました。

4-5　ジョブとプロセスの管理

Linux には、2 つの実行管理単位があります。1 つは、シェルのコマンドラインで実行される**ジョブ**、もう 1 つは、オペレーティングシステムから見た実行中のプログラムの最小単位である**プロセス**です。この節では、ジョブとプロセスの管理の概要について説明します。

4-5-1　フォアグラウンドジョブとバックグラウンドジョブ

GUI の画面であれば、エディタやその他のアプリケーションを同時に使用し、その一方で、Web をアクセスすることは当たり前のことですが、CUI の端末で複数の作業を同時に処理するために、ジョブコントロール呼ばれる機能が備わっています。

ジョブとは、シェルのプロンプトから実行した、一連のプログラムのことを指します。1 回のコマンドラインでパイプやリダイレクションを用いて複数のプログラムが動いても、1 つのジョブとして扱われます。ジョブコントロールでは、ジョブを一時的に停止したり、再開させたり、背面（バックグラウンド）でプログラムを動かしたまま、端末の前面（フォアグラウンド）で別のプログラム」を実行させることも可能です。前面で動くジョブをフォアグラウンドジョブ、背面で動くジョブをバックグラウンドジョブと呼びます。

コマンドラインで最後に「&」を付けて実行するとバックグラウンドジョブ、そうでない場合にはフォアグラウンドジョブとなります。

```
コマンド Enter     ←フォアグラウンドジョブ
コマンド & Enter     ←バックグラウンドジョブ
```

個々のターミナル内で同時に実行可能なフォアグラウンドジョブは 1 つだけです。それに対してバックグラウンドジョブは複数実行させることが可能です。

■ コマンドをフォアグラウンドジョブとして実行する

実行時間が短い CUI コマンドだとフォアグラウンドジョブとバックグラウンドジョブの差がわかりづらいので、ここではターミナルから GUI アプリを起動して確認してみましょう。

たとえば、gedit は GNOME デスクトップ環境の標準エディタです。これをターミナルでフォアグラウンドジョブとして起動してみましょう。すると、gedit はフォアグラウンドジョブとなり、終了するまでプロンプトは表示されません（図 4-8）。

```
$ gedit (Enter)
←プロンプトは戻らない
```

図 4-8　edit が起動する

実行中のフォアグラウンドジョブを強制終了するには Ctrl + C キーを押します。

■ コマンドをバックグラウンドジョブとして実行する

コマンドをバックグラウンドジョブとして実行するには、コマンドの最後に「&」を記述します。すると、コマンドの終了を待たずにすぐにプロンプトが戻り、次のコマンドを受け付けられる状態となります。

gedit をバックグラウンドジョブとして実行してみましょう。

```
$ gedit & (Enter)
[1] 1441
 ↑   ↑   ①ジョブ番号
 ①   ②   ②プロセス ID

$    ←プロンプトがすぐに表示される
```

コマンドの次に表示された「[ ]」で囲まれた番号は、シェル内でジョブを識別されるために使用される「**ジョブ番号**」です。その後ろの番号はプロセスを識別する管理番号である「**プロセス ID**」です。

なお、アプリの「**閉じる**」ボタンをクリックするなどしてバックグラウンドジョブを終了した場合、コマンドラインで Enter キーを押すタイミングで完了のメッセージが表示されます。

```
$  Enter                    ← Enter キーを押す
[1]   終了   gedit                ←ジョブ番号「1」のジョブが完了したことを示すメッセージ
$
```

■ 複数のバックグラウンドジョブを同時に実行する

1 つのターミナルで、同時に複数のバックグラウンドジョブを実行することも可能です。次に gedit、gnome-font-viewer、gnome-disks の 3 つのバックグラウンドジョブとして実行した例を示します。

```
$ gedit & Enter
[1] 8537
$ gnome-font-viewer & Enter
[2] 8586
$ gnome-disks & Enter
[3] 8617
```

■ CUI コマンドをバックグラウンドジョブとして実行する

もちろん GUI コマンドだけでなく、 CUI コマンドもバックグラウンドジョブとして実行できます。実行時間の長い CUI コマンドはバックグラウンドして実行すると、実行中も他の作業が行えます。たとえば、ホームディレクトリ「~」以下でサイズが 10M 以上のファイルを検索して結果を out.txt に保存する処理をバックグラウンドジョブで実行するには次のようにします。

```
$ find ~ -size +10M > out.txt & Enter
[1] 9221
```

■ フォアグラウンドジョブをバックグラウンドジョブにする

続いて、実行中のフォアグラウンドジョブをバックグラウンドジョブにする方法について説明します。そうすることで、ターミナル上で別のコマンドを実行できるようになります。

まず、フォアグラウンドジョブ実行中に Ctrl + Z キーを押すとジョブが一時停止します。そのあとで bg コマンドを実行します。

コマンド	bg	フォアグラウンドジョブをバックグラウンドジョブにする
書　式	bg	

gedit を例に説明しましょう。

（1）「gedit Enter」を実行し、gedit をフォアグラウンドジョブとして実行します。

（2）Ctrl + Z キーを押します。

「停止」と表示されフォアグラウンドジョブが一時停止します。gedit の場合、メニュー操作やキー操作ができなくなります。

```
$ gedit Enter
^Z  ← Ctrl + Z キーを押す
[1]+  停止                    gedit
```

（3）bg コマンドを実行します。

これで一時停止していたフォアグラウンドジョブが、バックグラウンドジョブとして再開されます。

```
$ bg Enter
[1]+ gedit &
```

■ ジョブの一覧を表示する

現在実行中のジョブの一覧を表示するには jobs コマンドを使用します。

コマンド	jobs	ジョブの一覧を表示する
書　式	jobs	

次に、gedit と gnome-font-view をバックグラウンドジョブとして実行し、gnome-disks フォアグラウンドジョブとして実行して Ctrl + Z キーで一時停止させた状態の jobs コマンドの結果を示します。

```
$ jobs Enter
[1]   実行中                  gedit &
[2]-  実行中                  gnome-font-viewer &
```

```
[3]+  停止                    gnome-disks
```

ジョブ番号の後ろに「+」が表示されているのが最後に実行されたジョブで、これを「**カレントジョブ**」と言います。「-」が表示されているのが1つ前のカレントジョブで、「**プリビアスジョブ**」と言います。

カレントジョブはfgコマンドおよびbgコマンドのデフォルトの実行対象となります。たいていの場合、最後に実行したジョブがカレントジョブになりますが、一時停止中のフォアグラウンドジョブがある場合には、それがカレントジョブになります。

上記の例では、ジョブ番号3のgnome-disksは一時停止中ですが、bgコマンドを実行すると、これがバックグラウンドジョブとして再開されます。

```
$ bg Enter
[3]+ gnome-disks &
$ jobs Enter
[1]   実行中                  gedit &
[2]-  実行中                  gnome-font-viewer &
[3]+  実行中                  gnome-disks &
```

■ バックグラウンドジョブをフォアグラウンドジョブにする

指定したバックグラウンドジョブをフォアグラウンドジョブにするにはfgコマンドを使用します。

コマンド	fg	フォアグラウンドジョブにする
書　式	fg %ジョブ番号	

バックグラウンドジョブが複数実行中の場合、引数「**%ジョブ番号**」でフォアグラウンドにまわすジョブを指定することができます。引数を指定しなかった場合にはカレントジョブが対象になります。

4-5-2　プロセスの一覧を表示する

ジョブは、シェルから見た実行中のコマンドです。ターミナルのウィンドウを複数個開いていれば、ジョブ番号はターミナルごとに割り振られます。それに対して、システム全体から見た実行中のプログラムの最小単位を「**プロセス**」と言います。

プロセスの一覧を表示するにはpsコマンドを実行します。

コマンド	ps　　実行中のプロセスの一覧を表示する
書　式	ps [オプション]

ps コマンドを引数なしで実行すると、ターミナル内で実行中のプロセスの一覧が表示されます。次に、gedit と gnome-font-view、gnome-disks をバックグラウンドジョブとして実行した状態で ps コマンドを実行した結果を示します。

```
$ ps Enter
  PID TTY          TIME CMD
11485 pts/1    00:00:00 bash
11513 pts/1    00:00:00 gedit
11953 pts/1    00:00:02 gnome-font-view
11966 pts/1    00:00:01 gnome-disks
15712 pts/1    00:00:00 ps
```

シェル（bash）自体および ps コマンドも、プロセスとして表示されていることがわかります。一番左の「PID」フィールドに表示されるのがプロセス ID です。ジョブ番号と異なり、これはシステム全体で一意に付けられた番号です。「TTY」フィールドはプロセスが実行されたターミナルの名前、「TIME」フィールドは CPU 消費時間を示しています。

■ システム全体のプロセスを表示する

自分のターミナル内だけでなく、システムすべてのプロセスを表示するには ps コマンドに「-e」オプションを付けて実行します。

```
$ ps -e Enter
  PID TTY          TIME CMD
    1 ?        00:00:14 systemd
    2 ?        00:00:00 kthreadd
    3 ?        00:00:00 rcu_gp
    4 ?        00:00:00 rcu_par_gp
    6 ?        00:00:00 kworker/0:0H-kblock
～略～
16206 ?        00:00:00 sleep
16284 ?        00:00:00 tracker-extract
16305 pts/0    00:00:00 ps
26540 ?        00:00:00 gssproxy
```

「TTY」フィールドが「?」になっているのは、端末に依存しないプロセスです。たとえば、サーバプログラムなどのデーモン（システムのバックグラウンドで動作しているプログラム）は「?」となります。

■ プロセスの親子関係を表示する

プロセスには、次節で解説する「systemd」というシステムの起動時に立ち上がるプロセスを起点とする親子関係があります。

このとき起動する側のプロセスを「**親プロセス**」、起動されたプロセスを「**子プロセス**」と呼びます。このプロセスの親子関係を表示するには pstree コマンドを使います。

コマンド	pstree	プロセスのツリー構造を表示する
書　式	pstree [オプション]	

```
$ pstree Enter
systemd─┬─ModemManager───2*[{ModemManager}]
        ├─NetworkManager───2*[{NetworkManager}]
        ├─accounts-daemon───2*[{accounts-daemon}]
        ├─alsactl
～略～
        |           ├─gnome-terminal-─┬─bash─┬─gedit───3*[{gedit}]
        |           |                 |      ├─gnome-disks───3*[{gnome-disks}]
        |           |                 |      └─gnome-font-view───3*[{gnome-font-view}]
        |           |                 ├─bash
～略～
```

pstree コマンドで、プロセス ID を確認したい場合には「-p」オプションを付けて実行します。

4-5-3　プロセスやジョブにシグナルを送る

プロセスやジョブに「**シグナル**」と呼ばれるメッセージを送ることことにより、ジョブやプロセスを終了したり設定を再読み込みさせたりできます。

コマンド	kill　　プロセスにシグナルを送る
書　式	kill [-シグナル] プロセス ID
書　式	kill [-シグナル] %ジョブ番号

シグナルをプロセスに送る場合にはプロセス ID を、ジョブに送る場合には「%ジョブ」番号を指定します。

`kill` コマンドをシグナルなしで実行すると、SIGTERM というシグナルが送られます。これは、指定したジョブあるいはプロセスに「終了してください」というメッセージを送るためのシグナルです。

たとえば、プロセス ID が 11513 のプロセスに SIGTERM を送って終了させるには次のようにします。

```
$ kill 11513 Enter
[1]   Terminated               gedit
```

自分が立ち上げたプロセス以外のプロセスにシグナルを送るにはスーパーユーザの権限が必要です。

■ ジョブやプロセスを強制終了するには

暴走状態に陥っているコマンドは SIGTERM では終了しません。その場合には SIGKILL というより強力なシグナルを送ります。たとえば、プロセス ID が 11953 のプロセスに SIGKILL シグナルを送るには、次のようにします。

```
$ kill -SIGKILL 11953 Enter
[2]-  強制終了              gnome-font-viewer
```

■ シグナルの一覧を表示する

利用可能なシグナルの一覧は「-l」オプションを指定して `kill` コマンドを実行すると確認できます。

```
$ kill -l Enter
 1) SIGHUP       2) SIGINT       3) SIGQUIT      4) SIGILL       5) SIGTRAP
 2) SIGABRT      7) SIGBUS       8) SIGFPE       9) SIGKILL     10) SIGUSR1
1)  SIGSEGV     12) SIGUSR2     13) SIGPIPE     14) SIGALRM     15) SIGTERM
2)  SIGSTKFLT   17) SIGCHLD     18) SIGCONT     19) SIGSTOP     20) SIGTSTP
3)  SIGTTIN     22) SIGTTOU     23) SIGURG      24) SIGXCPU     25) SIGXFSZ
4)  SIGVTALRM   27) SIGPROF     28) SIGWINCH    29) SIGIO       30) SIGPWR
```

```
5)  SIGSYS      34) SIGRTMIN    35) SIGRTMIN+1  36) SIGRTMIN+2  37) SIGRTMIN+3
6)  SIGRTMIN+4  39) SIGRTMIN+5  40) SIGRTMIN+6  41) SIGRTMIN+7  42) SIGRTMIN+8
7)  SIGRTMIN+9  44) SIGRTMIN+10 45) SIGRTMIN+11 46) SIGRTMIN+12 47) SIGRTMIN+13
8)  SIGRTMIN+14 49) SIGRTMIN+15 50) SIGRTMAX-14 51) SIGRTMAX-13 52) SIGRTMAX-12
9)  SIGRTMAX-11 54) SIGRTMAX-10 55) SIGRTMAX-9  56) SIGRTMAX-8  57) SIGRTMAX-7
10) SIGRTMAX-6  59) SIGRTMAX-5  60) SIGRTMAX-4  61) SIGRTMAX-3  62) SIGRTMAX-2
11) SIGRTMAX-1  64) SIGRTMAX
```

killコマンドではシグナル名の先頭の「SIG」は省略できます。たとえば「SIGHUP」は「HUP」と記述してもかまいません。

■ プロセス名でシグナルを送る

killコマンドでシグナルを送るには、対象となる実行中プログラムのジョブ番号もしくはプロセスIDを調べておく必要があります。たとえば、geditにSIGTERMシグナルを送るには次のようにする必要があります。

```
$ ps -e | grep gedit  Enter ←geditのプロセスIDを調べる
20319 pts/1    00:00:00 gedit
$ kill 20319  Enter ←IDが20319のプロセスにSIGTERMを送る
```

実は、killallコマンドを使用するとプロセス名でシグナルを送ることができます。

コマンド	killall	プロセスを名前で指定しシグナルを送る
書　式	killall [-シグナル] [オプション] プロセス名	

killallを使用してgeditにSIGTERMシグナルを送るには次のようにします。

```
$ killall gedit  Enter
```

なお、killallでは同じ名前のプロセスが複数ある場合にすべての同名プロセスにシグナルが送られます。

4-6 systemdによるサービスの管理

Linuxではサーバなどさまざまなプログラムがバックグラウンドで起動しています。それらのプログラムのことを「**デーモン**」と呼びます。この節では、デーモンなどのサービスを集中管理する「systemd」の基礎について説明します。

4-6-1 サービスを集中管理するsystemd

systemdは、Linuxのサービスを集中管理するプログラムです。現在実行中プログラムの最小単位であるプロセスには、「**プロセスID**」(PID)と呼ばれるシステム内で重複のない番号が割り当てられます。

伝統的なUNIX系のOSでは、システムの起動時に、その名も「init」(SysV init)というプロセスが起動し、rcスクリプトなどと呼ばれるスクリプト群を実行しシステムの初期化を行っていました。initのプロセスIDは「1」で、それ以降に起動するプロセスは、すべてその子孫となります。また、ネットワークサービスの起動の管理には「**スーパーサーバ**」と呼ばれるプロセスがログのローテーションなどの定期的な処理の実行には「cron」と呼ばれるプロセスが使用されていました。

ただし、それらは今となっては設計が古く、プロセスを並列に処理ができないため起動に時間がかかる、設定ファイルが複雑などといった問題点が指摘されていました。その解決策として、CentOS 7以降で搭載されたのが、それらの処理を統括して管理する「systemd」です。「ps -e」コマンドで確認してみると、「systemd」がプロセスIDが1のプロセスとして起動していることがわかります。

```
$ ps -e  Enter
  PID TTY          TIME CMD
    1 ?        00:00:37 systemd
    2 ?        00:00:00 kthreadd
    3 ?        00:00:00 rcu_gp
    4 ?        00:00:00 rcu_par_gp
    6 ?        00:00:00 kworker/0:0H-kblockd
    ～略～
```

すべてのプロセスにはsystemdを頂点とする親子関係があります。pstreeコマンドを実行してみるとわかりますが、その他のすべてのプロセスは、systemdもしくはその子孫から起動されています。

```
$ pstree  Enter
systemd─┬─ModemManager───2*[{ModemManager}]
        ├─NetworkManager───2*[{NetworkManager}]
        ├─accounts-daemon───2*[{accounts-daemon}]
```

```
        ├─alsactl
        ├─atd
   ～略～
```

4-6-2　systemctl コマンドによるユニットの管理

systemd の導入により、サービスの管理は CentOS 6 以前使用されていた `service` コマンドから「`systemctl`」というコマンドに置き換わりました。

コマンド	systemctl	ユニットの管理を行う
書　式	systemctl サブコマンド	

このとき systemd の管理対象のサービスを、「ユニット（unit）」と呼びます。

それぞれのユニットは、個別のユニットファイルにより管理されています。現在システムに登録されているユニットファイルは「`list-unit-files`」を引数に `systemctl` コマンドを実行すると確認できます。

```
$ systemctl list-unit-files Enter
UNIT FILE                                STATE
proc-sys-fs-binfmt_misc.automount        static
-.mount                                  generated
boot.mount                               generated
dev-hugepages.mount                      static
dev-mqueue.mount                         static
proc-fs-nfsd.mount                       static
proc-sys-fs-binfmt_misc.mount            static

～中略～

systemd-tmpfiles-clean.timer             static
unbound-anchor.timer                     enabled

417 unit files listed.
```

■ ユニットのタイプ

ユニットにはいくつかのタイプがあり、拡張子で識別できます（表 4-16）。

表 4-16　主なユニットのタイプ

拡張子	説明
.service	サービスの起動、停止の設定
.mount	ファイルシステムのマウントの設定（/etc/fstab から自動生成される）
.swap	スワップパーティションの管理
.socket	ソケットの監視の設定（ネットワークポートに接続されたらサービスを開始するといった設定が可能）
.device	デバイス情報（udev により自動生成）
.path	ファイルシステムのパスの監視（あるディレクトリがアクセスされたらプログラムを実行するといった設定が可能）
.target	複数のユニットをまとめてグループ化したユニット（従来のランレベルを置き換えられる）
.timer	タイマー機能の設定。一定周期でプログラムを実行する（従来の cron を置き換えられる）

「systemctl list-unit-files」に、さらに「-t タイプ」を指定するとユニットファイルのタイプを絞り込めます。たとえばサービス（service）の一覧を表示するには次のようにします。

```
$ systemctl list-unit-files -t service Enter
UNIT FILE                                   STATE
accounts-daemon.service                     enabled
alsa-restore.service                        static
alsa-state.service                          static
anaconda-direct.service                     static
anaconda-nm-config.service                  static
anaconda-noshell.service                    static
anaconda-pre.service                        static
anaconda-shell@.service                     static
anaconda-sshd.service                       static
anaconda-tmux@.service                      static
anaconda.service                            static
arp-ethers.service                          disabled
atd.service                                 enabled
auditd.service                              enabled
auth-rpcgss-module.service                  static
autovt@.service                             enabled
avahi-daemon.service                        enabled
blivet.service                              static
blk-availability.service                    disabled
```

「STATE」の欄が「enabled」になっているのが、システムの起動時に自動起動が有効になっているサービス、「disabled」は自動起動が無効のサービスです。「static」は、他のサービスで利用されるサービス、つまり単体で自動起動設定ができないサービスです。

■ 有効化されているユニットを表示する

現在有効化されているユニットのみを表示するには、「list-units」を引数に実行します。このとき「-t タイプ」オプションでユニットタイプを指定できます。たとえば、サービスに関するユニットの一覧を表示するには「-t service」を指定して次のようにします。

```
$ systemctl list-units -t service Enter
UNIT                      LOAD   ACTIVE SUB     DESCRIPTION
accounts-daemon.service   loaded active running Accounts Service
alsa-state.service        loaded active running Manage Sound Card>
atd.service               loaded active running Job spooling tools
auditd.service            loaded active running Security Auditing>
avahi-daemon.service      loaded active running Avahi mDNS/DNS-SD>
bolt.service              loaded active running Thunderbolt syste>
colord.service            loaded active running Manage, Install a>
crond.service             loaded active running Command Scheduler
cups.service              loaded active running CUPS Scheduler
～略～
71 loaded units listed. Pass --all to see loaded but inactive uni>
To show all installed unit files use 'systemctl list-unit-files'.
```

■ ユニットファイルの保存場所

ユニットの設定は個別のテキストファイルとして次の2つのディレクトリに保存されます（**表 4-17**）。

表 4-17　ユニットの設定ファイルが保存されるディレクトリ

ディレクトリ	説明
/usr/lib/systemd/system	デフォルトの設定ファイルの保存場所
/etc/systemd/system	変更された設定ファイルの保存場所。ここに同名のファイルがある場合には/usr/lib/systemd/system よりも優先される

4-6-3　ターゲットについて

CentOS 6 以前は、システムのシングルユーザモードや、マルチユーザモード、システム停止などの状態は「ランレベル」という整数値で管理していました。たとえば、ランレベル 0 はシステム停止、ランレベル 1 はシングルユーザモード、ランレベル 5 はグラフィカルログインによるマルチユーザモードといった具合です（**表 4-18**）。

それに対して systemd ではシステムの状態を「**ターゲット（`target`）**」として管理しています。

表 4-18　ランレベルとターゲットの対応

ターゲット	ランレベル	内容
runlevel0.target、poweroff.target	0	システム停止
runlevel1.target、rescue.target	1	シングルユーザモード
runlevel2.target、multi-user.target	2	非グラフィカルなマルチユーザモード
runlevel3.target、multi-user.target	3	非グラフィカルなマルチユーザモード
runlevel4.target、multi-user.target	4	非グラフィカルなマルチユーザモード
runlevel5.target、graphical.target	5	グラフィカルなマルチユーザモード
runlevel6.target、reboot.target	6	再起動

「`runlevel` 番号`.target`」は、poweroff.target など対応するターゲットへのシンボリックリンクです。

なお、これ以外に緊急モード「`emergency.target`」が用意されています。

■ デフォルトターゲット

現在のデフォルトのターゲットは「`get-default`」を引数に `systemctl` コマンドを実行すると確認できます。

```
$ systemctl get-default Enter
graphical.target
```

上記の結果を見るとわかるように、デフォルトの設定でインストール完了後には「`graphical.target`」、つまりグラフィカルログインによるマルチユーザモードになっていることがわかります。

■ ターゲットの設定ファイル

デフォルトのターゲットの設定ファイルは「`/etc/systemd/system/default.target`」ですが、これは/lib/systemd/system 以下の実際のターゲットファイルのシンボリックリンクです。グラフィカルログインの場合には/lib/systemd/system/graphical.target のリンクとなっています。

```
$ ls -l /etc/systemd/system/default.target Enter
lrwxrwxrwx. 1 root root 36 10月  4 14:03 /etc/systemd/system/default.target -> /lib/syste
```

```
md/system/graphical.target
```

なお、実際に各ターゲットでどのようなサービスが起動されるかは/etc/systemd/system の「**ターゲット名.wants**」ディレクトリのシンボリックリンクで設定されています。

```
$ ls -l /etc/systemd/system/graphical.target.wants/ Enter
合計 0
lrwxrwxrwx. 1 root root 47 10月  4 13:57 accounts-daemon.service -> /usr/lib/systemd/syst
em/accounts-daemon.service
lrwxrwxrwx. 1 root root 44 10月  4 13:57 rtkit-daemon.service -> /usr/lib/systemd/system/
rtkit-daemon.service
lrwxrwxrwx. 1 root root 39 10月  4 13:59 udisks2.service -> /usr/lib/systemd/system/udisk
s2.service
```

「graphical.target」は、非グラフィカルなマルチユーザモードである「multi-user.target」に依存するので、multi-user.target.wants でリンクされているサービスも起動されます。

```
$ ls -l /etc/systemd/system/multi-user.target.wants/ Enter
合計 0
lrwxrwxrwx. 1 root root 44 10月  4 13:58 ModemManager.service -> /usr/lib/systemd/system/
ModemManager.service
lrwxrwxrwx. 1 root root 46 10月  4 13:57 NetworkManager.service -> /usr/lib/systemd/syste
m/NetworkManager.service
lrwxrwxrwx. 1 root root 35 10月  4 14:00 atd.service -> /usr/lib/systemd/system/atd.servi
ce
lrwxrwxrwx. 1 root root 38 10月  4 13:58 auditd.service -> /usr/lib/systemd/system/auditd
.service
lrwxrwxrwx. 1 root root 44 10月  4 14:00 avahi-daemon.service -> /usr/lib/systemd/system/
avahi-daemon.service
lrwxrwxrwx. 1 root root 37 10月  4 13:57 crond.service -> /usr/lib/systemd/system/crond.s
ervice
lrwxrwxrwx. 1 root root 33 10月  4 13:59 cups.path -> /usr/lib/systemd/system/cups.path
lrwxrwxrwx. 1 root root 43 10月  4 13:59 dnf-makecache.timer -> /usr/lib/systemd/system/d
nf-makecache.timer
lrwxrwxrwx. 1 root root 41 10月  4 14:00 firewalld.service -> /usr/lib/systemd/system/fir
ewalld.service
～略～
```

さらに、「multi-user.target」は「basic.target」および「sysinit.target」に依存しています。

```
$ ls -l /etc/systemd/system/basic.target.wants/ Enter
合計 0
lrwxrwxrwx. 1 root root 41 10月  4 14:00 microcode.service -> /usr/lib/systemd/system/mic
rocode.service
```

```
$ ls -l /etc/systemd/system/sysinit.target.wants/ Enter
合計 0
lrwxrwxrwx. 1 root root 44 10月  4 14:00 import-state.service -> /usr/lib/systemd/system/import-state.service
lrwxrwxrwx. 1 root root 37 10月  4 13:58 iscsi.service -> /usr/lib/systemd/system/iscsi.service
lrwxrwxrwx. 1 root root 43 10月  4 14:00 loadmodules.service -> /usr/lib/systemd/system/loadmodules.service
lrwxrwxrwx. 1 root root 44 10月  4 13:58 lvm2-lvmpolld.socket -> /usr/lib/systemd/system/lvm2-lvmpolld.socket
lrwxrwxrwx. 1 root root 44 10月  4 13:58 lvm2-monitor.service -> /usr/lib/systemd/system/lvm2-monitor.service
lrwxrwxrwx. 1 root root 42 10月  4 13:57 multipathd.service -> /usr/lib/systemd/system/multipathd.service
lrwxrwxrwx. 1 root root 46 10月  4 14:00 nis-domainname.service -> /usr/lib/systemd/system/nis-domainname.service
lrwxrwxrwx. 1 root root 36 10月  4 14:00 rngd.service -> /usr/lib/systemd/system/rngd.service
lrwxrwxrwx. 1 root root 56 10月  4 13:57 selinux-autorelabel-mark.service -> /usr/lib/systemd/system/selinux-autorelabel-mark.service
```

まとめると、graphical.targetの場合「`sysinit.target`」→「 `basic.target`」→「`multi-user.target`」→「`graphical.target`」の順にサービスを起動していきます。このように、ターゲットに共通のサービスの設定をベースとなるターゲットで行うことによりサービスを効率的に管理しているわけです。

■ 依存するターゲットを調べる

実際にはgraphical.targetが依存するサービスはここで紹介した基本ターゲット以外にも数多くあります。list-dependenciesを引数に`systemctl`コマンドを実行すると確認できます。

```
$ systemctl list-dependencies Enter
default.target
●  ├─accounts-daemon.service
●  ├─gdm.service
●  ├─rtkit-daemon.service
～略～
●  └─multi-user.target
●    ├─atd.service
●    ├─auditd.service
●    ├─avahi-daemon.serv
～略～
●    ├─basic.target
●    │  ├─-.mount
●    │  ├─microcode.service
●    │  ├─paths.target
```

```
●    │  ├─slices.target
●    │  │  ├─-.slice
●    │  │  └─system.slice
～略～
●    │  ├─sysinit.target
●    │  │  ├─dev-hugepages.mount
～略～
●    └─nfs-client.target
●       ├─auth-rpcgss-module.service
●       ├─rpc-statd-notify.service
●       └─remote-fs-pre.target
```

4-6-4　systemctl によるサービスの管理

続いて、コマンドラインでサービスの起動や停止といった制御を行う方法について説明しましょう。次のような形式で systemctl コマンドを実行します。

```
systemctl サブコマンド ユニット名.service
```

「ユニット名.service」の「.service」は省略可能です。

次にサービス管理用のサブコマンドを示します（表 4-19）。

表 4-19　サービス管理用の systemctl のサブコマンド

サブコマンド	説明
start ユニット名	サービスを起動する
stop ユニット名	サービスを停止する
restart ユニット名	サービスを再起動する
reload ユニット名	設定をリロードする
status ユニット名	ステータスを表示する
enable ユニット名	自動起動を有効にする
disable ユニット名	自動起動を無効にする
daemon-reload	設定ファイルを systemd に反映させる

たとえば、「avahi-daemon.service」の状態を見るには次のようにします（avahi-daemon は、マルチキャスト DNS による名前解決を行うサービス。222ページ参照）。

```
$ systemctl status avahi-daemon Enter
● avahi-daemon.service - Avahi mDNS/DNS-SD Stack
   Loaded: loaded (/usr/lib/systemd/system/avahi-daemon.service; enabled; vendor preset:
enabled)
   Active: active (running) since Wed 2019-10-30 12:54:15 JST; 5 days ago
 Main PID: 788 (avahi-daemon)
   Status: "avahi-daemon 0.7 starting up."
    Tasks: 2 (limit: 26213)
   Memory: 3.2M
   CGroup: /system.slice/avahi-daemon.service
           ├─788 avahi-daemon: running [co8.local]
           └─844 avahi-daemon: chroot helper
```

avahi-daemon.serviceを停止するには次のようにします（スーパーユーザの権限が必要です）。

```
$ sudo systemctl stop avahi-daemon Enter
Job for avahi-daemon.service canceled.
```

デフォルトではavahi-daemonは自動起動が有効になっています。これを無効にしてみましょう。

```
$ sudo systemctl disable avahi-daemon Enter
Removed /etc/systemd/system/multi-user.target.wants/avahi-daemon.service.
Removed /etc/systemd/system/sockets.target.wants/avahi-daemon.socket.
Removed /etc/systemd/system/dbus-org.freedesktop.Avahi.service.
```

結果を見るとわかるように/etc/systemd/system/multi-user.target.wantsディレクトからシンボリックリングが削除されます。

再び有効にしてみましょう。

```
$ sudo systemctl enable avahi-daemon Enter
Created symlink /etc/systemd/system/dbus-org.freedesktop.Avahi.service → /usr/lib/system
d/system/avahi-daemon.service.
Created symlink /etc/systemd/system/multi-user.target.wants/avahi-daemon.service → /usr/
lib/systemd/system/avahi-daemon.service.
Created symlink /etc/systemd/system/sockets.target.wants/avahi-daemon.socket → /usr/lib/
systemd/system/avahi-daemon.socket.
```

実行結果から再びシンボリックリンクが張られたことが確認できます。

■ 有効化とともに起動、無効化とともに停止するには

なお、`enable`コマンドに「`--now`」を指定して実行すると有効化だけでなく、すぐに起動します。

```
$ sudo systemctl enable --now  avahi-daemon Enter
```

また、disable コマンドに「--now」オプションを指定するとするとすぐに停止します。

```
$ sudo systemctl disable --now  avahi-daemon Enter
```

4-6-5　systemd によるシステムの終了と再起動

systemctl では、次のようなコマンドで、システムのシャットダウンや再起動を行うことができます（表 4-20）。

表 4-20　systemctl によるシステムの終了と再起動

動作	コマンド
再起動	systemctl reboot
シャットダウン	systemctl poweroff
サスペンド	systemctl suspend

たとえば、システムを再起動するには reboot コマンドを使用して次のようにします。

```
$ sudo systemctl reboot Enter
```

4-6-6　タイマーを使用して定期的に処理を実行する

UNIX 系 OS ではこれまで一定周期で処理を行うサービスとして cron が一般的でしたが、systemd のタイマー・ユニットを使用しても同じようなことが行えます。

現在アクティブなされているタイマーの状態は「-t timer」を指定して「systemctl list-units」コマンドを実行することで確認できます。

```
$ systemctl list-units -t timer Enter
UNIT                          LOAD   ACTIVE SUB     DESCRIPTION
dnf-makecache.timer           loaded active waiting dnf makecache --timer
systemd-tmpfiles-clean.timer loaded active waiting Daily Cleanup of Temporary Directories

unbound-anchor.timer          loaded active waiting daily update of the root trust anchor
for DNSSEC
```

```
LOAD   = Reflects whether the unit definition was properly loaded.
ACTIVE = The high-level unit activation state, i.e. generalization of SUB.
SUB    = The low-level unit activation state, values depend on unit type.

3 loaded units listed. Pass --all to see loaded but inactive units, too.
To show all installed unit files use 'systemctl list-unit-files'.
```

たとえば、systemd-tmpfiles-clean.timerは一時ファイルを毎日削除するタイマー・ユニットです。

■ locateデータベースを毎日更新する

104ページ「locateコマンドによる高速検索」では、ファイル名による高速な検索を行うlocateコマンドを紹介しました。locateコマンドはロケートデータベースを元に検索を実行するため、一定期間ごとにデータベースを更新しないと、追加したファイルやディレクトリは検索の対象となりません。ここでは、ロケートデータベースの更新を、タイマー・ユニットで行ってみましょう。

ロケートデータベースの更新を行うタイマーの設定ファイルは「mlocate-updatedb.timer」です。

リスト4-6　/usr/lib/systemd/system/mlocate-updatedb.timer

```
[Unit]
Description=Updates mlocate database every day

[Timer]
OnCalendar=daily        ←① 毎日実行
AccuracySec=24h         ←② 24時間単位
Persistent=true

[Install]
WantedBy=timers.target
```

①②で1日1回locateデータベースを更新するように設定されています。

なお、実際のデータベースの更新は拡張子が「.service」に変更された「mlocate-updatedb.service」で行われます

次のようにして自動起動するよう設定します。

```
$ sudo systemctl enable --now  mlocate-updatedb.timer Enter
Created symlink /etc/systemd/system/timers.target.wants/mlocate-updatedb.timer → /usr/li
b/systemd/system/mlocate-updatedb.timer.
```

結果を見るとわかるように、タイマーのシンボリックリンクは/etc/systemd/system/timers.target.

wants ディレクトリの下に作成されます。

以上で、1 日 1 回 locate データベースの更新が行われるようになります

「systemctl status」コマンドでステータスを確認してみましょう。

```
$ systemctl status mlocate-updatedb.timer Enter
● mlocate-updatedb.timer - Updates mlocate database every day
   Loaded: loaded (/usr/lib/systemd/system/mlocate-updatedb.timer; enabled; vendor pres>
   Active: active (waiting) since Fri 2019-12-13 20:09:33 JST; 1 weeks 5 days ago
  Trigger: Fri 2019-12-27 00:00:00 JST; 10h left

Warning: Journal has been rotated since unit was started. Log output is incomplete or
```

■ タイマーの状態を確認する

「systemctl list-timers」コマンドを実行すると、次の実行時刻や前回の実行時刻などタイマーの状態が確認できます。

```
$ systemctl list-timers Enter
NEXT                         LEFT       LAST                         PASSED     UNIT     >
Thu 2019-12-26 13:56:44 JST  19min left Thu 2019-12-26 12:56:44 JST  40min ago  dnf-make>
Thu 2019-12-26 20:24:59 JST  6h left    Wed 2019-12-25 20:24:59 JST  17h ago    systemd->
Fri 2019-12-27 00:00:00 JST  10h left   Thu 2019-12-26 00:00:00 JST  13h ago    mlocate->
Fri 2019-12-27 00:00:00 JST  10h left   Thu 2019-12-26 00:00:00 JST  13h ago    unbound->

4 timers listed.
Pass --all to see loaded but inactive timers, too.
```

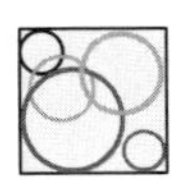

Column　「ファイル」アプリによるパーミッションの設定

ファイルやディレクトリのパーミッションの設定は、デスクトップの「ファイル」アプリでも行えます。

(1) 「ファイル」アプリでファイルやディレクトリを右クリックし表示されるメニューから「プロパティ」を選択します。

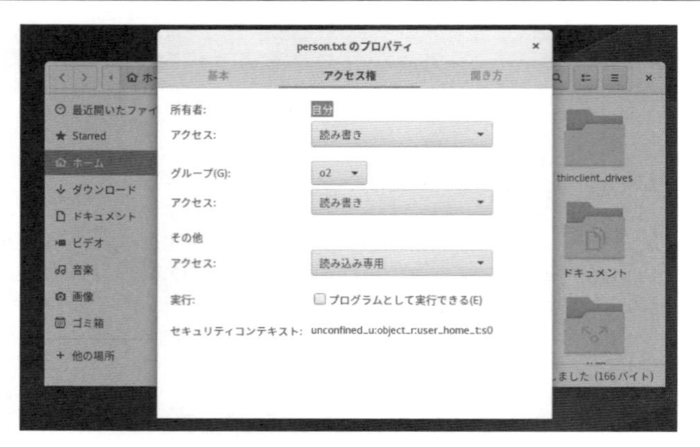

図 4-9　プロパティの選択

(2) 「～のプロパティ」ダイアログボックスが表示されるので「アクセス権」パネルでパーミッションを設定します。

図 4-10　パーミッションの設定

なお、「プログラムとして実行できる」をチェックするとすべてのユーザに対して実行権限「x」が設定されます（「所有者」「所有グループ」「その他のユーザ」を個別に設定することはできません）。

Chapter 5 ネットワークの基本とセキュリティ

この Chapter では、CentOS でインターネットや LAN などのネットワークを活用していく上での基本について解説しましょう。まず、NetworkManager によるネットワークの設定について解説します。その後で、ネットワークの基本コマンドの使い方、ファイアウォールの設定、SELinux の基礎知識について説明します。

5-1　ネットワークの基本設定

この節では、ネットワークインターフェースの基本設定について説明します。また、ローカルネットワーク内で、それぞれのマシンをホスト名でアクセスするための設定について解説します。

5-1-1　NetworkManager について

CentOS では、ネットワークの管理を NetworkManager というサービスが担っています。systemctl コマンドで確認すると NetworkManager が動作中であることがわかります。

```
$ systemctl status NetworkManager Enter
● NetworkManager.service - Network Manager
  Loaded: loaded (/usr/lib/systemd/system/NetworkManager.service; enabled; vendor preset:
enabled)
  Active: active (running) since Fri 2019-12-13 20:09:35 JST; 1 weeks 4 days ago
```

```
     Docs: man:NetworkManager(8)
 Main PID: 919 (NetworkManager)
    Tasks: 3 (limit: 26213)
   Memory: 14.0M
   CGroup: /system.slice/NetworkManager.service
           └─919 /usr/sbin/NetworkManager --no-daemon

03月 23 20:31:30 co8.example.com NetworkManager[919]: <info>  [1577100690.5069] agent-man
ager: req[0x5…tered
03月 24 11:53:47 co8.example.com NetworkManager[919]: <info>  [1577156027.6086] agent-man
ager: req[0x5…tered
Warning: Journal has been rotated since unit was started. Log output is incomplete or una
vailable.
Hint: Some lines were ellipsized, use -l to show in full.
```

NetworkManager のユーザインターフェースとしては、GUI、ターミナルの TUI、コマンドが利用できます。

5-1-2　GUI によるネットワークの基本設定

GUI によるネットワークの設定は、デスクトップ上を右クリックしメニューから「設定」を選択すると起動する「設定」アプリの「ネットワーク」で行います（図 5-1）。

図 5-1　GUI によるネットワークの設定

「歯車」アイコンをクリックすると各ネットワークインターフェースの設定画面となります（図 5-2）。

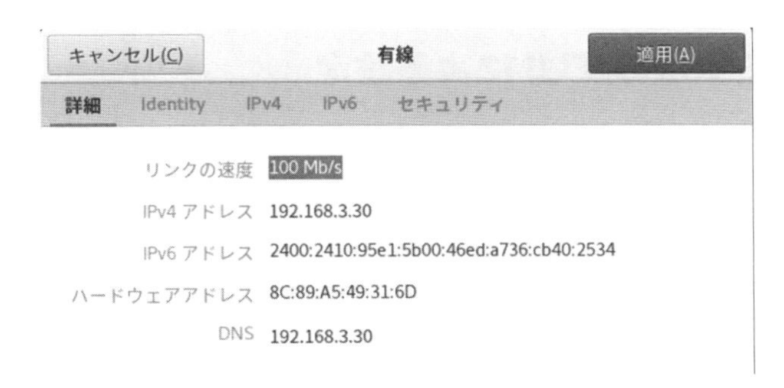

図 5-2　ネットワークインターフェースの設定画面

■ ネットワークの設定

「IPv4」パネルでは「IPv4」の IP アドレスなどを指定します。「自動（DHCP）」をオンにした場合には DHCP サーバから IP アドレスを自動取得します。「手動」にした場合には IP アドレスを固定で設定できます。「DNS」では DNS サーバの IP アドレス、「ルート」ではデフォルトルートの設定を行います。ブロードバンドルータなどを利用している場合は、これは自動で取得できる場合が多いでしょう（図 5-3）。

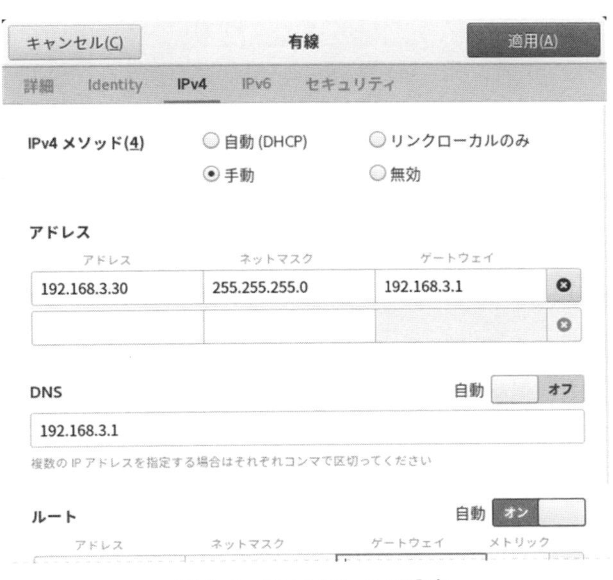

図 5-3　IP アドレスの設定

5-1-3 ターミナルのTUIによる設定

ターミナルで利用できる、GUIを模したインターフェースをTUI（Text User Interface）と言います。NetworkManagerにはTUIとしてnmtuiコマンドが用意されています。

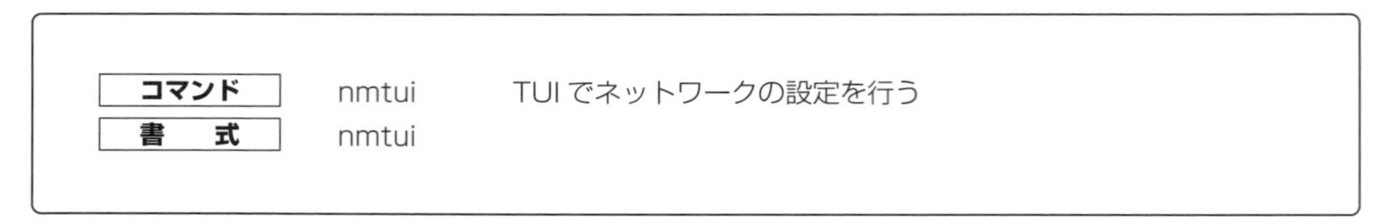

コマンド	nmtui	TUIでネットワークの設定を行う
書　式	nmtui	

実行にはスーパーユーザの権限が必要になるためsudoコマンド経由で実行します（図5-4）。

```
$ sudo nmtui Enter
```

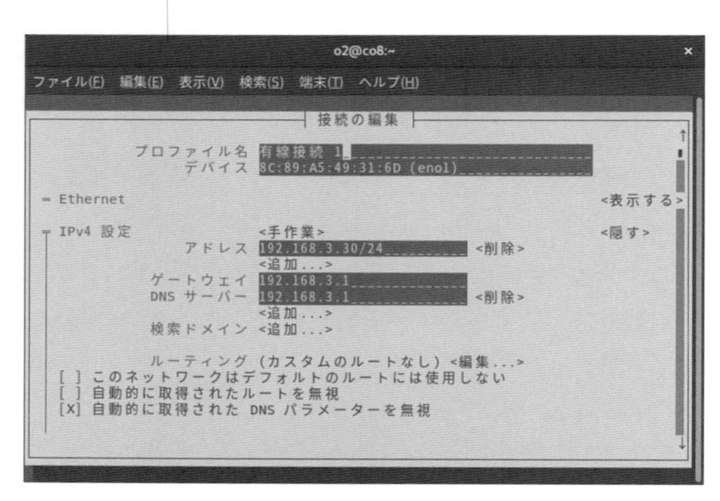

図5-4 nmtuiの実行画面

設定内容はGUIツールと基本的に同じですが、操作は、矢印キー、Tabキー、Enterキーで行います。

5-1-4　nmcli コマンドによる設定

NetworkManager には、テキストベースのコマンドとして nmcli が用意されています。

コマンド	nmcli	ネットワークの設定を行う
書　式	nmcli サブコマンド	

ネットワークデバイスの一覧を表示するには device サブコマンドを示します。

```
$ nmcli device Enter
DEVICE       TYPE      STATE     CONNECTION
eno1         ethernet  接続済み  有線接続 1
virbr0       bridge    接続済み  virbr0
lo           loopback  管理無し  --
virbr0-nic   tun       管理無し  -
```

上記の例では先頭の「eno1」が実際のネットワークインターフェースです。「CONNECTION」の欄に「有線接続 1」と表示されていますがこれがコネクション名です。この例では「有線接続 1」というコネクション名が eno1 という実際のデバイスに割り当てられています。

「lo」はローカルループバックと呼ばれる自分自信を示す特別なインターフェースです。「virbr〜」は仮想環境用のネットワークインターフェースです。仮想環境を使用しない場合には無視してかまいません。

■ インターフェースの設定状況

各インターフェースの設定は「nmcli device show デバイス名」で確認できます。

```
$ nmcli device show eno1 Enter
GENERAL.DEVICE:                     eno1
GENERAL.TYPE:                       ethernet
GENERAL.HWADDR:                     8C:89:A5:49:31:6D
GENERAL.MTU:                        1500
GENERAL.STATE:                      100 (接続済み)
GENERAL.CONNECTION:                 有線接続 1
GENERAL.CON-PATH:                   /org/freedesktop/NetworkManager/ActiveConnection/3
WIRED-PROPERTIES.CARRIER:           オン
IP4.ADDRESS[1]:                     192.168.3.30/24
IP4.GATEWAY:                        192.168.3.1
IP4.ROUTE[1]:                       dst = 0.0.0.0/0, nh = 192.168.3.1, mt = 100
```

```
IP4.ROUTE[2]:                           dst = 192.168.3.0/24, nh = 0.0.0.0, mt = 100
IP4.DNS[1]:                             192.168.3.1
IP6.ADDRESS[1]:                         2400:2410:95e1:5b00:46ed:a736:cb40:2534/64
IP6.ADDRESS[2]:                         fe80::ceb5:d0a6:bda1:62aa/64
IP6.GATEWAY:                            fe80::7ee9:d3ff:fe8e:e366
IP6.ROUTE[1]:                           dst = fe80::/64, nh = ::, mt = 100
IP6.ROUTE[2]:                           dst = 2400:2410:95e1:5b00::/64, nh = ::, mt = 100
IP6.ROUTE[3]:                           dst = ::/0, nh = fe80::7ee9:d3ff:fe8e:e366, mt = 100
IP6.ROUTE[4]:                           dst = ff00::/8, nh = ::, mt = 256, table=255
IP6.DNS[1]:                             2400:2410:95e1:5b00:1111:1111:1111:1111
```

■ nmcli の実行例

nmcli コマンドを使用したネットワークインターフェースの設定例をいくつか示しましょう。

まず、指定したネットワークインターフェースに IP アドレスを割り当てるには次の書式になります。

```
nmcli connection modify "コネクション名" ipv4.address IPアドレス/サブネットマスクビット数
```

例 1 「有線接続 1」の IP アドレスを固定の「192.168.3.30」に設定する

```
$ sudo nmcli connection modify "有線接続 1"  ipv4.address 192.168.3.30/24 Enter
```

例 2 IP アドレスを自動で割り当てる

```
$ sudo nmcli c modify "有線接続 1" ipv4.address auto Enter
```

例 3 DNS サーバを「192.168.3.1」に設定する

```
$ sudo nmcli connection modify "有線接続 1" ipv4.dns 192.168.3.1 Enter
```

例 4 デフォルトゲートウェイを「192.168.3.1」に設定する

```
$ sudo nmcli connection modify eth0 ipv4.gateway 192.168.3.1 Enter
```

■ 設定を反映させる

設定を変更したら、次のようにして「connection down」と「connection up」を実行して反映させます。

```
$ sudo nmcli connection down "有線接続 1" Enter
$ sudo nmcli connection up "有線接続 1" Enter
```

5-2 ローカルネットワークでのホスト名の解決

「host1.example.com」といったホスト名をIPアドレスに変換することを名前解決と言います。インターネットのホストの場合、DNSサーバを使って名前解決を行うのが一般的です。

ローカルネットワーク内もなんらかの方法で名前解決を行って、ホスト名でアクセスできるようにしておくと便利です。

代表的な方法は次の3つです。

(1) /etc/hostsファイルにホスト名とIPアドレスを登録する。
(2) マルチキャストDNSを使用する。
(3) ローカルにDNSサーバを立てる。

それぞれについて説明しましょう。

5-2-1 /etc/hostsファイルにホスト名とIPアドレスを登録する

/etc/hostsファイルは、ホスト名とIPアドレスの対応が1行に1組ずつ記述されたファイルです。

リスト5-1 /etc/hosts

```
127.0.0.1    localhost localhost.localdomain localhost4 localhost4.localdomain4
::1          localhost localhost.localdomain localhost6 localhost6.localdomain6
192.168.3.27 co8 cos8.example.com
192.168.3.28 win10 win10.example.com
192.168.3.29 taitan taitan.example.com
```

最初のフィールドにIPアドレスを記述し、次のフィールドにはホスト名を記述します。3番目のフィールド以降には別名を記述します。なお、1行目と2行目はループバックアドレスと呼ばれる、自分自身を示す特別なアドレスです。「127.0.0.1」はIPv4用、「::1」はIPv6用のループバックアドレスです。

3行目以降には、各ホストのIPアドレスとホスト名の対応を記述します。

この方法の場合、すべてのホストの/etc/hostsを統一しておく必要がありホストの数が増えてくると管理が面倒になります（図5-5）。またDHCPサーバでIPアドレスを自動で割り当てている場合には、IPアドレスが変更されてしまう可能性があるため、利用には注意が必要です。

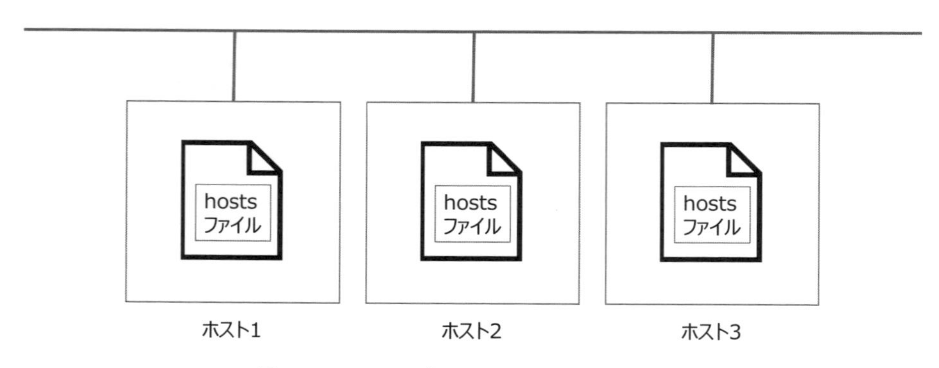

図5-5　ホストごとにhostファイルを管理

5-2-2　マルチキャストDNS

マルチキャストDNS（mDNS）はローカルネットワーク上の機器を自動認識・設定するための仕組みです。もともとはAppleによってBonjour（ボンジュール）という名前でオープンソースとして公開されたもので、IETF（Internet Engineering TaskForce）で「Zero Configuration Networking」として標準化されています

マルチキャストDNSは、ローカルネットワーク内に対してのみ有効なため、ホスト名にローカルを示す「.local」という拡張子が付きます。たとえば、「co8.local」といったホスト名になります。

Linuxでは、マルチキャストDNSのフリーの実装である「avahi」（http://www.avahi.org/）が利用できます。CentOS 8でも、デフォルトで、avahiサーバである「avahi-daemon デーモン」が動作しています。

```
$ systemctl status avahi-daemon Enter
● avahi-daemon.service - Avahi mDNS/DNS-SD Stack
   Loaded: loaded (/usr/lib/systemd/system/avahi-daemon.service; enabled; vendor preset:
 enabled)
   Active: active (running) since Fri 2019-12-06 21:58:28 JST; 52min ago
 Main PID: 800 (avahi-daemon)
   Status: "avahi-daemon 0.7 starting up."
    Tasks: 2 (limit: 26213)
   Memory: 2.6M
```

```
    CGroup: /system.slice/avahi-daemon.service
            ├─800 avahi-daemon: running [co8.local]
            └─852 avahi-daemon: chroot helper
```

■ ファイアウォールの設定

ファイアウォール（5-3「ファイアウォールの設定」参照）を有効にしている場合には、mdnsのためのポートを開きます。

```
$ sudo firewall-cmd --add-service=mdns --zone=public --permanent Enter
success
$ sudo firewall-cmd --reload Enter
success
```

■ クライアントの設定

なお、avahiクライアントである「nss-mdns」はデフォルトではインストールされません。nss-mdnsパッケージは、epelというリポジトリからインストールできます。epelは「Extra Packages for Enterprise Linux」の略で、Fedoraプロジェクトで開発されたRHEL用のパッケージを提供しています。

まず、次のようにしてepelリポジトリを利用できるようにします。

```
$ sudo dnf -y install epel-release Enter
```

続いてnss-mdnsパッケージをインストールします。

```
$ sudo dnf -y install nss-mdns Enter
```

以上で、マルチキャストDNSが利用できる状態になります。Macや、Windows 10、Ubuntuではデフォルトでマルチキャスト DNS が動作しているため。お互いに「ホスト名.local」でアクセスできます。たとえば「co8.local」にpingを実行するには、次のようにします。

```
$ ping co8.local Enter
```

SSHでログインする場合も同様に、「SSH co8.local」というようになります（SSHについては、Chapter 8を参照）。

5-2-3　ローカルにDNSサーバを立てる

ローカルネットワーク内にDNSサーバを立てて集中管理するという方法も考えられます。DNSサーバの代表にBINDがありますが、高機能な反面設定が面倒です。ローカルにDNSサーバを用意したいという場合には、シンプルな簡易DNSサーバを利用するとよいでしょう。

ここでは、/etc/hostsの設定をそのままDNSデータベースとして利用できる「dnsmasq」を紹介しましょう。

dnsmasqはパッケージが用意されているので次のようにしてインストールします。

```
$ sudo dnf install -y dnsmasq Enter
```

なお、仮想環境用のサービス「libvirtd」が起動していると、dnsmasqが仮想環境側のネットワーク用に起動してしまいます。次のようにして、livbirtdを停止しておきましょう。

```
$ systemctl disable --now libvirtd Enter
```

■ /etc/hostsにホストを登録する

続いて、dnsmasqを起動するマシンで/etc/hostsにホスト名とIPアドレスの対応を登録します

リスト5-2　/etc/hostsの例

```
～略～
192.168.3.27 co8 cos8.example.com
192.168.3.18 mac mac.example.com
192.168.3.20 taitan taitan.example.com
192.168.3.21 mars mars.example.com
```

■ dnsmasqの設定ファイル

dnsmasqの設定ファイルは「/etc/dnsmasq.conf」になります。初期状態ではすべてコメントアウトされているので、必要な項目を設定します。次に、ローカルでのドメイン名を「example.com」に設定し、「co8」のように短いホスト名でアクセスされた場合には自動的に「co8.example.com」を補完するための設定例を示します

リスト 5-3　/etc/dnsmasq.conf（一部）

```
bogus-priv         ←ホスト名のみは上位 DNS に転送しない
local=/example.com/ ←ローカルエリア内のドメインを指定
expand-hosts       ←短いホスト名に domain で指定されたドメイン名を補完する。
domain=example.com  ←補完するドメイン名の設定
```

■ dnsmasq を起動する

次に、systemctl コマンドを使用して dnsmasq を起動します。

```
$ sudo systemctl enable --now dnsmasq Enter ←有効化と起動
$ sudo systemctl status dnsmasq.service Enter ←ステータス確認
● dnsmasq.service - DNS caching server.
   Loaded: loaded (/usr/lib/systemd/system/dnsmasq.service; enabled; vendor pre>
   Active: active (running) since Sat 2019-12-07 09:50:26 JST; 2h 56min ago
 Main PID: 9803 (dnsmasq)
    Tasks: 1 (limit: 26213)
   Memory: 756.0K
   CGroup: /system.slice/dnsmasq.service
           └─9803 /usr/sbin/dnsmasq -k
```

/etc/hosts の設定を変更した場合には、次のようにして dnsmasq に反映させます。

```
$ sudo systemctl restart dnsmasq Enter
```

■ ファイアウォールの設定

ファイアウォール（5-3「ファイアウォールの設定」参照）を有効にしている場合には、DNS サービスの登録が必要です。。

```
$ sudo firewall-cmd --add-service=dns --zone=public --permanent Enter
success
$ sudo firewall-cmd --reload Enter
success
```

■ DNS サーバにアクセスする

以上で準備は完了です。次にホスト名から IP アドレスを求める dig コマンド（230ページ参照）などを使用して名前解決が行えるかを調べてみましょう。dig コマンドは次の書式で実行すると、指定した DNS サーバを使用します。

```
dig ホスト名 @DNSサーバ
```

次に、dnsmasqが起動しているマシン（192.168.3.30）を使用して「mac.example.com」の名前解決を行う例を示します

```
$ dig  mac.example.com  @192.168.3.30 Enter

; <<>> DiG 9.10.6 <<>> mac.example.com @192.168.3.30
;; global options: +cmd
;; Got answer:
;; ->>HEADER<<- opcode: QUERY, status: NOERROR, id: 58209
;; flags: qr aa rd ra; QUERY: 1, ANSWER: 1, AUTHORITY: 0, ADDITIONAL: 1

;; OPT PSEUDOSECTION:
; EDNS: version: 0, flags:; udp: 4096
;; QUESTION SECTION:
;mac.example.com.    IN A

;; ANSWER SECTION:
mac.example.com.  0  IN A  192.168.3.18

;; Query time: 73 msec
;; SERVER: 192.168.3.30#53(192.168.3.30)
;; WHEN: Sat Dec 07 13:03:26 JST 2019
;; MSG SIZE  rcvd: 60
```

digコマンドに「+short」オプションを指定してホスト名を検索すると正引きされたIPアドレスのみを表示します。

```
$ dig +short mac.example.com @192.168.3.30 Enter
192.168.3.1
```

■ Windowsクライアントからの参照

Windowsクライアントからホスト名を指定する場合は、「ホスト名.」のように、ホスト名の最後に「.」を付ける必要があります。たとえば、Windowsのコマンドプロンプトでco8を指定する場合は、次のように指定します（pingコマンドについては228ページを参照）。

```
c:¥> ping co8.
```

5-3　ネットワークの基本コマンド

この節では、CentOS に用意されているさまざまなネットワークコマンドの中で、主にネットワークの確認やテスト用に使用されるものをいくつか紹介しましょう。

5-3-1　ip コマンド

ip コマンドは、ネットワークデバイス状態の確認や変更に使用されるコマンドです。

コマンド	ip　　ネットワークインターフェースの設定や確認をする
書　式	ip [オプション] オブジェクト [サブコマンド]

オブジェクトに「addr」を指定するとIPアドレスを指定したものとみなされ、サブコマンドに「show」を指定するとその情報が表示されます（サブコマンドのデフォルトは「show」なので省略可能です）。

```
$ ip addr show Enter
1: lo: <LOOPBACK,UP,LOWER_UP> mtu 65536 qdisc noqueue state UNKNOWN group default qlen 1000
    link/loopback 00:00:00:00:00:00 brd 00:00:00:00:00:00
    inet 127.0.0.1/8 scope host lo
       valid_lft forever preferred_lft forever
    inet6 ::1/128 scope host
       valid_lft forever preferred_lft forever
2: eno1: <BROADCAST,MULTICAST,UP,LOWER_UP> mtu 1500 qdisc mq state UP group default qlen 1000
    link/ether 8c:89:a5:49:31:6d brd ff:ff:ff:ff:ff:ff
    inet 192.168.3.30/24 brd 192.168.3.255 scope global noprefixroute eno1
       valid_lft forever preferred_lft forever
    inet6 2400:2410:95e1:5b00:46ed:a736:cb40:2534/64 scope global dynamic noprefixroute
       valid_lft 86400sec preferred_lft 14400sec
    inet6 fe80::ceb5:d0a6:bda1:62aa/64 scope link noprefixroute
       valid_lft forever preferred_lft forever
```

オブジェクトに route を指定するとルーティングテーブルの情報が表示されます。

```
$ ip route show Enter
default via 192.168.3.1 dev eno1 proto static metric 100
192.168.3.0/24 dev eno1 proto kernel scope link src 192.168.3.30 metric 100
```

5-3-2 ping コマンド

ping（ピング）コマンドは、接続先のホストにアクセスできるかどうかを調べるコマンドです。

コマンド	ping 「ICMP ECHO リクエスト」パケットを送り応答を調べる
書　式	ping [オプション] [ホスト名もしくは IP アドレス]

ping コマンドの引数にホスト名を指定して実行すると、そのホストに「**ICMP ECHO リクエスト**」というパケットを送ります。「**ICMP ECHO リクエスト**」パケットを受け取ったホストは、通常「**ICMP ECHO レスポンス**」パケットを返します。「**ICMP ECHO レスポンス**」が戻って来れば、相手のホストがオンライン状態になっています。また、その応答時間を調べることによって、途中の経路の混み具合がわかります。

たとえば、Web ブラウザで Web サイトの URL にアクセスしたのに、Web ページが表示されないというケースでは、ping を実行してみて応答があれば、「**ホストはオンライン状態だが、Web サーバソフトがダウンしている可能性が高い**」といったことがわかります。

デフォルトで 1 秒ごとに「**ICMP ECHO**」パケットを送り、その応答時間を表示します。間隔は「**-i 秒数**」オプションで変更可能です。

終了するには Ctrl + C キーを押します。

```
$ ping www.o2-m.com Enter
PING www.o2-m.com (157.7.107.128) 56(84) bytes of data.
64 bytes from 157-7-107-128.virt.lolipop.jp (157.7.107.128): icmp_seq=1 ttl=55 time=7.98 ms
64 bytes from 157-7-107-128.virt.lolipop.jp (157.7.107.128): icmp_seq=2 ttl=55 time=7.58 ms
64 bytes from 157-7-107-128.virt.lolipop.jp (157.7.107.128): icmp_seq=3 ttl=55 time=8.38 ms
^C    ← Ctrl + C キーで終了
--- www.o2-m.com ping statistics ---
3 packets transmitted, 3 received, 0% packet loss, time 5ms
rtt min/avg/max/mdev = 7.575/7.977/8.382/0.345 ms
```

Ctrl + C キーを押すと統計情報が表示されて終了します。この例では「3 packets transmitted, 3 received,」で 3 個のパケットを送出して、応答がすべて戻ってきたことを示しています。

また、最下行には、ラウンドトリップタイム（往復時間）の最小値（min）、平均（avg）、最大値（max）、偏差（mdev）が表示されます。

5-3-3 traceroute コマンド

traceroute コマンドは、前述の ping コマンドと同じく、TTL の値を使用して、目的のホストまでの経路を表示するコマンドです。パケットの往復時間も表示されるので、各経路の混み具合もわかります。

コマンド	traceroute　指定したホストまでの経路を調べる
書　式	traceroute [オプション] ホスト名もしくは IP アドレス

CentOS 8 ではデフォルトでインストールされないので次のようにしてインストールします。

```
$ sudo dnf -y install traceroute Enter
```

traceroute コマンドは、まず、TTL を「1」にしてパケットを送ります。すると、最初のルータで TTL が「0」になり、エラーのパケット（ICMP TIME_EXCEEDED）が返されます。このパケットにはそのルータの IP アドレスが埋め込まれているため、最初に通ったルータが特定できます。以下同じように、TTL を 1 ずつ増やしてパケットを送信していくことにより、目的のホストまでの経路が調べられるという仕組みです。

次に、「google.co.jp」までの経路を調べる例を示します。

```
$ traceroute  google.co.jp Enter
traceroute to google.co.jp (172.217.161.35), 30 hops max, 60 byte packets
 1  _gateway (192.168.3.1)  0.622 ms  0.672 ms  0.796 ms
 2  * * *
 3  softbank221111179169.bbtec.net (221.111.179.169)  7.968 ms  8.080 ms  8.213 ms
 4  * * *
 5  209.85.149.253 (209.85.149.253)  8.948 ms  8.980 ms  9.073 ms
 6  * * *
 7  66.249.95.154 (66.249.95.154)  8.756 ms 72.14.238.98 (72.14.238.98)  10.047 ms 216.23
9.62.24 (216.239.62.24)  10.099 ms
 8  nrt12s23-in-f3.1e100.net (172.217.161.35)  8.374 ms 108.170.242.177 (108.170.242.177)
  9.287 ms 216.239.41.69 (216.239.41.69)  11.279 ms
```

最初の行の「30 hops max」は、最大で 30 個の経路を表示することを示しています。「hops」（ホップ）はルータを飛び越える単位のことです。

2 行目以降では、各行にホストと応答時間（3 回）が表示されます。相手のホストが応答を返さない場合、あるいはなんらかの理由でパケットが破棄された場合には、「*」が表示されます。

この例では、最後が「8」になっているため、この経路には7つのルータがあることがわかります。

5-3-4 host コマンドと dig コマンド

`host` コマンドは DNS サーバに問い合わせて、名前解決を行うコマンドです。引数にホスト名を指定すれば IP アドレスが、逆に IP アドレスを指定すればホスト名が検索できます。

コマンド	host	DNS サーバに問い合わせを行う
書　式	host [オプション] ホスト名もしくは IP アドレス	

```
$ host google.co.jp Enter ←ホスト名から IP アドレスを調べる
google.co.jp has address 172.217.31.163
google.co.jp has IPv6 address 2404:6800:4004:807::2003
google.co.jp mail is handled by 30 alt2.aspmx.l.google.com.
google.co.jp mail is handled by 10 aspmx.l.google.com.
google.co.jp mail is handled by 50 alt4.aspmx.l.google.com.
google.co.jp mail is handled by 40 alt3.aspmx.l.google.com.
google.co.jp mail is handled by 20 alt1.aspmx.l.google.com.
$ host 172.217.31.163 Enter ← IP アドレスからホスト名を調べる
163.31.217.172.in-addr.arpa domain name pointer nrt12s22-in-f3.1e100.net.
```

なお、より詳細な情報を表示したい場合には `dig` コマンドを使います。

コマンド	dig	DNS サーバに問い合わせを行う
書　式	dig [@DNS サーバ] ホスト名もしくは IP アドレス	

```
$ dig google.co.jp Enter

; <<>> DiG 9.11.4-P2-RedHat-9.11.4-17.P2.el8_0.1 <<>> google.co.jp
;; global options: +cmd
;; Got answer:
;; ->>HEADER<<- opcode: QUERY, status: NOERROR, id: 41495
;; flags: qr rd ra; QUERY: 1, ANSWER: 1, AUTHORITY: 4, ADDITIONAL: 9

;; OPT PSEUDOSECTION:
```

```
; EDNS: version: 0, flags:; udp: 4096
;; QUESTION SECTION:
;google.co.jp.        IN A

;; ANSWER SECTION:
google.co.jp.     89 IN A  216.58.197.163

;; AUTHORITY SECTION:
google.co.jp.     873   IN NS ns4.google.com.
google.co.jp.     873   IN NS ns2.google.com.
google.co.jp.     873   IN NS ns3.google.com.
google.co.jp.     873   IN NS ns1.google.com.

;; ADDITIONAL SECTION:
ns1.google.com.      88364 IN AAAA  2001:4860:4802:32::a
ns2.google.com.      117506   IN AAAA  2001:4860:4802:34::a
ns3.google.com.      96634 IN AAAA  2001:4860:4802:36::a
ns4.google.com.      109197   IN AAAA  2001:4860:4802:38::a
ns1.google.com.      98072 IN A  216.239.32.10
ns2.google.com.      87277 IN A  216.239.34.10
ns3.google.com.      91092 IN A  216.239.36.10
ns4.google.com.      154393   IN A  216.239.38.10

;; Query time: 12 msec
;; SERVER: 192.168.3.1#53(192.168.3.1)
;; WHEN: 土 12月 07 14:41:29 JST 2019
;; MSG SIZE  rcvd: 315
```

5-3-5　ss コマンド

ネットワークの接続口のことを**ソケット**と呼びます。ss はネットワークのソケット情報を表示するコマンドです。CentOS 7 以前に使用されていた netstat コマンドを置き換えるコマンドです。

コマンド	ss	ネットワークソケットの情報を表示する
書　式	ss [オプション]	

よく使う使用例を示しましょう。現在接続完了（ESTABLISHED）な TCP プロトコルのソケットを表示するには、TCP プロトコルで絞り込む「-t」オプションを指定して次のようにします。

```
$ ss -t Enter
```

```
State    Recv-Q    Send-Q                                    Local Address:Port
                                          Peer Address:Port
ESTAB    0         0                                            192.168.3.30:ssh
                                          192.168.3.16:58033
ESTAB    0         0                [2400:2410:95e1:5b00:46ed:a736:cb40:2534]:ssh
                  [2400:2410:95e1:5b00:6001:169d:2b4d:f130]:60853
```

待ち受け状態（LISTEN）のソケットを表示するには「-l」オプションを追加して次のようにします。

```
$ ss -lt Enter
State    Recv-Q   Send-Q      Local Address:Port                 Peer Address:Port
LISTEN   0        32              0.0.0.0:domain                     0.0.0.0:*
LISTEN   0        2             127.0.0.1:findviatv                  0.0.0.0:*
LISTEN   0        128             0.0.0.0:ssh                        0.0.0.0:*
LISTEN   0        5             127.0.0.1:ipp                        0.0.0.0:*
LISTEN   0        64              0.0.0.0:33467                      0.0.0.0:*
LISTEN   0        50              0.0.0.0:microsoft-ds               0.0.0.0:*
...
LISTEN   0        5                 [::1]:ipp                           [::]:*
LISTEN   0        128                   *:telnet                           *:*
LISTEN   0        128                [::]:37917                         [::]:*
LISTEN   0        50                 [::]:microsoft-ds                  [::]:*
LISTEN   0        64                 [::]:nfs                           [::]:*
LISTEN   0        50                 [::]:netbios-ssn                   [::]:*
LISTEN   0        5                  [::]:5902                          [::]:*
LISTEN   0        128                [::]:sunrpc                        [::]:*
LISTEN   0        128                [::]:mountd                        [::]:*
LISTEN   0        128                   *:http                             *:*
LISTEN   0        64                 [::]:44049                         [::]:
```

5-3-6　nmap で空いているポートを調べる

ネットワークポートを順にスキャンして、空いているポートを調べることを「**ポートスキャン**」と呼びます。ポートスキャンを行う代表的なコマンドが nmap です。

コマンド	nmap	ポートスキャンを行う
書　式	nmap オプション ホスト名	

デフォルトではインストールされないので次のようにしてインストールします。

```
$ sudo dnf -y install nmap Enter
```

nmapコマンドをオプションなしで実行した場合は、TCPポートがスキャンされ、開いているポートが表示されます。

```
$ nmap localhost Enter
Starting Nmap 7.70 ( https://nmap.org ) at 2019-11-04 23:30 JST
Nmap scan report for localhost (127.0.0.1)
Host is up (0.00037s latency).
Other addresses for localhost (not scanned): ::1
Not shown: 992 closed ports
PORT     STATE SERVICE
22/tcp   open  ssh
23/tcp   open  telnet
111/tcp  open  rpcbind
139/tcp  open  netbios-ssn
445/tcp  open  microsoft-ds
631/tcp  open  ipp
3389/tcp open  ms-wbt-server
5902/tcp open  vnc-2

Nmap done: 1 IP address (1 host up) scanned in 0.09 seconds
```

UDPポートをスキャンするには、「-sU」オプションを指定して実行します（スーパーユーザの権限が必要です）。

```
$ sudo nmap -sU localhost Enter
Starting Nmap 7.70 ( https://nmap.org ) at 2019-11-04 23:32 JST
Nmap scan report for localhost (127.0.0.1)
Host is up (0.000012s latency).
Other addresses for localhost (not scanned): ::1
Not shown: 996 closed ports
PORT     STATE         SERVICE
111/udp  open          rpcbind
137/udp  open          netbios-ns
138/udp  open|filtered netbios-dgm
5353/udp open|filtered zeroconf

Nmap done: 1 IP address (1 host up) scanned in 2.73 seconds
```

5-4 ファイアウォールの設定

この節では、安全なネットワーク運用に欠かせないファイアウォールの基本設定について解説します。CentOSには「firewalld」というファイアウォールの管理を行うサービスがデフォルトで搭載されています。

5-4-1 ファイアウォールを有効にする

「ファイアウォール」とは日本語にすれば「防火壁」というような意味ですが、外部からの侵入からネットワークを守るための仕組みや概念のことです。CentOSではファイアウォールをsystemdの「firewalld」サービスで管理します。

まずは、systemctlコマンドでfirewalldサービスの状態を確認してみましょう。

```
$ systemctl status firewalld Enter
● firewalld.service - firewalld - dynamic firewall daemon
   Loaded: loaded (/usr/lib/systemd/system/firewalld.service; enabled; vendor preset: enabled)
   Active: active (running) since Mon 2019-11-04 16:03:41 JST; 7h ago
     Docs: man:firewalld(1)
 Main PID: 30021 (firewalld)
    Tasks: 2 (limit: 26213)
   Memory: 23.0M
   CGroup: /system.slice/firewalld.service
           └─30021 /usr/libexec/platform-python -s /usr/sbin/firewalld --nofork --nopid
```

「Active」が「active」になっていればファイアウォールは動作中です。

5-4-2 ファイアウォールの起動と停止

firewalldの起動/停止は次のようにします。

- 起動する

```
$ sudo systemctl start firewalld Enter
```

- 停止する

```
$ sudo systemctl stop firewalld Enter
```

5-4-3　firewall-cmdコマンドとゾーンについて

firewalldサービスの設定を行うコマンドが「firewall-cmd」です。

コマンド	firewall-cmd	ファイアウォールの設定を行う
書　式	firewall-cmd [オプション]	

firewalldでは「ゾーン」という単位で設定を行います。ゾーンは、パケットの出入りをネットワークインターフェースごとに制御する信頼レベルの定義です。デフォルトで使用されるのは「**デフォルトゾーン**」です。現在のデフォルトゾーンは「--get-default-zones」オプションで確認できます。

```
$ firewall-cmd --get-default-zone Enter
public
```

結果を見るとわかるように初期状態では「public」がデフォルトゾーンです。一般的なパブリックLANに適用される標準的な信頼レベルで、内部に入ってくるパケットは、初期状態ではsshやdhcpv6-clientなど、必要最低限のみ許可されています。

利用可能なゾーンの一覧を表示するには「--get-zones」オプションを指定します。

```
$ firewall-cmd --get-zones Enter
block dmz drop external home internal public trusted work
```

結果から、ゾーンの定義には9種類あることがわかります。

> ここでは、ゾーンの詳細な説明はしないので、詳しくはhttps://firewalld.orgを参照してください。

■ ネットワークインターフェースに設定されているゾーンを確認する

ネットワークインターフェースごとに、どのゾーンが有効になっているかは、「--get-active-zones」オプションで確認できます。

```
$ firewall-cmd --get-active-zones Enter
libvirt
  interfaces: virbr0
public
  interfaces: eno1
```

「libvirt」は仮想環境のためのゾーンなのでここでは無視してかまいません。上記の例では、デフォルトではネットワークインターフェース「eno1」に対してデフォルトゾーンである public ゾーンが有効になっています。

■ ゾーンのファイアウォール設定を確認する

ゾーンに対してどのようなファイアウォール設定がされているかは「 --list-all」オプションでわかります。実行にはスーパーユーザの権限が必要です。

```
$ sudo firewall-cmd --list-all Enter
public (active)
  target: default
  icmp-block-inversion: no
  interfaces: eno1
  sources:
  services: cockpit dhcpv6-client http mdns ssh ←①
  ports: 3389/tcp   ←②
  protocols:
  masquerade: no
  forward-ports:
  source-ports:
  icmp-blocks:
  rich rules:
```

5-4-4　サービスごとの設定

firewalld のゾーンでは、それぞれのネットワークサービスのポートの設定を「**サービス**」と呼んでいます。前述の firewall-cmd --list-all の実行結果の①では、現在有効なサービスの一覧が表示されています。

```
  services: cockpit dhcpv6-client http mdns ssh
```

たとえば、「ssh」は安全なリモートログインを行う SSH のサービスです。サービスの設定ファイルは/usr/lib/firewalld/services ディレクトリに「**サービス名**.xml」の XML ファイルとして用意されています。

リスト 5-4　/usr/lib/firewalld/services/ssh.xml

```
<?xml version="1.0" encoding="utf-8"?>
<service>
  <short>SSH</short>
  <description>Secure Shell (SSH) is a protocol for logging into and executing ⇒
commands on remote machines. It provides secure encrypted communications. If y ⇒
ou plan on accessing your machine remotely via SSH over a firewalled interface,⇒
 enable this option. You need the openssh-server package installed for this opt⇒
ion to be useful.</description>
  <port protocol="tcp" port="22"/>  ← (a)
</service>
```

(a) の port に注目してください

```
<port protocol="tcp" port="22"/>
```

SSH が使用するのが TCP プロトコルの 22 番ポートであることを表しています。

■ ポートによる設定

サービスを使用しないで、ポート単位で直接設定を行っているのが、前ページの firewall-cmd --list-all の実行結果の②の部分です。これは TCP の 3389 番ポート（リモートデスクトップが使用するポート）を開いていることを示します。

```
ports: 3389/tcp
```

5-4-5　サービス、ポートの設定のみを表示

なお、firewall-cmd コマンドに、「--list-all」の代わりに「--list-services」「--list-ports」を指定することでそれぞれサービスのみ、ポートのみの設定状態を表示できます。

```
$ sudo firewall-cmd --list-services Enter
cockpit dhcpv6-client mdns samba ssh vnc-server

$ sudo firewall-cmd --list-ports Enter
3389/tcp
```

■ サービスを登録する

ファイアウォールに接続を許可するサービスを登録するには次のようにします。

```
firewall-cmd --add-service=サービス --zone=ゾーン --permanent
```

「--zone=ゾーン」を指定しなければデフォルトゾーンに追加されます。また「--permanent」を指定すると設定を保存し次回以降の起動時にも反映させます。

次に、Windows のファイルサーバ「Samba」のための samaba サービスを public ゾーンで有効にする例を示します。

```
$ sudo firewall-cmd --add-service=samba --zone=public --permanent Enter
success
```

サービスを追加したら「firewall-cmd --reload」を実行して設定を反映させます。

```
$ sudo firewall-cmd --reload Enter
success
```

■ サービスを取り除く

サービスを取り除くには「--add-service」の代わりに「--remove-service」を使用します。samba サービスを取り除くには次のようにします。

```
$ sudo firewall-cmd --remove-service=samba --zone=public --permanent Enter
success
```

■ ポートを登録する

接続を許可するポート番号を登録するには、「--add-port」オプションを使用して次のようにします。

```
firewall-cmd --add-port=ポート番号/tcpもしくはudp --zone=ゾーン --permanent
```

サービスを登録する場合と同じ「--permanent」を指定すると恒久的な設定を行います。

たとえば TCP と UDP の 8000 番ポートを、public ゾーンに恒久的に追加するには次のようにします。

```
$ sudo firewall-cmd --add-port=8000/tcp --permanent Enter
success
```

```
$ sudo firewall-cmd --add-port=8000/udp --permanent Enter
success
$ sudo firewall-cmd --reload Enter
success
$ sudo firewall-cmd --list-ports Enter
3389/tcp 8000/tcp 8000/udp
```

■ ポートを削除する

ポートを削除するには「--remove-port」オプションを指定します。

```
$ sudo firewall-cmd --remove-port=8000/udp --permanent Enter
success
$ sudo firewall-cmd --remove-port=8000/tcp --permanent Enter
success
$ sudo firewall-cmd --reload Enter
success
$ sudo firewall-cmd --list-ports Enter
3389/tcp
```

5-4-6 IP アドレスで拒否する

Web サーバに特定のホストから悪意のある攻撃があった場合など、特定の IP アドレスからのアクセスを遮断したい場合があります。方法はいくつかありますが、簡単には drop ゾーンに IP アドレスを登録します。

```
firewall-cmd --zone=drop --add-source=ネットワークアドレス
```

たとえば、192.168.3.41 からの接続を遮断するには次のようにします。

```
$ sudo firewall-cmd --zone=drop --add-source=192.168.3.41 Enter
success
$ sudo firewall-cmd --reload Enter
```

恒久的に IP アドレスを追加するには「--permanent」オプションを追加します。

以上で drop ゾーンを確認すると「sources」に IP アドレスが追加されたことがわかります。

```
$ sudo firewall-cmd --zone=drop --list-all  Enter
drop (active)
  target: DROP
  icmp-block-inversion: no
  interfaces:
  sources: 192.168.3.41 ←拒否するアドレス
  services:
  ports:
  protocols:
  masquerade: no
  forward-ports:
  source-ports:
  icmp-blocks:
  rich rules:
```

また、アクティブゾーンの状態を見ると、に drop ゾーンが加えられていることがわかります。

```
$ sudo firewall-cmd --get-active-zones  Enter
drop
  sources: 192.168.3.41
libvirt
  interfaces: virbr0
public
  interfaces: eno1
```

■ IP アドレスを削除する

drop ゾーンから IP アドレスを削除するには「`--remove-source`」オプションを使用します。

```
$ sudo firewall-cmd --zone=drop --remove-source=192.168.3.41
success
```

5-5　SELinux の基礎知識

ファイアウォールと並んで、Linux におけるセキュリティの要と言えるのが SELinux です。この節では、SELinux の基礎知識について説明しましょう。

5-5-1　SELinux とは

セキュリティを強化した OS のことを一般に「**セキュア OS**」と呼びます。CentOS には、強力なアクセス制御機能を実現し Linux をセキュア OS 化するモジュールである SELinux が標準搭載されています。SELinux（Security-Enhanced Linux）は、Linux をセキュア OS 化する目的で開発された、Linux 用のセキュリティ拡張モジュールです。米国の NSA（National Security Agency：http://www.nsa.gov/）が中心になって開発し，GPL にしたがって配布されています。

5-5-2　強制アクセス制御

これまでの UNIX 系 OS では、ユーザがファイルやディレクトリ設定したパーミッションによりアクセス制御を行うという方法が採られていました。

そのようなアクセス制御の仕組みを、「**任意アクセス制御**」（DAC : Discretionary Access Control）と言います。任意アクセス制御では、アクセス制御はファイルの所有者が行うため、システム全体での統一したセキュリティの管理が難しくなります。また、スーパーユーザ（root）はシステムに関するあらゆる権限を与えられているため、root 権限が奪われるとシステムを乗っ取られてしまいます。

それに対して SELinux によってセキュア OS 化したシステムでは、「**任意アクセス制御**」に加えて「**強制アクセス制御**」（MAC : Mandatory Access Control）というアクセス制御の仕組みがカーネルに取り込まれています。

強制アクセス制御では、セキュリティ管理者が設定した「**セキュリティポリシー**」に基づいてカーネルがアクセス制御を行います。セキュリティポリシーとは「**誰が、何に、～を許可する**」といった設定を羅列したものです。

さらに、強制アクセス制御はスーパーユーザにも適用されるため、root の権限を制限することができます。SELinux の主な機能を**表 5-1** にまとめておきます。

表 5-1　SELinux の主な機能

機能	説明
TE(Type Enforcement)	プロセスにアクセスを許可する権限を与える機能
RBAC（Role-based access control）	ユーザごとに権限を設定する機能
MCS（Multi category security）	プロセス分離機能
監査ログ	アクセス許可、拒否のログを記録する機能
Userland AVC	アプリケーションごとのアクセス制御を SELinux 側でチェックする機能

5-5-3　TE について

SELinux の機能の中で強制アクセス制御モデルの中心となるのが、TE（Type Enforcement）です。TE（Type Enforcement）とは、ファイルやプロセスなどのリソースに「**ラベル**」を付けて、細かくアクセス制御を行う機能です。設定はすべてセキュリティポリシーに記載されています。

プロセスに付けられたラベルを「**ドメイン**」、ファイルやディレクトリなどのリソースに付けられたラベルを「**タイプ**」と呼びます。ドメインごとに、各タイプに対してどのようなアクセス制御を行うかを設定していきます。

例として Web サーバ「Apache」を取り上げましょう。Apache のプロセス「httpd」には、「httpd_t」というドメインが割り当てられています。また、デフォルトの Web ページの保存場所は/var/www ディレクトリですが、そのディレクトリ以下のファイルには「httpd_sys_content_t」というタイプが割り当てられています。

たとえば、httpd_t ドメインに、httpd_sys_content_t タイプの「**読み込み**」(read) と「**属性の取得**」(getattr) を許可するセキュリティポリシーの設定例は次のようになります。

```
allow httpd_t httpd_sys_content_t:file { read getattr};
 ↑     ↑              ↑             ↑      ↑
許可する ドメイン       タイプ        ファイル 許可する属性
```

Web ブラウザからアクセスがあると、httpd プロセスが、HTML ファイルの読み込み要求をカーネルに出し、カーネル内の SELinux モジュールがセキュリティポリシーをチェックし許可されていればファイルの読み込みが行われます。

5-5-4　RBACについて

RBAC（Role-Based Access Control）は、ユーザに割り当てたロールによってアクセス権減を限定する仕組みです。RBACでは、ユーザごとに個別にアクセス制御を設定した「**ロール**」と呼ばれる役割を与え、アクセス可能なリソースを設定できます。たとえば「**Webページ管理者**」といったロールを用意して、Web管理に必要なリソースに対してのみアクセスを許可するといった設定が可能です。

ロールは一般ユーザ、スーパーユーザの区別なく割り当てられます。たとえば、SSHによるリモートログインでrootとしてログインした場合には、より権限の低いロールを割り当てるといった設定も可能です。

5-5-5　セキュリティコンテキスト

「**ユーザ名:ロール:ドメインもしくはタイプ**」の組み合わせのことを「**セキュリティコンテキスト**」と呼びます。プロセスのセキュリティコンテキストは、「`-Z`」オプションを指定してpsコマンドを実行すると確認できます。

■ プロセスのセキュリティコンテキスト

次に、Apacheのhttpdプロセスのセキュリティコンテキストを確認する例を示します。

```
$ ps -AZ | grep httpd Enter
system_u:system_r:httpd_t:s0      9394 ?        00:00:19 httpd
system_u:system_r:httpd_t:s0     22653 ?        00:00:00 httpd
system_u:system_r:httpd_t:s0     22654 ?        00:01:05 httpd
～略～
```

最初のフィールドに表示されるのがセキュリティコンテキストです。プロセスの場合には、次のような書式になります。

```
ユーザ識別子:ロール:ドメイン
```

「**ドメイン**」は最後に「`_t`」で終わる文字列です。httpdには、「`httpd_t`」というドメインが付けられていることがわかります。

■ ファイルのセキュリティコンテキスト

ファイルなどのリソースに関するセキュリティコンテキストは、ls コマンドを「-Z」オプションを指定して実行すると確認できます。次に、/var/www ディレクトリ以下のセキュリティコンテキストを表示する例を示します。

```
$ ls -dZ /var/www Enter
system_u:object_r:httpd_sys_content_t:s0 /var/www
```

ファイルのセキュリティコンテキストは次のような書式になります。

```
ユーザ識別子:ロール:タイプ
```

ドメインと同じく、タイプも「_t」で終わる文字列です。/var/www ディレクトリには「httpd_sys_content_t」というタイプが付けられていることがわかります。

5-5-6 SELinux の動作モード

CentOS には基本的なサービスの設定が記載されたセキュリティポリシーが同梱された SELinux が組み込まれ、初期状態で動作しています。SELinux の動作モードには次の 2 種類があります（表 5-2）。

表 5-2 SELinux の動作モード

モード	説明
Enforcing	SELInux による強制アクセス制御を行うモード
Permissive	アクセス制御自体は行わず、警告やメッセージをログファイル（/var/log/messages および dmesg）に記録するモード

現在のモードは getenforce コマンドを引数なしで実行すると確認できます。

コマンド	getenforce	SELinux のモードを表示する
書　式	getenforce	

初期状態では強制アクセス制御を行う Enforcing モードになっています。

```
# getenforce Enter
```

```
Enforcing
```

5-5-7　動作モードの変更

SELinux の動作モードを切り替えるには setenforce コマンドを使用します。

コマンド	setenforce　　SELinux のモードを変更する
書　式	setenforcee モード

引数に「1」を指定した場合には Enforcing モード、「0」を指定した場合には Permissive モードとなります。

```
$ sudo setenforce 0 Enter  ← Permissive モードにする
$ sudo setenforce 1 Enter  ← Enforcing モードにする
```

setenforce コマンドは、サービスでエラーが起こった場合に、それが SELinux のアクセス制御に引っかかったためなのかどうかを調べるために使用されます。Permissive モードに変更してエラーが消えればアクセス制御の影響であることがわかります。

5-5-8　ブーリアン値による項目のオン/オフ

SELinux には、セキュリティポリシーを直接修正することなく、個別にオン/オフできるポリシーがブーリアン値（boolean value）として用意されています。

ブーリアン値を表示するには getsebool コマンドを使用します。

コマンド	getsebool　　ブーリアン値を設定する
書　式	getsebool ブーリアン値

たとえば、「httpd_enable_cgi」は Apache のプロセス「httpd」に CGI の実行許可するかどうかの設定です。

```
$ getsebool httpd_enable_cgi Enter
httpd_enable_cgi --> on
```

上記のように「on」と表示されていれば有効になっています。「off」の場合には無効になっています。「-a」オプションを指定した場合にはすべての値が表示されます。

```
$ getsebool -a Enter
abrt_anon_write --> off
abrt_handle_event --> off
abrt_upload_watch_anon_write --> on
antivirus_can_scan_system --> off
antivirus_use_jit --> off
auditadm_exec_content --> on
～略～
```

ブーリアン値を設定するには setsebool コマンドを使用します。

コマンド	setsebool	ブーリアン値を表示する
書　式	setsebool ブーリアン値 値（on もしくは off）	

たとえば「httpd_enable_cgi」をオフ（off）にするには次のようにします。

```
$ sudo setsebool httpd_enable_cgi off Enter
```

Chapter 6 ファイルサーバを立ち上げる

ローカルネットワークでのLinuxのポピュラーな利用法として、ファイルサーバがあります。このChapterでは、Windowsで一般的なSMBプロトコルによるファイルサーバ「Samba」、およびUNIX系OSの世界で伝統的なNFSプロトコルを使用したファイルサーバの設定について説明します。

6-1 Windowsのファイルサーバ Samba

この節では、Windowsのファイルサーバ機能を実現する「Samba」の設定について説明します。公開したファイルシステムはWindowsだけでなく、MacやLinuxからもマウントできます。

6-1-1 Sambaとは

Samba（サンバ）は、Windowsネットワークのファイルサーバ機能およびプリントサーバ機能をLinuxなどUNIX系OS上に実装したサーバソフトウェアです。名前は、Windowsのファイル共有プロトコルであるSMB（Server Message Block）に由来しています。もちろん、オープンソースとして公開されています。

なお、Macの場合、かつてはAppleShareという独自のファイル共有機能が標準でしたが、現在ではSMBによるファイル共有が標準となっています。そのためMacからSambaで公開されているファイルシステムをマウントできます。

6-1-2 Sambaのインストール

Sambaはデフォルトではインストールされていません。次のようにして、`dnf`コマンド使用してSamba関連のパッケージをインストールします。

```
$ sudo dnf -y install samba Enter
```

以上で、次の3つのRPMパッケージがインストールされます（表6-1）。

表6-1 Sambaのパッケージ

パッケージ	説明
samba	Sambaのメインパッケージ
samba-common-tools	Sambaのユーティリティ
samba-libs	Sambaのライブラリ

6-1-3 Sambaサービスを起動する

Sambaサーバには、次の2つのsystemdサービスが必要です（表6-2）。

表6-2 Sambaのサービス

サービス	説明
smb.service	ファイル共有機能、プリンタ共有機能を提供するサービス
nmb.service	NetBIOSプロトコルの名前解決を行うサービス

`systemctl`コマンドを使用して、これらのサービスを有効にします。

```
$ sudo systemctl enable smb --now Enter
Created symlink /etc/systemd/system/multi-user.target.wants/smb.service → /usr/lib/syste
md/system/smb.service.
$ sudo systemctl enable nmb --now Enter
Created symlink /etc/systemd/system/multi-user.target.wants/nmb.service → /usr/lib/syste
md/system/nmb.service.
```

6-1-4　ファイアウォールを設定する

続いて、ファイアウォール（firewalld）で Samba が使用するポートを開きます。Samba パッケージをインストールすると、ファイアウォールの設定ファイルが/usr/lib/firewalld/services/samba.xml に用意されます。

リスト 6-1　/usr/lib/firewalld/services/samba.xml

```
<?xml version="1.0" encoding="utf-8"?>
<service>
  <short>Samba</short>
  <description>This option allows you to access and participate in Windows file ⇒
and printer sharing networks. You need the samba package installed for this opti⇒
on to be
 useful.</description>
  <port protocol="udp" port="137"/>
  <port protocol="udp" port="138"/>
  <port protocol="tcp" port="139"/>
  <port protocol="tcp" port="445"/>
  <module name="nf_conntrack_netbios_ns"/>
</service>
```

これを見ると、Samba では、UDP の 137 と 138、TCP の 139 と 445 のポートが使用されることがわかります。

次に、`firewall-cmd` コマンドを使用して Samba のファイアウォールを有効にします。次の例ではデフォルトの public ゾーンを使用しているものとしています。

```
$ sudo firewall-cmd --permanent --zone=public --add-service=samba Enter
success
$ sudo firewall-cmd --reload Enter
success
```

6-1-5　Samba 専用のユーザを登録する

Samba サーバでは、Linux に登録されているアカウントとは別に、独自にユーザ管理を行っています。そのため、あらかじめ Samba サーバにログインできるユーザを登録しておく必要があります。それには `pdbedit` コマンドを使用します。

コマンド	pdbedit　　Samba のユーザを登録する
書　式	pdbedit -a ユーザ名

たとえば、ユーザ「o2」を追加する例を示します。

```
$ sudo pdbedit -a o2
new password:□□□□ Enter
retype new password:□□□□ Enter
Unix username:        o2
NT username:
Account Flags:        [U          ]
User SID:             S-1-5-21-4231320854-868436061-1863470969-1000
Primary Group SID:    S-1-5-21-4231320854-868436061-1863470969-513
Full Name:            makoto otsu
Home Directory:       \\cos8\o2
HomeDir Drive:
Logon Script:
Profile Path:         \\cos8\o2\profile
Domain:               COS8
Account desc:
Workstations:
Munged dial:
Logon time:           0
Logoff time:          水, 06  2月 2036 10:06:39 EST
Kickoff time:         水, 06  2月 2036 10:06:39 EST
Password last set:    水, 06 11月 2019 08:14:52 EST
Password can change:  水, 06 11月 2019 08:14:52 EST
Password must change: never
Last bad password   : 0
Bad password count  : 0
Logon hours         : FFFFFFFFFFFFFFFFFFFFFFFFFFFFFFFFFFFFFFFFFF
```

現在登録されている Samba ユーザの一覧を表示するには「sudo pdbedit -L」を実行します。

6-1-6　SELinux のブーリアン値の設定

SELinux を有効にしている場合、デフォルトでは、Samba サーバからユーザのホームディレクトリへのアクセスが許可されていません。

次のようにしてブーリアン値「samba_enable_home_dirs」をオンにします。

```
$ sudo setsebool -P samba_enable_home_dirs on Enter
```

なお、現在「samba_enable_home_dirs」がオンかどうかは次のようにして確認できます。

```
$ sudo getsebool samba_enable_home_dirs Enter
samba_enable_home_dirs --> on
```

6-1-7 Windows や Mac からからアクセスする

以上で、Windows 同士のファイル共有と同じ Linux 側のホームディレクトリにアクセスできるようになります。エクスプローラのアドレスで次の形式で指定します。

¥¥サーバ名¥ユーザ名

ここでは、avahi のマルチキャスト DNS で名前解決を行っているため、「¥¥co8.local¥o2」と入力します。すると、「ネットワーク資格情報の入力」が表示されるのでパスワードを入力します（図 6-1）。

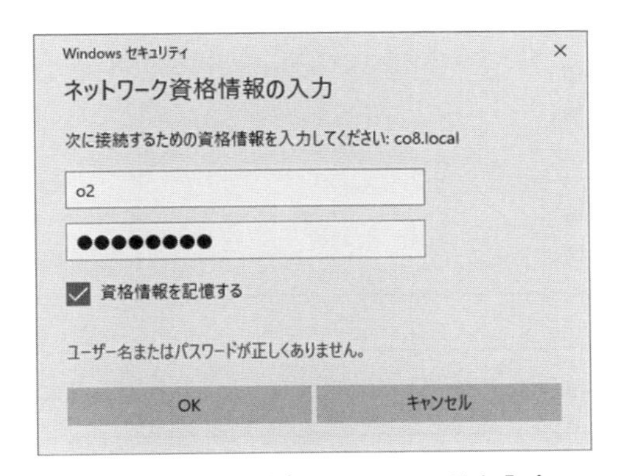

図 6-1　ユーザ名とパスワードを入力

図 6-2 に、Windows 側から Linux のホームディレクトリを開いた画面を示します。

図 6-2　ホームディレクトリが開いた

6-1-8　Samba の設定ファイル「smb.conf」

Samba のメイン設定ファイルは/etc/samba/smb.conf です。このファイルはセクションという単位に区切られ、セクションごとに 1 行に 1 組ずつ「パラメータ = 値」の形式で設定を記述します。

```
[セクション名]
        パラメータ = 値
        パラメータ = 値
..
[セクション名]
        パラメータ = 値
        パラメータ = 値
```

> セクション名は [ ] で囲みます。また、「#」（もしくは「;」）以降から行末まではコメントになります。

いくつかのセクション名は予約されています。次に、予約されているセクション名を示します（表 6-3）。

表 6-3　予約されているセクション名

セクション	説明
global	Samba 全般に関する設定
homes	ユーザのホームディレクトリに関する設定
printers	/etc/printcap に登録されているプリンタを自動的に共有するための設定

これ以外のセクションは、共有ごとに自由に設定できます。

■ ワークグループ名の設定

Windows サーバの管理単位にワークグループがあります。global セクションの workgroup で、ワークグループ名で設定します。

```
[global]
        workgroup = SAMBA
```

■ ホームディレクトリの設定

ホームディレクトリの設定は homes セクションに用意されています。

```
[homes]
        comment = Home Directories
        valid users = %S, %D%w%S
        browseable = No
        read only = No
        inherit acls = Yes
```

たとえば、書き込み禁止にしたければ「read only」を「Yes」に設定します。

valid users は、登録ユーザのみアクセスできるようにするための設定です。各変数は、以下のような意味です。

%S　ユーザーアカウント
%D　ドメイン名もしくはワークグループ名
%w　Winbind のデリミタ

■ 共有ディレクトリの設定

ここでは、新たに任意のユーザがアクセス可能な共有ディレクトリを「share」というセクションとして作成してみましょう。公開する場所は「/var/samba」とします。その下に誰でも書き込み可能な public ディレクトリを作成します。

```
$ sudo mkdir /var/samba Enter
$ sudo chmod 555 /var/samba Enter
$ sudo mkdir /var/samba/public Enter
$ sudo chmod 777 /var/samba/public Enter
```

/etc/samba/smb.conf の最後に次のような share セクションを加えます。

```
[share]
        path = /var/samba
        browsable = yes
        read only = No
```

■ smb.conf のテスト

自分で smb.conf ファイルを修正したような場合には、smb.conf にエラーがないかどうかを確かめる testparm というコマンドを実行するとよいでしょう。

次に、実行例を示します。

```
$ testparm Enter
Load smb config files from /etc/samba/smb.conf
rlimit_max: increasing rlimit_max (1024) to minimum Windows limit (16384)
Processing section "[homes]"
Processing section "[printers]"
Processing section "[print$]"
Processing section "[share]"
Loaded services file OK.
Server role: ROLE_STANDALONE

Press enter to see a dump of your service definitions Enter
～略～
```

■ 設定を反映させる

smb.conf ファイルを修正したら、次のように systemctl コマンドを実行し、Samba サーバに設定を読み込ませます。

```
$ sudo systemctl reload smb Enter
smb.conf ファイルを再読み込み中:
$ sudo systemctl reload nmb Enter
```

■ SELinux の設定

続いて、次のようにして/var/samba ディレクトリ以下に SELinux のラベルを設定します。

```
$ sudo semanage fcontext -a -t samba_share_t "/var/samba(/.*)?" Enter
$ sudo restorecon -R -v /var/samba Enter
Relabeled /var/samba from unconfined_u:object_r:var_t:s0 to unconfined_u:object_r:samba_
share_t:s0
Relabeled /var/samba/public from unconfined_u:object_r:var_t:s0 to unconfined_u:object_r
:samba_share_t:s0
Relabeled /var/samba/test.txt from unconfined_u:object_r:var_t:s0 to unconfined_u:object
_r:samba_share_t:s0
```

以上で、任意のユーザが/var/samba ディレクトリにアクセスできるようになります。

■ 共有ディレクトリへのアクセス

エクスプローラのアドレスで次の形式で指定します。

¥¥サーバ名¥共有名

ここでは、「¥¥co8.local¥share」と入力すると、「ネットワーク資格情報の入力」が表示されるのでパスワードを入力します。Windows クライアントから共有ディレクトリが参照可能になります（図 6-3）。

図 6-3　/var/samba ディレクトリを開いた共有したディレクトリ

6-2 NFSサーバの設定

UNIX系OSのファイル共有としては古くからNFSが使用されてきました。この節ではCentOSにおけるNFSサーバとNFSクライアントの基本的な設定方法について説明します。

6-2-1 NFSとは

NFSは「Network File System」の略で、UNIXの世界では標準的なファイル共有機能です。もともとはサン・マイクロシステムズ社のワークステーション用に開発されましたが、のちに仕様が無償で公開されたことにより、現在ではLinuxやMacなど多くのUNIX環境に移植されています。さらには、Windows 10（HOME以外）にもクライアント機能が用意されています。

NFSのバージョンはバージョン3系（NFSv3）とバージョン4系（NFSv4）が広く使用されています。バージョン3は、使用するネットワークポートが接続時まで決まらないため、ファイアウォール越しの運用は難しくなります。それに対してバージョン4はTCPの2049番ポート固定のためより安全な運用が可能です。CentOSのNFSは、デフォルトでバージョン4プロトコルを使用します。

6-2-2 NFSサーバ側の設定

NFSサーバ側では、nfs-utilsパッケージをインストールします。

```
$ sudo dnf install nfs-utils Enter
```

次に、systemctlコマンドでrpcbindサービスとnfs-serverサービスを起動します。

```
$ sudo systemctl enable rpcbind --now Enter
Created symlink /etc/systemd/system/multi-user.target.wants/rpcbind.service → /usr/lib/s
ystemd/system/rpcbind.service.
$ sudo systemctl enable nfs-server --now Enter
Created symlink /etc/systemd/system/multi-user.target.wants/nfs-server.service → /usr/li
b/systemd/system/nfs-server.service.
```

■ ファイアウォールの設定

firewall-cmdコマンドに「--add-service=nfs」オプションを指定して、ファイアウォール（firewalld）でNFSv4が使用するポートを開きます。

```
$ sudo firewall-cmd --permanent --zone=public --add-service=nfs Enter
success
```

```
$ sudo firewall-cmd --reload Enter
success
```

■ 公開するファイルシステムの設定

NFS サーバ側では、公開するファイルシステムを「/etc/exports」で設定します。各行の書式は次のようになります。

```
ディレクトリ 公開範囲 (オプション)
```

次に/var/share ディレクトリを「192.168.3.x」に公開する設定例を示します。

```
$ sodo mkdir /var/share Enter
```

リスト 6-2　/etc/exports

```
/var/share 192.168.3.0/24(rw,async,no_root_squash)
```

/etc/exports を変更したら次のようにして NFS サーバに反映させます。

```
$ sudo systemctl reload nfs-server Enter
```

■ 公開されているディレクトリの確認

現在公開されているディレクトリの一覧は、「showmount -e」コマンドで確認できます。

コマンド	showmount	公開されているディレクトリを確認する
書　式	showmount -e ホスト名	

「showmount -e」をホスト名を省略して実行した場合には、自分自身で公開しているディレクトリが表示されます。

```
$ showmount -e Enter
Export list for co8.example.com:
/var/share 192.168.3.0/24
```

6-2-3 NFSクライアント側の設定

NFSクライアント側ではnfs-utilsパッケージをインストールします。

```
$ sudo dnf install nfs-utils Enter
```

次に、rpcbindサービスを起動します、

```
$ sudo systemctl enable rpcbind --now Enter
```

■ CentOS 8クライアントからNFSファイルシステムをマウントする

NFSクライアント側で、NSFサーバで公開されているファイルシステムをマウントするには次の形式でmountコマンドを実行します。

```
mount -t nsf NFSサーバ:公開されているファイルシステム マウントポイント
```

次に、NFSサーバ「co8.example.com」で公開されている/var/shareディレクトリを/mnt/nfsディレクトリにマウントする例を示します。

```
$ sodo mkdir /mnt/nfs Enter
$ sudo mount -t nfs co8.example.com:/var/share /mnt/nfs Enter
```

mountコマンドを引数なしで実行するとマウント状態が確認できます。

```
$ mount Enter
～略～
co8.example.com:/var/share on /mnt/nfs type nfs4 (rw,relatime,vers=4.2,rsize=1048576,wsiz
e=1048576,namlen=255,hard,proto=tcp,timeo=600,retrans=2,sec=sys,clientaddr=192.168.3.41,l
ocal_lock=none,addr=192.168.3.30)
```

「type」が「nfs4」であることからバージョン4プロトコルが使用されていることが確認できます。

なお、クライアント側で、NFSサーバのマウントを解除するには「umount マウントポイント」を実行します。

```
$ sudo umount /mnt/nfs Enter
```

Chapter 7
Web サーバの構築 ― Apache

Web サーバは、Web ブラウザの要求に応じて HTML ファイルや画像など Web ページのコンテンツを返すサーバです。この Chapter では、Web サーバのデファクトスタンダードと言える Apache の設定について解説します。

7-1 Apache の概要

インターネットではさまざまなサーバが活躍しますが、その代表と言えるのが、なんと言っても Web サーバでしょう。この節では Web サーバ Apache[*1] の概要と基本設定について説明します。

7-1-1 Apache とは

Apache（アパッチ）は、Apache Software Foundation で開発・保守が行われているオープンソースの Web サーバです。高い安定性と、モジュールによる拡張性の良さから、多くの Web サイトで使用されています。CentOS 8 にはそのバージョン 2.4.x が用意されています。

次に Apache の基本的な機能を挙げておきます。

- HTTP/1.1 および HTTP/2 のサポート

＊1　ASF
　　`http://www.apache.org/`

- CGI や SSI の実行機能
- バーチャルホスト機能
- PROXY サーバ機能
- 認証機能
- SSL による暗号化通信

7-1-2　Apache のインストール

Apache 本体のパッケージは「httpd」になります（Apache ではない点に注意してください）。またマニュアルは別パッケージ「httpd-manual」となっています。

次のようにして dnf コマンドでインストールします。

```
$ sudo dnf -y install httpd Enter
$ sudo dnf -y install httpd-manual Enter
```

マニュアルは/usr/share/httpd/manual ディレクトリ以下に HTML ファイルとして保存されます。

7-1-3　モジュールによる機能拡張

Apache 本体自体はごくシンプルな基本機能（コアモジュール）のみで、そのほかのさまざまな機能を別途モジュールとして追加していくことが可能です。モジュールは、Apache のコンパイル時に静的にリンクされて Apache のプログラム本体に組み込まれている静的モジュールと、Apache 本体とは別に用意され動的に組み込める DSO（Dynamic Shared Object）モジュールの 2 種類に大別されます。

動的モジュールのほうが静的モジュールに比べて使い勝手が良いため、たいていのディストリビューションではほとんどのモジュールを動的モジュールにしています。CentOS でも、あらかじめ多くのモジュールが DSO モジュールとして用意されています。たとえば CGI プログラムの実行や、HTTP を使用したファイル共有である WebDAV も DSO モジュールによって実現しています。

DSO モジュールは/usr/lib64/httpd/modules ディレクトリに保存されています。

```
$ ls /usr/lib64/httpd/modules/ Enter
mod_access_compat.so    mod_dialup.so                mod_proxy_fcgi.so
```

```
mod_actions.so          mod_dir.so             mod_proxy_fdpass.so
mod_alias.so            mod_dumpio.so          mod_proxy_ftp.so
mod_allowmethods.so     mod_echo.so            mod_proxy_hcheck.so
mod_asis.so             mod_env.so             mod_proxy_http.so
～略～
```

現在ロードされているすべての静的および動的モジュールの一覧は「`httpd -M`」コマンドで確認できます。最後に (static) と表示されているのが静的モジュール、(shared) と表示されているのが動的モジュールです。

```
$ httpd -M Enter
 core_module (static)
 so_module (static)
 http_module (static)
 access_compat_module (shared)
 actions_module (shared)
 alias_module (shared)
 allowmethods_module (shared)
 auth_basic_module (shared)
 auth_digest_module (shared)
 authn_anon_module (shared)
 authn_core_module (shared)
 authn_dbd_module (shared)
～略～
```

7-1-4 Web サーバの起動

Apache のサービスは「`httpd.services`」になります。次のようにして `systemctl` コマンドで有効にします。

```
$ sudo systemctl enable --now httpd Enter
Created symlink /etc/systemd/system/multi-user.target.wants/httpd.service → /usr/lib/sys
temd/system/httpd.service.
```

これで Apache が起動します。ps コマンドで確認すると、多くの httpd プロセスが立ち上がっているのが確認できると思います。これは複数のクライアントから同時にアクセスされた場合に、即座に応答できるようにするためです。

```
$ ps -e | grep httpd Enter
 1187 ?        00:00:02 httpd
```

```
13943 ?        00:00:00 httpd
13944 ?        00:00:07 httpd
13945 ?        00:00:07 httpd
13946 ?        00:00:07 httpd
```

7-1-5　ファイアウォールの設定

次に、ファイアウォール（firewalld）に Apache のサービス名を登録してポートを開きます。なお、firewalld におけるサービス名は「http」になります（「httpd」でないことに注意してください）。

```
$ sudo firewall-cmd --add-service=http --zone=public --permanent Enter
success
$ sudo firewall-cmd --reload Enter
success
```

これで、Web サービスのデフォルトのポートである TCP の 80 番ポートが開かれます。

7-1-6　Apache の動作確認

続いて、動作確認を行いましょう。Web ブラウザで「http://ホスト名」にアクセスしてテスト用の Web ページ「/usr/share/httpd/noindex/index.html」が表示されることを確認します。このとき同じホスト上で試すにはホスト名は「localhost」（127.0.0.1）でかまいません（図 7-1）。

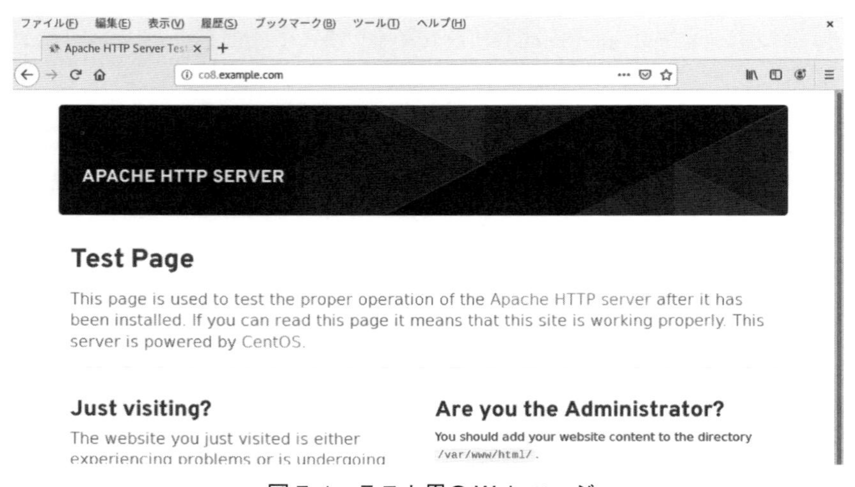

図 7-1　テスト用の Web ページ

なお、Webページのデフォルトの保存場所は「/var/www/html」ディレクトリに設定されています。Webブラウザで「http://ホスト名」としてアクセスした場合に、この/var/www/htmlディレクトリにindex.htmlがない場合に、前述の「/usr/share/httpd/noindex/index.html」がサンプルとして表示されるように設定されています。

新たに、/var/www/htmlディレクトリに、次のようなhtmlファイルをindex.htmlという名前で保存してみましょう。

リスト7-1　index.html

```
<!DOCTYPE html>
<html lang="ja">

<head>
    <meta charset="utf-8">
    <title>My Page</title>
</head>

<body>
    <h1>Text Page</h1>
</body>
</html>
```

Webブラウザで「http://ホスト名」にアクセスし、新たに用意したWebページ「index.html」が表示されることを確認します（図7-2）。

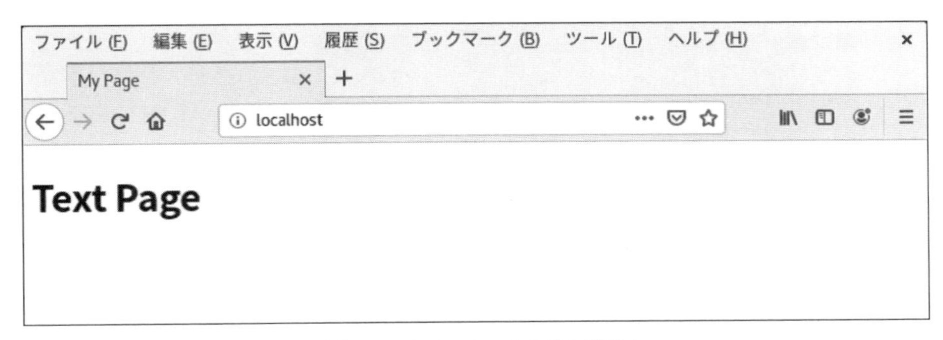

図7-2　index.htmlの表示画面

7-2 Apacheの基本設定

Apacheの設定ファイルは、/etc/httpdディレクトリにテキストファイルとして保存されています。この節ではApacheの設定ファイルの概要と、基本的な設定のポイントについて説明していきましょう。

7-2-1 Apacheの設定ファイルについて

前節で説明したようにhttpdサービスを起動すれば、/var/www/htmlディレクトリにコンテンツを保存することでホームページは公開できます。ただし、CGIプログラムを設置したり、あるいはホームディレクトリにユーザごとにホームページを置いたりするには、Apacheの設定ファイルを修正する必要があります。

■ 設定ファイルの保存場所

Apache関連の設定ファイル類および、ログファイルは、/etc/httpdディレクトリ以下にまとめられています。次に/etc/httpdディレクトリの階層をtreeコマンドで表示した結果を示します。

```
$ tree /etc/httpd/ Enter
/etc/httpd/
├── conf
│   ├── httpd.conf
│   └── magic
├── conf.d
│   ├── README
│   ├── autoindex.conf
│   ├── manual.conf
│   ├── userdir.conf
│   └── welcome.conf
├── conf.modules.d
│   ├── 00-base.conf
│   ├── 00-dav.conf
│   ├── 00-lua.conf
│   ├── 00-mpm.conf
│   ├── 00-optional.conf
│   ├── 00-proxy.conf
│   ├── 00-systemd.conf
│   ├── 01-cgi.conf
│   ├── 10-h2.conf
│   ├── 10-proxy_h2.conf
│   └── README
├── logs -> ../../var/log/httpd
```

```
├── modules -> ../../usr/lib64/httpd/modules
├── run -> /run/httpd
└── state -> ../../var/lib/httpd
```

■ メインの設定ファイル「httpd.conf」

Apacheのメインの設定ファイルは「`httpd.conf`」です。CentOSの場合、`/etc/httpd/conf`ディレクトリにhttpd.confが保存されています。

設定ファイルは頻繁に編集するため、あらかじめ「`httpd.conf.org`」といった名前でバックアップしておきましょう。

```
$ cd /etc/httpd/conf Enter
$ sudo cp httpd.conf httpd.conf.org Enter
```

■ 機能別の設定ファイル

すべての設定をhttpd.conf内に記述することもできますが、それでは煩雑になるため、CentOSでは、モジュールの読み込みに関する設定ファイルを`/etc/httpd/conf.modules.d`ディレクトリ、その他の機能別の設定ファイルを`/etc/httpd/conf.d`ディレクトリに保存して、httpd.confからインクルードする（読み込む）ように設定されています。

たとえば、/etc/httpd/conf.d/manual.confはApacheのマニュアルの設定です。

リスト7-2　/etc/httpd/conf.d/manual.conf（一部）

```
Alias /manual /usr/share/httpd/manual     ←①
<Directory "/usr/share/httpd/manual">
    Options Indexes
    AllowOverride None
    Require all granted

    RedirectMatch 301 ^/manual/(?:da|de|en|es|fr|ja|ko|pt-br|ru|tr|zh-cn)(/.*)$ ⇒
"/manual$1"
</Directory>
```

①のAlias文では、Webブラウザで「`http://ホスト名/manual`」にアクセスされたら、`/usr/share/httpd/manual`ディレクトリに保存されたマニュアルを表示するように設定しています（図7-3）。

図 7-3 Apache のマニュアル

7-2-2 httpd.conf の基本設定を理解する

「`httpd.conf`」などの Apache の設定ファイルでは、1 行に 1 つずつ「ディレクティブ」と呼ばれる命令を記述します。まず、ここではメインの設定ファイル「`httpd.conf`」でポイントとなるディレクティブについて解説します。

■ ServerRoot

ServerRoot は、設定ファイルなどが保存されるディレクトリです。

```
ServerRoot "/etc/httpd"
```

ディレクティブ自体は大文字・小文字を区別しませんが、ディレクティブに与える引数には区別するものもあるので注意してください。

■ Listen

Listen は Web サーバの使用するポートの設定です。デフォルトでは 80 番ポートを使用します。他のポートを使用したい場合には変更してください。

```
Listen 80
```

ポート番号を変更した場合にはファイアウォールの設定も変更する必要があります。

■ ServerAdmin

ServerAdmin は Web の管理者のメールアドレスです。デフォルトでは「root@localhost」になっているためローカルメールしか届きません。Web サーバを外部に公開する場合には必ず実際のメールアドレスを指定してください。

```
ServerAdmin root@localhost
     ↓
ServerAdmin admin@example.com
```

■ ServerName

ServerName では Web サーバが動作しているホストの「**ホスト名:ポート番号**」を指定します。通常自動認識されますが、起動時のトラブルを防ぐためにも設定することが推奨されています。なお、DNS サーバにホスト名が登録されていない場合には、IP アドレスを指定してもかまいません。

```
#ServerName www.example.com:80
     ↓
ServerName co8.example.com:80
```

■ AddDefaultCharset

AddDefaultCharset はデフォルトの文字コードの設定です。このディレクティブは、Apache 1.3.12 以降で追加されました。デフォルトでは次のように「UTF-8」に設定されています。

```
AddDefaultCharset UTF-8
```

この場合、HTML ファイルの設定にかかわらず、レスポンスヘッダに「Content-Type: text/html; charset=UTF-8」が付加されます。

たいていの Web ブラウザでは、HTML の meta タグに設定されている文字コードよりも「Content-Type」が優先され、「UTF-8」以外の文字コードのファイルは文字化けしてしまいます。

Web サーバで公開するすべての HTML ファイルの文字コードが「UTF-8」に統一されている場合にはこのままでかまいませんが、複数の文字コードの HTML ファイルが混在する環境ではこのディレクティブをコメントにしてください。

```
AddDefaultCharset UTF-8
    ↓
# AddDefaultCharset UTF-8    ←先頭に「#」を記述してコメントにする
```

httpd.conf などの設定ファイルでは「#」以降がコメントとみなされます。ただし、ディレクティブの後ろにはコメントを記述できません。たとえば、次のような記述はエラーになります。

```
ServerName mars.example.com:80 # これはコメント
```

7-2-3　設定ファイルのテストと再読み込み

httpd コマンドに「-t」オプションを指定して実行すると、設定ファイルの文法チェックが行われます。

```
$ httpd -t Enter
Syntax OK
```

上記のように「Syntax OK」と表示されたら問題ありません。

次のようにして Apache を再起動します。

```
$ sudo systemctl reload httpd Enter
```

7-2-4　ディレクティブの有効範囲を設定する

`<Directory>`や`<Files>`といった「セクションディレクティブ」を使用することによって、セクション内部に記述したディレクティブの有効範囲を、指定したディレクトリやファイルに限定することができます。

たとえば、ディレクティブの設定をあるディレクトリ以下に限定するには、`<Directory ディレクトリのパス>`タグと、`</Directory>`タグで囲みます。

httpd.conf では、/var/www/html ディレクトリ以下に有効なディレクティブを設定するのに次のようなセクションを設定しています。

```
<Directory "/var/www/html">

    ←ここにディレクティブを記述

</Directory>
```

7-2-5　Options ディレクティブでセクションごとに機能を限定する

Apache には CGI プログラムや SSI の実行、あるいはディレクトリの一覧表示などのさまざまな機能があります。それらを設定するのが Options ディレクティブです。

セクションディレクティブの内部で Options ディレクティブを使用することにより、そのセクションで使用可能な機能を限定することができます。

次に、Options ディレクティブで使用可能なオプションを示します（表 7-1）。なお、デフォルトでは「All」に設定され、すべての機能が許可されています。

表 7-1　Options ディレクティブの主なオプション

オプション	説明
All	MultiViews を除いた全機能を有効にする
None	すべてを無効にする
ExecCGI	mod_cgi モジュールによる CGI プログラムの実行を許可
FollowSymLinks	シンボリックリンクをたどることを許可する
Includes	mod_include モジュールによる SSI を許可する
IncludesNOEXEC	「#exec」コマンドと「#exec CGI」以外の SSI を許可する（ただし、#include virtual により、ScriptAlias されたディレクトリで CGI を実行することは可能）
Indexes	クライアントによってファイルではなくディレクトリが指定された場合、index.html など DirectoryIndex ディレクティブによって指定されたファイルがなければ、ディレクトリの一覧を表示する
MultiViews	mod_negotiation モジュールによるコンテントネゴシエーションを許可する。コンテントネゴシエーションとは、クライアントからリクエストヘッダによって送られてくる MIME タイプ、言語などの優先傾向に基づいてリソースを選択する機能。たとえば、言語別のディレクトリに用意されているファイルの中からクライアントが要求する言語のファイルを選択して送り返すといった場合に使用される
SymLinksIfOwnerMatch	シンボリックリンクが指定された場合、シンボリック先のファイルのオーナが、シンボリックリンクのオーナと同じ場合のみシンボリックリンクをたどることを許可する

デフォルトの httpd.conf に記述されている「/var/www/html」に関するセクションディレクティブを見てみましょう。

```
<Directory "/var/www/html">
    ～略～
    Options Indexes FollowSymLinks
    ～略～
</Directory>
```

ここでは、Options により、「Indexes」（ディレクトリの一覧を表示する）と、「FollowSymLinks」（シンボリックリンクをたどる）が許可されています。

Options ディレクティブで、複数のオプションを設定するにはカンマ「,」ではなくスペースで区切ります。

■ Options ディレクティブのオプションを追加、削除する

上位ディレクトリでの Options ディレクティブの設定は、下位のディレクトリにそのまま引き継がれます。下位のディレクトリで設定を変更したい場合、すべてのオプションを記述してもかまいませんが、上位のディレクトリの設定に機能を加えたい、あるいは削除したいといった場合には、オプションの前にそれぞれ「+」「-」を記述します。たとえば、/var/www/html/test ディレクトリで、/var/www/html/ディレクトリの設定に加えて CGI プログラムの実行を許可したい場合には「+ExecCGI」のように記述します。

```
<Directory "/var/www/html/test">
    Options +ExecCGI
</Directory>
```

7-2-6 アクセスコントロールファイル「.htaccess」

ディレクトリごとに設定を変更したい場合には、httpd.conf（もしくはそれから読み込まれる設定ファイル）を編集し、目的のディレクトリに対して前述の<Directory>セクションを記述します。ただし、その場合、修正後にスーパーユーザの権限で「systemctl reload httpd」などを実行して、Apache に設定を反映させる必要があります。また、httpd.conf の書き換えは一般ユーザはできません。

その代わりに、目的のディレクトリに「.htaccess」ファイルを作成し、そこにディレクティブを記述することによって、そのディレクトリ以下に対して有効な設定を行うことができます。「.htaccess」のことを「アクセスコントロールファイル」と呼びます。

■「.htaccess」の設定を許可する

次に httpd.conf のルート「/」ディレクトリに関するセクションを示します。

```
<Directory />
    AllowOverride none
    Require all denied
</Directory>
```

AllowOverride ディレクティブが、「.htaccess」でどのような設定を許可するかを指定するディレクティブです。このように「None」と設定されている場合には、「.htaccess」をまったく参照しません（表 7-2）。

表 7-2　AllowOverride ディレクティブのオプション

オプション	説明
All	すべてを許可する
None	すべてを無効にする
AuthConfig	AuthName、AuthUserFile などユーザ認証に関するディレクティブを許可する
FileInfo	DefaultType や ErrorDocument などドキュメントタイプを制御するためのディレクティブを許可する
Indexes	AddDescription や AddIcon など、ディレクトリインデックス（ディレクトリの一覧表示）を制御するためのディレクティブを許可する
Limit	ホストへのアクセス制御を設定するための Allow、Deny、Order ディレクティブを許可する
Options	ディレクトリの機能を限定する Options、および XBitHack ディレクティブを許可する

許可したいオプションが複数ある場合には、次のようにスペースで区切ります（カンマ「,」は使用できません）。

```
AllowOverride FileInfo AuthConfig Limit Options
```

7-2-7　ユーザごとのホームページを公開する

Apache の設定例として、ユーザごとのホームページスペースを公開する例を示しましょう。ユーザのホームページスペースにはたいていの場合「/home/ユーザ名/public_html」ディレクトリが使用されます。Web ブラウザで「http://ホスト名/~ユーザ名」にアクセスした場合に「/home/ユーザ名/public_html」以下が公開されます。

ユーザごとのホームページの公開は、「mod_userdir」という DSO モジュールによって行います。基本モジュールの設定ファイル「/etc/httpd/conf.modules.d/00-base.conf」内に記される次の LoadModule ディレクティブによって、mod_userdir モジュールがロードされます。

```
LoadModule userdir_module modules/mod_userdir.so
```

■ /etc/httpd/conf.d/userdir.conf を修正する

ユーザごとのホームページ用の設定ファイルは/etc/httpd/conf.d/userdir.conf です。デフォルトでは、ユーザのホームページは無効に設定されています。

リスト 7-3　/etc/httpd/conf.d/userdir.conf

```
<IfModule mod_userdir.c>
    #
    # UserDir is disabled by default since it can confirm the presence
    # of a username on the system (depending on home directory
    # permissions).
    #
    UserDir disabled        ←①

    #
    # To enable requests to /~user/ to serve the user's public_html
    # directory, remove the "UserDir disabled" line above, and uncomment
    # the following line instead:
    #
    #UserDir public_html    ←②
</IfModule>

##
## Control access to UserDir directories.  The following is an example
## for a site where these directories are restricted to read-only.
##
<Directory "/home/*/public_html">
    AllowOverride FileInfo AuthConfig Limit Indexes
    Options MultiViews Indexes SymLinksIfOwnerMatch IncludesNoExec
    Require method GET POST OPTIONS
</Directory>
```

ユーザごとのホームページを有効にするには、①をコメントにして、②のコメントを外します。

```
UserDir disabled
    ↓   コメントにする
#UserDir disabled

#UserDir public_html
    ↓   コメントを外す
UserDir public_html
```

設定ファイルを変更したら次のようにして Apache に反映させます。

```
$ sudo systemctl reload httpd Enter
```

■ パーミッションの設定

CentOS では、ホームディレクトリのパーミッションが所有者以外にアクセスできないように設定されています。

```
$ ls -l /home  Enter
合計 24
drwx------  4 mockbuild mockbuild 4096 2008-12-10 16:32 mockbuild
drwx------  4 naoko     naoko     4096 2008-12-08 17:25 naoko
drwx------ 44 o2        o2        4096 2008-12-17 02:20 o2
drwx------  4 sakurai   sakurai   4096 2008-12-08 17:25 sakurai
```

ユーザごとのホームページを公開したいユーザは、ホームディレクトリのパーミッションを「701」に設定して Apache がアクセスできるようにします。たとえば、ユーザ「o2」のホームページを公開するには次のようにします。

```
$ sudo chmod 701 /home/o2  Enter
```

■ ホームページ用のディレクトリを作成する

次のようにしてユーザごとのホームページ用のディレクトリを作成します。

```
$ mkdir ~/public_htm  Enter
```

作成したディレクトリには HTML ファイルなどのコンテンツを保存します。

■ SELinux の設定

SELinux を有効にしている場合には、「httpd_enable_homedirs」をオンにする必要があります。

```
$ sudo setsebool -P httpd_enable_homedirs true  Enter
```

また、public_html ディレクトリ以下のタイプが「httpd_user_content_t」である必要があります。「ls -Zd」で確認します。

```
$ ls -Zd ~/public_html/  Enter
```

```
unconfined_u:object_r:httpd_user_content_t:s0 /home/o2/public_html/
```

上記のように通常自動で設定されますが、何らかの理由により設定されない場合には、次のようにして再設定してください。

```
$ restorecon -R ~/public_html/ Enter
```

以上で、~/public_html ディレクトリにコンテンツを保存すれば、ユーザのホームディレクトリとして公開されます。たとえば、ユーザ o2 の public_html ディレクトリに test.html を保存した場合「http://localhost/~o2/test.html」でアクセスできます（図 7-4）。

図 7-4　ホームディレクトリの公開

■ ディレクトリの一覧を表示しないようにする

デフォルトでは、Opitons ディレクティブで「Indexes」が許可されているため、Web ブラウザから「http://ホスト名/~ユーザ名」でアクセスした場合「~/public_html」ディレクトリの一覧が表示されます（図 7-5）。

一覧を表示したくない場合には、/etc/httpd/conf.d/userdir.conf を編集して Options から「Indexes」を削除してください

ファイル(F) 編集(E) 表示(V) 履歴(S) ブックマーク(B) ツール(T) ヘルプ
Index of /~o2
localhost/~o2/

Index of /~o2

Name	Last modified	Size	Description
Parent Directory		-	
figs/	2019-12-08 17:03	-	
test.html	2019-12-08 16:58	183	

図 7-5　ディレクトリ一覧

```
Options MultiViews Indexes SymLinksIfOwnerMatch IncludesNoExec
         ↓
Options MultiViews SymLinksIfOwnerMatch IncludesNoExec
```

変更後に Apache を再起動して、ディレクトリにアクセスすると「Forbidden（アクセス禁止）」となります（図 7-6）。

```
$ sudo systemctl reload httpd Enter
```

図 7-6　ディレクトリの一覧表示を禁止（Forbidden）

7-2-8 Apache のログファイル

Apache のログファイルは次の 2 つです。/var/log/httpd ディレクトリに保存されています（表 7-3）。

表 7-3 Apache のログファイル

ログファイル	説明
access_log	アクセス情報
error_log	エラー情報

/var/log ディレクトリは、/etc/httpd/logs からシンボリックリンクが張られています。

```
$ sudo ls -dl /etc/httpd/logs Enter
lrwxrwxrwx. 1 root root 19 10月  8 06:42 /etc/httpd/logs -> ../../var/log/httpd
```

7-3 CGI と SSI を利用する

Web サーバで、動的な Web ページを実現する仕組みとして CGI と SSI があります。この節では、Apache で CGI プログラムと SSI プログラムを動作させるための設定について説明します。

7-3-1 CGI とは

CGI とは「Common Gateway Interface」の略で、クライアントからのリクエストに応じて Web サーバ上でなんらかのプログラムを実行し、その結果をクライアントに戻すための取り決めのことです。CGI はインターフェースのみを規定しているため、CGI プログラムとしては、Web サーバ上で動作するものならどのようなプログラム言語を使用してもかまいません。ただし、CGI プログラムではテキストファイルや文字列を取り扱うことが多いので、Python や Ruby といったテキスト処理に優れたスクリプト言語を使用するのが一般的です。

7-3-2　CGI のための httpd.conf の設定

CentOS の Apache では、デフォルトで「/var/www/cgi-bin」ディレクトリ以下を CGI プログラムの保存場所として想定しています。Web ブラウザからは「http://ホスト名/cgi-bin/プログラム名」としてアクセスできるようにしています。ここでは、その設定方法について説明しましょう。

Apache の設定ファイル「httpd.conf」では、CGI プログラムの保存場所と URL のパスの対応は、次のような ScriptAlias ディレクティブによって設定されています。

```
    ScriptAlias /cgi-bin/ "/var/www/cgi-bin/"
```

これで、「/var/www/cgi-bin」ディレクトリが URL のパス「/cgi-bin」にマッピングされます。つまり、クライアントが「http://ホスト名/cgi-bin/プログラムファイル名」としてアクセスすると、「/var/www/cgi-bin/プログラムファイル名」が実行されるわけです。これはこのままでかまいません。

■「/var/www/cgi-bin」セクションの設定

httpd.conf には、「/var/www/cgi-bin」ディレクトリのための次のセクションが用意されています。

```
<Directory "/var/www/cgi-bin">
    AllowOverride None
    Options None
    Require all granted
</Directory>
```

デフォルトでは Options ディレクティブで「None」が設定されているため、これを「ExecCGI」に変更し、/var/www/cgi-bin ディレクトリ以下に CGI プログラムの実行を許可します。

```
    Options None
    ↓
    Options ExecCGI ←「None」を「ExecCGI」に変更
```

設定を変更したら Apache を再起動します。

```
$ sudo systemctl reload httpd Enter
```

7-3-3　CGI プログラム例

次に、単に「はじめての CGI プログラム」と表示させるだけの、Perl 言語で記述したシンプルな CGI プログラム「test.cgi」を示します。

リスト 7-4　test.cgi

```
#!/usr/bin/perl
print "Content-Type:text/html; charset=UTF-8\n";
print "\n";
print "<html>";
print "<body>";
print "<h1>はじめてのCGIプログラム</h1>";
print "</body>";
print "</html>\n";
```

> この例では CGI プログラムの拡張子を「.cgi」にしていますが、CGI プログラムを/var/www/cgi-bin ディレクトリに保存した場合には拡張子は任意です。

なお、CGI プログラムはパーミッションで実行が許可されている必要があります。作成したプログラムを/var/www/cgi-bin ディレクトリに保存し、chmod コマンドで実行権を設定します。

```
$ sudo chmod a+x /var/www/cgi-bin/test.cgi Enter
```

まず、CGI プログラム「test.cgi」がコマンドラインで単体で動作するかを確認します。コマンドラインで実行してみましょう。

```
$ /var/www/cgi-bin/test.cgi Enter
Content-Type:text/html; charset=UTF-8

<html><body><h1>はじめてのCGI</h1></body></html>
```

■ Web ブラウザで CGI プログラムにアクセスする。

以上で準備は完了です。Web ブラウザで「http://ホスト名/cgi-bin/test.cgi」にアクセスして結果を確認してみましょう（図 7-7）。

図 7-7　CGI プログラムへのアクセス

7-3-4　SSI を使用する

SSI は、「Server Side Include」の略で、HTML ドキュメントに埋め込まれた SSI 用のタグを Web サーバ内で解釈し、その結果をタグと入れ替えて、Web ブラウザに送る仕組みです。時刻やドキュメントの更新日時を表示する単純な機能のほかに、CGI プログラムの実行結果を HTML ドキュメント内に埋め込むといったことができます。

■ SSI のための httpd.conf の設定

Apache 2 系では SSI を「フィルタ機能」として扱います。次に、httpd.conf に記述されている SSI の設定部分を示します。

```
AddType text/html .shtml     ←①
AddOutputFilter INCLUDES .shtml ←②
```

SSI の命令を含む HTML ファイルは、Web ブラウザに送る前に Web サーバが内容を解釈しなければなりません。そのため、すべての HTML ファイルに対して SSI を有効にすると Web サーバの負荷が増大します。通常は拡張子が「.shtml」のファイルのみを、SSI を含む HTML ファイルとして取り扱います。

そのための設定が①の AddType ディレクティブです。②の AddOutputFilter ディレクティブが SSI を解釈実行する出力フィルタの設定です。

■ Options ディレクティブを設定する

SSI を許可するには、目的のセクションの Options ディレクティブで「Includes」(もしくは Includes NOEXEC) を指定する必要があります。たとえば、DocumentRoot に設定されている/var/www/html ディレクトリ以下で SSI を許可するには、<Directory "/var/www/html"> セクションの Options ディレクティブに「Includes」を追加します。

```
    Options Indexes FollowSymLinks
         ↓
    Options Indexes FollowSymLinks Includes  ←「Includes」を追加
```

■ 簡単な SSI の例

SSI のタグは、HTML からすると単なるコメント(「<!-- 〜 -->」)です。次のような形式で記述します。

```
<!--#エレメント アトリビュート=値 -->
```

エレメントというのは SSI のコマンドのことです。たとえば現在の日付時刻を表示するには、次のようにします。

```
<!--#echo var="DATE_LOCAL" -->
```

この「echo」は「var」に代入された値を表示するエレメントです。ここでは日付時刻を戻す「DATE_LOCAL」を代入しています。

次に、このタグを埋め込んだ HTML ファイル (ssitest1.shtml) を示します。拡張子を「.shtml」にすることに注意してください。

リスト 7-5　ssitest1.shtml

```
<!DOCTYPE html>
<html lang="ja">

<head>
<meta charset="utf-8">
    <title>SSIのテスト</title>
</head>

<body>
```

```
    <h1>
<!--#echo var="DATE_LOCAL" -->
    </h1>
</body>
</html>
```

これを、/var/www/html ディレクトリに保存します。

■ Web ブラウザで SSI にアクセスする

Web ブラウザで「http://ホスト名/ssitest1.shtml」にアクセスすると次のように表示されます（図 7-8）。

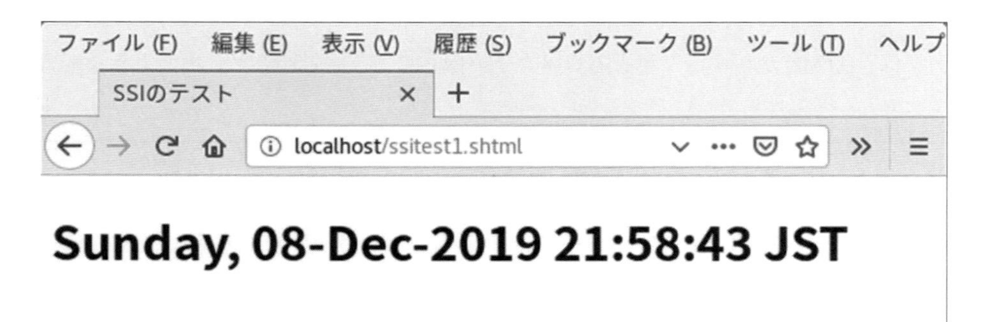

図 7-8 SSI へのアクセス

Web ブラウザでソースを確認してみると、SSI のタグ部分が通常の HTML に置き換わったことがわかると思います（Firefox の場合、右クリックすると表示されるメニューから「ページのソースを表示」を選択するとソースが表示されます）（図 7-9）。

これは、INCLUDES フィルタによって SSI タグが解釈された結果です。

```
<!--#echo var="DATE_LOCAL" -->  ←HTML ファイル
    ↓
INCLUDES フィルタ
    ↓
Sunday, 08-Dec-2019 21:58:43 JST  ←変換後の HTML ファイル
```

```
ファイル(F) 編集(E) 表示(V) 履歴(S) ブックマーク(B) ツール(T) ヘルプ
SSIのテスト  ×  http://localhost/ssitest1.shtm ×  +
view-source:http://localhost/ssitest1.s
 4 <head>
 5     <meta charset="utf-8">
 6     <title>SSIのテスト</title>
 7 </head>
 8
 9 <body>
10     <h1>
11     Sunday, 08-Dec-2019 21:58:43 JST
12     </h1>
13 </body>
```

図 7-9　ソースを確認

■ SSI から CGI プログラムを呼び出す

exec エレメントを次の形式で使用すると、SSI から CGI プログラムを呼び出してその結果を HTML ファイルに埋め込むことができます。

```
<!--#exec cgi="CGIプログラムのパス"-->
```

ここではあらかじめ CGI の実行が許可された/var/www/cgi-bin ディレクトリに、omikuji.cgi というおみくじを表示する CGI プログラムを用意し、それを HTML ファイル「omikuji.shtml」内の SSI から呼び出す例を示します。

まず、/var/www/cgi-bin ディレクトリに次のリストで示す CGI プログラム「omikuji.cgi」を保存します。

リスト 7-6　omikuji.cgi

```
#!/usr/bin/perl

print "Content-Type: text/plain;charset=UTF-8\n"; ←①
print "\n";
@kuji = ("大吉", "小吉", "凶");
print $kuji[int(rand(3))];
```

この例では、実行結果の文字列を HTML に埋め込むため、①の「Content-type」をプレーンテキスト「text/plain」に設定しています。

保存した omikuji.cgi に実行権を設定します。

```
$ sudo chmod 755 /var/www/cgi-bin/omikuji.cgi Enter
```

■ omikuji.cgi を HTML に埋め込む

この omikuji.cgi を HTML ファイルに埋め込むには次のように記述します。

```
<!--#exec cgi="/cgi-bin/omikuji.cgi" -->
```

CGI プログラムのパスが「/cgi-bin/omikuji.cgi」なっています。これは httpd.conf で次のような ScriptAlias ディレクティブが記述されているからです。

```
ScriptAlias /cgi-bin/ "/var/www/cgi-bin/"
```

これで、「/cgi-bin/～」が、「/var/www/cgi-bin/～」にマッピングされるようになります。

この SSI タグを埋め込んだ次の HTML ファイル「omikuji.shtml」を、/var/www/html ディレクトリに保存します。

リスト 7-7　omikuji.shtml

```
<!DOCTYPE html>
<html lang="ja">

<head>
<meta charset="utf-8">
    <title>SSIのテスト</title>
</head>

<body>
    <h1>
明日の運勢: <!--#exec cgi="/cgi-bin/omikuji.cgi" -->
    </h1>
</body>
</html>
```

以上で、Web ブラウザから「http://ホスト名/omikuji.shtml」にアクセスすることで、CGI プログラム「omikuji.cgi」の実行結果が表示されます（図 7-10）。

図 7-10 omikuji.shtml を表示する

7-4 PHP プログラムを実行する

Web アプリケーションの開発にはさまざまな言語が使用されますが、中でも人気なのが Web ページ内にプログラムを埋め込むことが可能な PHP です。この節では、Apache で PHP を動作させる方法について説明します。

7-4-1 PHP の概要

PHP（PHP : Hypertext Preprocessor を再帰的に略したもの）は、Web 開発に適したプログラム言語です。前節で説明した CGI プログラムでは、プログラムを HTML とは別ファイルとして用意する必要がありました。それに対して、PHP では、HTML ドキュメントにプログラムを直接埋め込むことが可能です。

なお、同じ HTML ドキュメントに埋め込んで使用する言語としては JavaScript が有名ですが、JavaScript は Web ブラウザ上で実行されるのに対して、PHP は Web サーバ上で実行され、クライアントにはその結果だけが送られます。

■ PHP のインストール

PHP は Apache とは別パッケージです。次のようにしてインストールします。

```
$ sudo dnf -y install php Enter
```

以上で PHP 7.2 がインストールされます。コマンドラインで「-v」オプションを指定して php コマンドを実行することでバージョン確認できます。

```
$ php -v Enter
PHP 7.2.11 (cli) (built: Oct  9 2018 15:09:36) ( NTS )
Copyright (c) 1997-2018 The PHP Group
Zend Engine v3.2.0, Copyright (c) 1998-2018 Zend Technologies
```

7-4-2　PHP プログラムを動作させるために

PHP には「モジュール版」と「CGI 版」があります。Apache 2.4 以降ではモジュール版は非推奨となり CGI 版がデフォルトになっています。CGI 版として動作させるには、php-fpm（FastCGI Process Manager）パッケージが必要です。前述の php パッケージをインストールすると php-fpm もインストールされているはずです。

次のようにして確認します。

```
$ dnf list installed | grep php-fpm Enter
php-fpm.x86_64                              7.2.11-1.module_el8.0.0+56+d1ca79aa
                @AppStream
```

また、PHP モジュールの設定ファイルが/etc/httpd/conf.d/php.conf に保存されます。

リスト 7-8　/etc/httpd/conf.d/php.conf（一部）

```
## Allow php to handle Multiviews
##
AddType text/html .php        ←①

<IfModule !mod_php5.c>        ←②
  <IfModule !mod_php7.c>      ←③
    # Enable http authorization headers
    SetEnvIfNoCase ^Authorization$ "(.+)" HTTP_AUTHORIZATION=$1
```

```
    <FilesMatch \.(php|phar)$>
        SetHandler "proxy:unix:/run/php-fpm/www.sock|fcgi://localhost"  ←④
    </FilesMatch>
  </IfModule>
</IfModule>
```

①の AddType ディレクティブにより、拡張子が「.php」のファイルも HTML ファイルとして扱えるようになります。

それ以降が PHP を CGI 版として動作させる設定です。②と③で PHP5 と PHP7 のモジュールがロードされていないことを確認しています。ロードされていなければ、④で拡張子が「.php」のファイルを php-fpm 経由の CGI として実行しています。

7-4-3 php-fpm サービスを起動する

CGI 版の PHP を使用するためには、あらかじめ php-fpm サービスを起動しておく必要があります。

```
$ sudo systemctl enable --now php-fpm Enter
Created symlink /etc/systemd/system/multi-user.target.wants/php-fpm.service → /usr/lib/systemd/system/php-fpm.service.
```

次に Apache を再起動します。

```
$ sudo systemctl reload httpd Enter
```

7-4-4 PHP プログラムを動かしてみよう

PHP プログラムは、HTML ドキュメント内の「<?php」タグと「?>」タグの間に記述します。

```
<?php
  ←ここに PHP プログラムを記述する
?>
```

このとき PHP プログラムを埋め込んだファイルの拡張子は「.php」とします。

次に print 文で「はじめての PHP プログラム」と表示するだけの単純な PHP を埋め込んだ「test.php」の例を示します。

リスト 7-9　test.php

```
<!DOCTYPE html>
<html lang="ja">

<head>
  <meta charset="utf-8">
    <title>PHPのテスト</title>
</head>

<body>
<?php
    print "<h1>はじめてのPHPプログラム</h1>";
?>
</body>
</html>
```

上記の test.php を/var/www/html ディレクトリに保存します。Web ブラウザから「http://ホスト名/test.php」にアクセスしてみましょう。次のような、実行結果が表示されるはずです（図 7-11）。

図 7-11　test.php の実行結果

Chapter 8 SSHで安全なリモートログイン

この Chapter では、通信の内容が暗号化されたリモートログインを行う SSH（Secure SHell）について説明します。SSH を使用するとリモートログインだけでなく、リモートホストとの間で安全なファイル転送が行えます。

8-1 SSH の概要と基本設定

本節で紹介する SSH（Secure SHell）は、ユーザ認証および通信データの内容を暗号化することにより、安全な（セキュアな）通信を行うソフトウェアです。まずはその概要について説明しましょう。

8-1-1 SSH とは

初期のインターネットでは、リモートログインは Telnet、ファイル転送は FTP というプロトコルが使用されていました。それらのプロトコルを使用したネットワーク通信では、データが平文（暗号化されていないテキスト）でやりとりされるため、クラッカーなどの被害に会いやすいという欠点があります。そのため、現在では、ユーザ認証やデータの内容を暗号化することにより、安全な通信を行うツールとして SSH が広く使用されています。

SSH には商用のものとフリーのものがあります、CentOS には、オープンソース版の SSH である OpenSSH が搭載されています（参照：`http://www.openssh.com`）

■ 共通鍵方式と公開鍵暗号方式

SSH を使用するとアカウント情報やデータがすべて暗号化されます。ただし、暗号化されているとはいえ、ユーザ名とパスワードがネットワークを流れるため解読される危険性は残ります。実は、SSH では、従来のユーザ名とパスワードによる認証のほかに、「**公開鍵暗号方式**」と呼ばれる暗号化方式を使用した、より安全な認証が行えるのです。

伝統的な暗号化方式は「**共通鍵方式**」などと呼ばれるものですが、暗号化を行う人と、復号する人が同じ鍵（共通鍵）を所有する必要があります。この方法では、鍵が外部に漏れやすいという欠点がありました（図 8-1）。

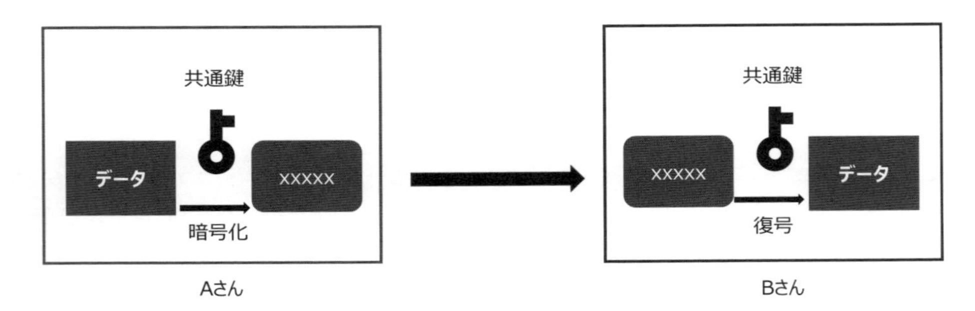

図 8-1　共通鍵方式

それに対して、公開鍵暗号方式では、「**公開鍵**」と「**秘密鍵**」という鍵のペアを使用します。

その秘密は、「**公開鍵で暗号化したものはそのペアの秘密鍵でないと復号できない**」という点にあります。相手に自分の公開鍵を渡しておき、データをそれで暗号化して送ってもらった場合、自分は秘密鍵がありますから解読できます。なんらかの理由で公開鍵が悪意のある第三者の手に渡ったとしても、それだけではデータは解読できないというわけです（図 8-2）。

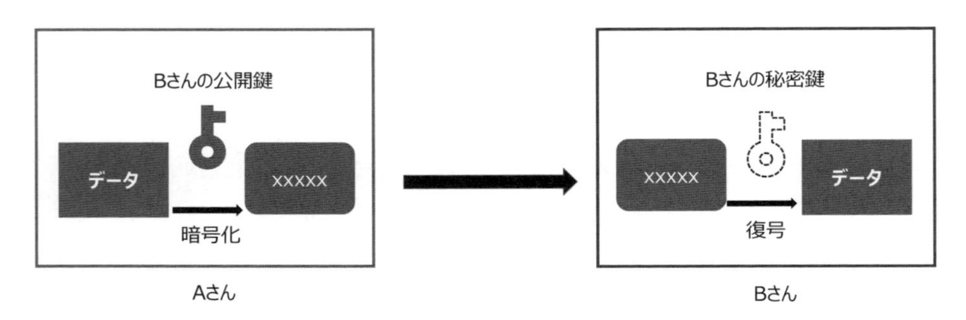

図 8-2　公開鍵暗号方式

■ SSH を使用した通信の手順

次に、SSH を使用した通信の基本的な流れを示します。

```
(1)ホスト認証
    ↓
(2)ユーザ認証
    ↓
(3)暗号化した通信
```

(1) SSH クライアントから SSH サーバに接続すると、ユーザ認証の前に、まず接続先のホストが正しいかどうかを判断する「**ホスト認証**」が行われます。

(2) 続くユーザ認証は、従来のユーザ名とパスワードによる「**パスワード認証**」もしくは「**公開鍵暗号方式**」で行われます。ユーザ認証に「**パスワード認証**」が使用された場合でも、通信が暗号化されているため、アカウント情報が盗聴されて解読される可能性は低くなります。

(3) ユーザ認証が完了すると、それ以降の通信はすべて共通鍵暗号方式で暗号化されて行われます。なお、ユーザ認証後の通信を公開鍵ではなく共通鍵暗号方式で行う理由は、共通鍵方式のほうが速度的に有利だからです。

■ SSH の用途は

次に、SSH を使用してどんなことができるかをまとめておきます。

- リモートログイン

  アカウント情報（ユーザ名とパスワード）や通信データをすべて暗号化した安全なリモートログインが行えます。これまでの `telnet` コマンドや `rlogin` コマンドの代わりとして使用できます。

- リモートプログラムの実行

  リモートコンピュータのプログラムを実行し、結果をローカルコンピュータ上に表示することができます。

- ファイル転送

  scp および sftp という SSH の機能を使用することで、リモートコンピュータとの間で、安全なファイル転送が行えます。

- SSH ファイルシステム

  SSH ファイルシステムは、SSH を利用してリモートファイルシステムをローカルファイルシステム上にマウントすることを可能にするソフトウェアです。従来の NFS に比べてより安全なネットワークのファイル共有が可能です。

- TCP/IP ポートフォワーディング

  任意のポートを SSH 経由で暗号化して転送することができます。「X フォワーディング」という機能を使用してリモートの X アプリケーションをローカルで操作することもできます。

8-1-2 SSH の基本設定

SSH のパッケージは「openssh」です。CentOS では、標準インストールを行った場合に、デフォルトでインストールされ、あらかじめ自動起動しています。

次のようにして、SSH 関連の基本パッケージがインストールされていることを確認してください。

```
$ dnf list installed | grep ssh Enter
libssh.x86_64                         0.8.5-2.el8                                ...
libssh2.x86_64                        1.8.0-8.module_el8.0.0+189+f9babebb.1     ...
openssh.x86_64                        7.8p1-4.el8                                ...
openssh-clients.x86_64                7.8p1-4.el8                                ...
openssh-server.x86_64                 7.8p1-4.el8                                ...
qemu-kvm-block-ssh.x86_64             15:2.12.0-65.module_el8.0.0+189+f9babebb.5 ...
```

systemd のサービス名は「sshd」です。次のようにして動作中であることを確認してください。

```
$ systemctl status sshd Enter
● sshd.service - OpenSSH server daemon
   Loaded: loaded (/usr/lib/systemd/system/sshd.service; enabled; vendor preset: enabled)
   Active: active (running) since Mon 2019-11-04 16:03:41 JST; 4 days ago
     Docs: man:sshd(8)
           man:sshd_config(5)
 Main PID: 30066 (sshd)
    Tasks: 1 (limit: 26213)
   Memory: 6.2M
   CGroup: /system.slice/sshd.service
           └─30066 /usr/sbin/sshd -D -oCiphers=aes256-gcm@openssh.com,chacha20-poly1305
@openssh.com,aes25>
```

■ SSH サーバの起動/停止/再読み込み

SSH サーバ（sshd）の起動、停止、設定ファイルの再読み込みは次のようにします。

- 開始

```
$ sudo systemctl start sshd Enter
```

- 停止

```
$ sudo systemctl stop sshd Enter
```

- 設定ファイルの再読み込み

```
$ sudo systemctl reload sshd Enter
```

■ ファイアウォールの設定

ファイアウォール（firewalld）における、SSH のサービス名は「ssh」です。次のように SSH のポートが開かれていることを確認してください。

```
$ sudo firewall-cmd --list-services Enter
cockpit dhcpv6-client http mdns nfs samba ssh vnc-server
```

8-1-3　SSH プロトコルのバージョンについて

SSH のプロトコルのバージョンには、大きく分けて「バージョン 1 系」と「バージョン 2 系」があります。両者に互換性がないので注意が必要です。2 つのバージョンの主な相違は、公開鍵暗号方式の認証アルゴリズムで、バージョン 2 のほうが強力です。

最近ではほとんどの SSH サーバ/クライアントがバージョン 2 に対応しています（表 8-1）。

表 8-1　SSH プロトコルの認証アルゴリズム

プロトコルバージョン	認証アルゴリズム
バージョン 1	RSA1
バージョン 2	ECDSA、RSA、ED25519

8-1-4 SSHを使用してリモートログインする

それでは、実際にSSHを使用したリモートログインの具体的な方法について説明します。まずは、ユーザ名とパスワードによるログインについて説明し、その後でより安全な公開鍵を使用したログインについて説明します。

■ ユーザアカウントでログインする

公開鍵暗号方式によるアカウント認証の前に、サーバ側に登録されているユーザ名とパスワードによるパスワード認証を使ってSSHサーバにリモートログインする方法について説明しましょう。使い勝手は伝統的な`telnet`コマンドとほとんど同じですが、アカウント情報を含めて通信データはすべて暗号化されますので、より安全です。

リモートログインを行うには`ssh`コマンドを使用します。

コマンド	ssh	リモートログインを行う
書　式	ssh -l ユーザ名 ホスト名	

SSHによるリモートログインでは、ユーザを特定するユーザ認証の前に、ホストが正しいかどうかを判断するホスト認証が行われますが、利便性を考慮し、初めてログインしたサーバの公開鍵は自動で登録できるようになっています。

次に、`ssh`コマンドを使用して、SSHサーバが動作中のホスト「`cos8.example.com`」にユーザ「`o2`」として初めてリモートログインした場合の実行結果を示します（ユーザ「`o2`」はあらかじめ登録されているものとします）。

```
$ ssh -l o2 cos8.example.com (Enter)
The authenticity of host 'cos8.example.com (192.168.3.27)' can't be established.
ECDSA key fingerprint is SHA256:0x0wY/kTH0uBVq1t3AFLGAQfA2C/a6cLYifESX0ezQY.
Are you sure you want to continue connecting (yes/no)? yes (Enter) ←①「yes」を入力
Warning: Permanently added 'cos8.example.com,192.168.3.27' (ECDSA) to the list of known hosts.
o2@cos8.example.com's password: □□□□ (Enter) ←②パスワードを入力
Activate the web console with: systemctl enable --now cockpit.socket

Last login: Sat Nov  9 00:26:01 2019 from 2400:2410:95e1:5b00:6dc6:5eb9:27d0:591c
[o2@cos8 ~]$ ←リモートログイン完了
```

初めてログインすると、まず「`The authenticity of host 'ホスト名(IPアドレス)' can't be` established.」というメッセージが表示されます。これは接続先のホストが、ローカルホスト側にまだ登録されていないということを示しています。

①で「yes」を入力すると、接続先のホストの公開鍵が「~/.ssh/known_hosts」に登録され。次回からはそれを使用してホスト認証が行われます。万一、悪意のある第三者がDNSの改ざんを行い、別のホストがそのホストになりすましているような場合には、ホスト認証に失敗し、メッセージが表示されるのでそれがわかるというわけです。

②でリモートホストに登録されているパスワードを入力すると、リモートログインが完了します。

接続を解除するには「exit」コマンドを入力します。いったんSSHサーバの公開鍵がSSHクライアント側に登録されると、次回からはパスワードだけでログインが可能になります。

```
[o2@cos8 ~]$ exit Enter ←接続解除
ログアウト
Connection to cos8.example.com closed.
$ ssh -l o2 cos8.example.com Enter ←同じホストに再接続
o2@cos8.example.com's password: □□□□ Enter ←パスワードを入力
Activate the web console with: systemctl enable --now cockpit.socket

Last login: Sun Nov 10 08:01:45 2019 from 192.168.3.30

[o2@cos8 ~]$ ←ログイン完了
```

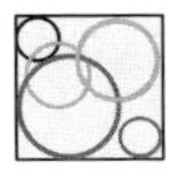

Column　自分のホストの公開鍵と秘密鍵

ホスト認証で使用されるホストの公開鍵と秘密鍵は、OpenSSHのインストール時に自動的に作成され、/etc/sshディレクトリにファイルとして保存されます。デフォルトではSSHバージョン2用の3種類の鍵ペアが作成されます（表8-2）。

表8-2　ホストの公開鍵と秘密鍵

ssh_host_ecdsa_key	ECDSA プロトコルの秘密鍵
ssh_host_ecdsa_key.pub	ECDSA プロトコルの公開鍵
ssh_host_ed25519_key	ED25519 プロトコルの秘密鍵
ssh_host_ed25519_key.pub	ED25519 プロトコルの公開鍵
ssh_host_rsa_key	RSA プロトコルの秘密鍵
ssh_host_rsa_key.pub	RSA プロトコルの回鍵

8-1-5　公開鍵暗号方式でリモートログインする

リモートホストのユーザ名とパスワードを使ってのユーザ認証では、万一パスワードが漏れてしまうと、誰でもログインできてしまうという不安があります。公開鍵暗号方式では、より安全なリモートログインを行うユーザ認証方式を提供します。

■ 公開鍵暗号方式によるユーザ認証の流れ

公開鍵暗号方式では、公開鍵と秘密鍵という一対の鍵を使用して認証を行います。ホストの公開鍵と秘密鍵は OpenSSH インストール時に作成されますが、ユーザ認証のための鍵ペアはユーザごとに作成する必要があります。

次に、公開鍵暗号方式を使用したユーザ認証の概略を示します。これらの処理は自動で行われます。

(1) サーバは接続してきたユーザの公開鍵を`~/.ssh`ディレクトリから取り出す。次に「**乱数**」を生成し、その乱数を公開鍵で暗号化してクライアントに送る。

(2) クライアント側では、ユーザがパスフレーズを入力することによって秘密鍵を取り出す。その秘密鍵でサーバから送られてきた乱数を復号化して、サーバに送り返す。

(3) サーバは自分が作った「**乱数**」と相手から戻ってきた値を照合して、一致すれば正しいユーザであると判断する。

■ ssh-keygen コマンドで鍵ペアを作成する

ユーザ認証のための鍵ペアの作成には、**`ssh-keygen`** コマンドを使用します。

コマンド	ssh-keygen	鍵ペアを作成する
書　式	ssh-keygen -t タイプ	

「`-t` タイプ」オプションでは、表 8-3 に示す鍵のタイプを指定します。

表 8-3　「-t タイプ」オプション

タイプ	説明
rsa	RSA 認証の鍵ペア
dsa	DSA 認証の鍵ペア
ecdsa	ECDSA 認証の鍵ペア
ed25519	ED25519 認証の鍵ペア

鍵ペアの中で OpenSSH 6.5 以降で採用された ED25519 がもっとも強力な鍵です。ただし、古いサーバではサポートされていないためデフォルトでは RSA が使用されます。

ssh-keygen コマンドを実行し、「**パスフレーズ**」を登録すると、鍵ペアが作成されます。このパスフレーズは、秘密鍵を使う時点でも必要になります。作成された秘密鍵はそれ自体暗号化されていて、使える状態にするにはパスフレーズを入力する必要があるのです。

なお、パスフレーズは、ユーザからすれば、従来の「**パスワード**」と同じようなものと考えてかまいません。ただし、途中にスペースを入れることが可能でより長い文字列が使えます。

次に、RSA 認証の鍵ペアを作成する例を示します。

```
$ ssh-keygen -t rsa Enter
Generating public/private rsa key pair.
Enter file in which to save the key (/home/o2/.ssh/id_rsa): Enter ←①
Enter passphrase (empty for no passphrase): □□□□ Enter ←②パスフレーズを入力
Enter same passphrase again: □□□□ Enter ←もう一度パスフレーズを入力
Your identification has been saved in /home/o2/.ssh/id_rsa.
Your public key has been saved in /home/o2/.ssh/id_rsa.pub.
The key fingerprint is: ←③
SHA256:so3eg4g07XN/0N40LNTwJdyETPUf7Mjl17m45br905c o2@cos8.example.com
The key's randomart image is:   ←④
+---[RSA 2048]----+
|         o.oo    |
|         .oo ..  |
|        . o o .+ |
|         + o. =.+|
|   .  . S.o  o ++|
|  o .  *...   . o|
| . + .o.ooo. . o.|
|  . +.o...o.. =E.|
|     o..oo ..+o+*|
+----[SHA256]-----+
```

①秘密鍵の保存先を聞いてきますが、通常はデフォルトの場所（~/.ssh/id_rsa）でかまいません。公

開鍵も同じディレクトリに保存されます。

②パスフレーズを入力します。

③fingerprint（指紋）とは公開鍵の指紋のようなもので、公開鍵に対し「**ハッシュ値**」と呼ばれる固有の値をとったものです。

④「`randomart image`」は fingerprint を ASCII アートのイメージとして表示したものです。

> fingerprint の値を確認するには、「`ssh-keygen -l -f 公開鍵のパス`」を実行します。「`randomart image`」を作成後に確認するには「`ssh-keygen -lv -f 公開鍵のパス`」を実行します。

■ 鍵ペアを確認する

生成された公開鍵、秘密鍵のどちらも単純なテキストファイルなので、`cat` コマンドなどで中身を表示できます。

```
$ cat ~/.ssh/id_rsa Enter ←秘密鍵
-----BEGIN OPENSSH PRIVATE KEY-----
b3BlbnNzaC1rZXktdjEAAAAACmFlczI1Ni1jdHIAAAAGYmNyeXB0AAAAGAAAABAVsZksn7
VKeSQpztf2q9nHAAAAEAAAAAEAAAEXAAAAB3NzaC1yc2EAAAADAQABAAABAQDDecDszIXj
li8oolgfA2uriGvZ7HitjdHBPNdPZm5CKsrYWldlW7eGUA+wK5HppUdVs2wXLcPokHEQnE
Pp/kmbWSgel66Z4/r+oLY0X438iyt4P7DD3h0v8H93gb03/VMgPOkNdr1o3Fn8f7BcpzNM
   ...   ...   ...
   ...   ...   ...
geRNk0saP4gCK/wQd37uUeYkjlju0s01QNCirBJRnJVR+/cTqkXs+F2yLc4nmKDCfCobzF
K1vfM5X0KP6qvZJfwe/i0aOfANoVIx0wcDFODTJtf927m9PFx+IugL1AkPt90JlxSdoQqP
OTzoPAgFqV3Ng9VZNEW3J0WS555wx6QUW/KZScDt47c4Sh2OXWumgG03p9jYqmZpzY72Da
mIkF2B9u8HSDbFrSG718vWLKwNfVw=
-----END OPENSSH PRIVATE KEY-----
```

```
$ cat ~/.ssh/id_rsa.pub Enter ←公開鍵
ssh-rsa AAAAB3NzaC1yc2EAAAADAQABAAABAQDDecDszIXjli8oolgfA2uriGvZ7HitjdHBPNdPZm5CKsrYWldlW
7eGUA+wK5HppUdVs2wXLcPokHEQnEPp/kmbWSgel66Z4/r+oLY0X438iyt4P7DD3h0v8H93gb03/VMgPOkNdr1o3F
n8f7BcpzNMrF4C046kt8b+0aK/NaIonM0N0RMxCNcKsqeyqAB/eAWDNZeVIbgwS92Gw0COqgMpi7UDsJs2/wLgyOi
XzPg4BXLltW6U+Nj3i2rRi6nqCXOrhEzEUVmCafnsCg6iLvlvJbSB4xSyRaXH4Wps6m03SCNSN6csbnX7ie4HpUiZ
ZAI2yNgZG9p79PL6JGy39ijd o2@cos8.example.com
```

8-1-6　SSH サーバに公開鍵を登録する

ssh-kegen コマンドで作成した鍵ペアの中で、公開鍵のほうはあらかじめログイン先の SSH サーバに登録しておく必要があります。公開鍵はメールなどで送ってかまいません。

あるいは、SSH を使用したファイルコピーコマンドである「scp」を使ってもよいでしょう（300ページ「scp コマンドによるファイルのコピー」参照）。

たとえば、ホスト「cos8.example.com」のユーザ「o2」に RSA の公開鍵を転送するには、次のようにします。

```
$ scp ~/.ssh/id_rsa.pub o2@cos8.example.com: Enter
o2@cos8.example.com's password: □□□□ Enter ←パスワードを入力
id_rsa.pub                                    100%  401    90.7KB/s   00:00
```

SSH サーバ側では、クライアントの公開鍵は「~/.ssh/authorized_keys」に保存します。登録するファイルをエディタで開いて公開鍵を追加してもかまいませんが、次のように、cat コマンドと、追加の出力リダイレクション「>>」を組み合わせて使うと簡単です。

```
$ cat id_rsa.pub >> ~/.ssh/authorized_keys Enter
```

「~/.ssh」ディレクトリ、および「~/.ssh/authorized_keys」ファイルのパーミッションは、所有者だけに読み書き可能なように設定しておく必要があります。

```
$ chmod 700 ~/.ssh Enter
$ chmod 600 ~/.ssh/authorized_keys Enter
$ ls -l ~/.ssh/ Enter
合計 16
-rw-------. 1 o2 o2  401 11月 10 09:36 authorized_keys
-rw-------. 1 o2 o2 1876 11月 10 08:54 id_rsa
-rw-r--r--. 1 o2 o2  401 11月 10 08:54 id_rsa.pub
-rw-r--r--. 1 o2 o2  352 11月 10 09:34 known_hosts
```

8-1-7　公開鍵認証方式でログインする

サーバに公開鍵を登録したらログインしてみましょう。ユーザ名とパスワードによるログインと同じ ssh コマンドを使用します。

```
$ ssh -l o2 cos8.example.com (Enter)
Enter passphrase for key '/home/o2/.ssh/id_rsa': □□□□ (Enter) ←①パスフレーズを入力
Activate the web console with: systemctl enable --now cockpit.socket

Last login: Sun Nov 10 09:40:29 2019 from 127.0.0.1
[o2@cos8 ~]$ ←ログイン成功
```

①のように「Enter passphrase for key 〜」と表示されたら公開鍵による認証が動作しています。ここで「password:」と表示され、パスワードを入力するように促された場合には、公開鍵の登録がうまくいっていません。公開鍵を登録したファイルの名前やパーミッションをもう一度確認してください。

正しいパスフレーズを入力するとログインが完了します。入力したパスフレーズは自分の秘密鍵を開くためだけに使用されるので、ネットワーク上を流れることはありません。

> 「-v」オプションを指定して ssh コマンドを実行すると詳細な情報が表示されます。

8-2 SSH の活用

SSH は暗号化されたリモートログインだけに使用されるソフトウェアでありません。この節では、SSH を使用して安全なファイル転送を行う scp コマンドと sftp コマンドについて説明します。

8-2-1 scp コマンドによるファイルのコピー

openssh パッケージに含まれる scp コマンドを使用すると、安全にリモートコンピュータとの間でファイル転送が行えます。

scp コマンドの使い方は、ローカルでのファイルコピーを行う cp コマンドと似ています。引数にはコピー元を先に、コピー先をあとに指定します。

コマンド	scp	リモートコンピュータとの間でファイルをコピーする
書　式	scp [オプション] コピー元のパス コピー先のパス	

「コピー元のパス」もしくは「コピー先のパス」にリモートコンピュータ側のパスを指定する場合には、次のように指定します。

```
ユーザ名@ホスト名:パス
```

「**パス**」は絶対パスか、もしくは「**ユーザ名**」で指定したユーザのホームディレクトリからの相対パスで指定します。また「**パス**」を省略した場合にはホームディレクトリが対象になります。

■ リモートホストにファイルをコピーする

たとえば、カレントディレクトリの「dog.png」を、SSH サーバ「cos8.example.com」側に登録されているユーザ「o2」のホームディレクトリに転送するには次のようにします。

```
$ scp dog.png o2@cos8.example.com: Enter
Enter passphrase for key '/home/o2/.ssh/id_rsa': □□□□ Enter ←パスフレーズを入力
dog.png
```

なお、「**ユーザ名**@o2」を省略した場合には、現在ローカルコンピュータにログインしているユーザ名が使用されます。上記の例は、ローカル側とリモート側のユーザ名が同じである場合には次のようにできます。

```
$ scp dog.png cos8.example.com: Enter
```

「ユーザ名@ホスト名:」の最後の「:」を付けないとローカルへのコピーとみなされ、「cos8.example.com」というファイルが作成されてしまうので注意してください。

■ リモートホストのファイルをローカルにコピーする

リモート側のファイルのローカルにコピーすることもできます。SSH サーバ「cos8.example.com」側のユーザ「o2」のホームディレクトリの「test.txt」を、ローカル側のカレントディレクトリ「.」にコピーするには次のようにします。

```
$ scp o2@cos8.example.com:test.txt . Enter
Enter passphrase for key '/home/o2/.ssh/id_rsa': □□□□ Enter ←パスフレーズを入力
test.txt                                        100%    12      9.8KB/s    00:00
```

■ scp コマンドの主なオプション

scp では次のようなオプションが使用可能です（表 8-4）。

表 8-4　scp の主なオプション

オプション	説明
-r	ディレクトリを丸ごとコピーする
-p	タイムスタンプやパーミッションなどの属性を保持する

次に、カレントディレクトリの下の animals ディレクトリを丸ごと、属性を保持したまま、ホスト「cos8.example.com」のユーザ o2 の samples ディレクトリ以下にコピーする例を示します。

```
$ scp -rp animals o2@cos8.example.com:samples Enter
Enter passphrase for key '/home/o2/.ssh/id_rsa': □□□□ Enter ←パスフレーズを入力
dog.png                                           100%   16MB  10.8MB/s   00:01
cat.png                                           100%   16MB  10.6MB/s   00:01
mouse.png                                         100% 2776KB  11.0MB/s   00:00
photos.zip                                        100%   35MB  11.8MB/s
```

8-2-2　sftp を使用して FTP のように接続する

ネットワーク経由の伝統的なファイル転送プロトコルに FTP があります。SSH 版の FTP クライアントと言えるのが sftp コマンドです。使い勝手は伝統的な ftp コマンドとほぼ同じですが、アカウント情報を含めて通信がすべて暗号化されているため、より安全なファイル転送が可能です。

sftp のサーバプログラムは、sftp-server（/usr/libexec/openssh/sftp-server）です。sftp-server は、接続要求があった時点で SSH サーバ本体（sshd）から自動的に起動されますので設定は不要です。

コマンド	sftp	SSH によるファイル転送を行う
書　式	sftp ユーザ名@ホスト名	

sftp コマンドで SSH サーバに接続し、ログインが完了すると対話モードとなります。プロンプト「sftp>」に続いてコマンドを入力できる状態になります。ダウンロードには get コマンド、アップロードには put コマンドを使用します。

次に、sftp コマンドを使用して SSH サーバ「cos8.example.com」にユーザ「o2」としてログインし、ファイルをダウンロード、およびアップロードする例を示します。

```
$ sftp o2@cos8.example.com Enter
Enter passphrase for key '/home/o2/.ssh/id_rsa': □□□□ Enter ←パスフレーズを入力
Connected to o2@cos8.example.com.
sftp> lcd ドキュメント Enter ←ローカルのディレクトリを移動
sftp> lls samples Enter ←ローカルの samples ディレクトリの一覧表示
linux  person.txt
sftp> put samples/person.txt Enter ←ファイルをアップロード
Uploading samples/person.txt to /home/o2/person.txt
samples/person.txt                          100%  166   155.9KB/s   00:00
sftp> ls ドキュメント Enter ←リモートの@ドキュメント」ディレクトリの一覧表示
ドキュメント/open.png           ドキュメント/work
sftp> get ドキュメント/open.png Enter ←ファイルをダウンロード
Fetching /home/o2/ドキュメント/open.png to open.png
/home/o2/ドキュメント/open.png          100%   16MB  11.2MB/s   00:01
sftp> exit Enter ←sftp を終了する
```

次に、sftp の主なコマンドをまとめておきます（表 8-5）。

表 8-5　sftp のコマンド

コマンド	説明
get ファイル	ファイルをダウンロードする
put ファイル	ファイルをアップロードする
ls ディレクトリ	リモートのディレクトリの一覧を表示する
cd ディレクトリ	リモートのディレクトリを移動する
lls ディレクトリ	ローカルのディレクトリの一覧を表示する
lcd ディレクトリ	ローカルのディレクトを移動する
exit	sftp を終了する
help	ヘルプを表示する

get、put コマンドに「-r」オプションを指定して実行するとディレクトリを丸ごと転送できます。たとえば、samples ディレクトリを丸ごとダウンロードするには次のようにします。

```
sftp> get -r samples Enter
Fetching /home/o2/samples/ to samples
～略～
```

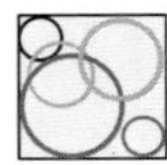

Column　ダウンロードツール wget

Web ページのダウンロードに便利なツールに wget コマンド があります。wget を使用すると、個々のファイルを個別にダウンロードするだけでなく、指定したサイトのディレクトリを丸ごとコピーしたり（ミラーリング）、リンクをたどって関連するファイルをダウンロードするといったことができます。

wget は、dnf コマンドでインストールできます。

```
$ sudo dnf install wget Enter
```

たとえば、wget コマンドを使用して Web サイトのミラーリングを行うには、-m オプション（指定したしたサイトをミラーリングする）に加えて、-np オプション（親のディレクトリは辿らない）、-L オプション（相対リンクのみを辿る）を指定し、トップの URL を引数に実行します。

```
$ wget -np -L -m http://www.o2-m.com/g-machine/index.html Enter
--2020-03-19 16:39:37--  http://www.o2-m.com/g-machine/index.html
www.o2-m.com (www.o2-m.com) をDNSに問いあわせています... 157.7.107.128
www.o2-m.com (www.o2-m.com)|157.7.107.128|:80 に接続しています... 接続しました。
～略～
```

以上で、ドメイン名のディレクトリが作成されにサイトがミラーリングされます。

```
$ tree www.o2-m.com Enter
www.o2-m.com/
└── g-machine
    ├── album.html
    ├── css
    │   └── style.css
    ├── images
    │   ├── 1st.png
    │   ├── 2nd.jpg
    │   ├── cgiulietta_s.jpg
    │   ├── giulietta4s.jpg
    │   ├── giulietta_machine_s.jpg
    │   ├── hulapool_s.jpg
    │   ├── na1-2.jpg
    │   ├── omote.jpg
    │   └── ura.jpg
    ├── index.html
～略～
```

Symbols

A

B

C

D

E

F

G

H

I

J

K

L

M

N

O

P

R

S

T

U

V

ヘ

ホ

マ

メ

モ

ユ

ヨ

ラ

リ

ル

ロ

ワ

●著者プロフィール

大津真（おおつ まこと）

東京都生まれ。早稲田大学理工学部卒業後、外資系コンピューターメーカーに SE として 8 年間勤務。現在はフリーランスのテクニカルライター。プログラマーのかたわら、ミュージシャンとしても活動。自己のユニット「Giulietta Machine」にて、4 枚のアルバムをリリース。
主な著書に『基礎 Python』（インプレス）、『あなうめ式 Java プログラミング超入門』（エムディエヌコーポレーション）、『3 ステップでしっかり学ぶ JavaScript 入門』（技術評論）『いちばんやさしい Vue.js 入門教室 』（ソーテック）などがある。

●スタッフ

AD ／装丁：岡田 章志＋ GY

本文デザイン／制作／編集：TSUC

■ 商品に関する問い合わせ先

インプレスブックスのお問い合わせフォームより入力してください。

https://book.impress.co.jp/info/

上記フォームがご利用頂けない場合のメールでの問い合わせ先

info@impress.co.jp

- 本書の内容に関するご質問は、お問い合わせフォーム、メールまたは封書にて書名・ISBN・お名前・電話番号と該当するページや具体的な質問内容、お使いの動作環境などを明記のうえ、お問い合わせください。
- 電話やFAX等でのご質問には対応しておりません。なお、本書の範囲を超える質問に関しましてはお答えできませんのでご了承ください。
- インプレスブックス（https://book.impress.co.jp/）では、本書を含めインプレスの出版物に関するサポート情報などを提供しておりますのでそちらもご覧ください。
- 該当書籍の奥付に記載されている初版発行日から3年が経過した場合、もしくは該当書籍で紹介している製品やサービスについて提供会社によるサポートが終了した場合は、ご質問にお答えしかねる場合があります。

■ 落丁・乱丁本などの問い合わせ先

TEL　03-6837-5016　FAX　03-6837-5023
service@impress.co.jp
（受付時間／10:00-12:00、13:00-17:30 土日、祝祭日を除く）

- 古書店で購入されたものについてはお取り替えできません。

■書店／販売店の窓口

株式会社インプレス 受注センター
TEL　048-449-8040
FAX　048-449-8041
株式会社インプレス 出版営業部
TEL　03-6837-4635

リナックス　サーバニュウモン　セントオーエスエイトタイオウ

Linuxサーバ入門 [CentOS 8対応]

2020年4月21日　初版発行

著　者　大津 真（おおつ まこと）

発行人　小川 亨

編集人　高橋隆志

発行所　株式会社インプレス
〒101-0051 東京都千代田区神田神保町一丁目105番地
ホームページ https://book.impress.co.jp/

印刷所　大日本印刷株式会社

ISBN978-4-295-00871-2　C3055

Printed in Japan